U0728948

Strukturontologie

Eine Phänomenologie der Freiheit

结构存在论

一门自由的现象学

985工程三期跨文化研究“翻译馆”项目

当代外国人文学术译丛

启真馆 出品

当代外国人文学术译丛

Strukturontologie

Eine Phänomenologie der Freiheit

结构存在论

一门自由的现象学

[德] 海因里希·罗姆巴赫 著

王俊 译

ZHEJIANG UNIVERSITY PRESS
浙江大学出版社

本书为国家社科基金青年项目“海因里希·罗姆巴赫的结构现象学研究”（11CZX047）成果

总　　序

改革开放以来，国内人文科学领域的研究人员与一些出版社通力合作，对当代外国人文学科的发展给予了较多关注，以单本或丛书或原版影印等多种形式，引进、译介了不少有影响的研究成果，内容涉及文学、历史、哲学、语言学、艺术学、宗教学、人类学等各个学科，对促进国内学界和大众解放思想、观念转变、学术繁荣起了不言而喻的巨大作用。以当代外国语言学为例，其理论发展迅速，新的理论和研究范式不断涌现。目前国内在引进原版著作方面做得较好，外语教学与研究出版社、上海外语教育出版社、北京大学出版社、世界图书出版公司等先后引进了一批重要的语言学著作。相对于原版引进，译介虽有些滞后，但也翻译出版了不少重要的语言学著作，其中包括一些有广泛影响的当代语言学著作。如，20 世纪 80 年代初，商务印书馆翻译出版了一批经典语言学著作，90 年代中国社会科学出版社翻译出版了“当代语言学理论丛书”；近年来，上海教育出版社出版的“西方最新语言学理论译介”丛书，复旦大学出版社的“西方语言学经典教材”丛书，商务印书馆的“语言规划经典译丛”，北京大学出版社的“博雅语言学译丛”，浙江大学出版社的“语言与认知译丛”，世界图书出版公司的“外国语言学名著译丛”、“应用语言学研究译丛”等，都是这方面的成果，总的来看，这些丛书的组织出版大多起步不久，所出书籍种类也相对较少，仍有大量重要的当译之作需要逐步译介。其他当代人文学科的引进、译介情况也大体如此；而有些学科或某一领域，国内学界翻译、研究的注意力和兴趣点，主要集中于该学科该领域的少数几位理论活动在20世纪中期以前的著名思想家、理论家，在极大推进对这些伟大思想家的译介、研究的同时，也有意无意地使当代一些开始产生广泛影响的思想家离开了关注的视野。事实上，20世纪中后期，特别是六七十年代以来的几十年间，当代外国人文科学各学科领域的研究都极大地向前推进和深入了，产生了许多重要的新理论、新思想，出现了不少有国际影响的著名学者。对这些学者及其著作和思想，除了极少数人以外，我国人文科学界关注不多，翻译很少，研究几乎还是空白。选择若干位目前在国际上已经产生重要影响的当代人文学科各领域的思想家、理论家，翻译他们的代表著作，以期引起国内学界的重视，进一步拓宽国内人文学科的研究视野，对于推动我们对外国人文科学研究的进一步深入，促进跨文化研究的有效开展，提升年轻人文学者的翻译和研究水平，应该是有意义、有价值的。

在西方文化传统中，人文学科的概念和范围经历了长期的变化。早期古代希腊时期，人和自然是一个整体，科学也没有分化而是真正意义上的综合。亚里士多德区分了理论、实践和创制三种科学，提出三者之间的一些差异，但并没有明确将人文科学、社会科学和自然科学区分开来。后来所谓的“人文学”（humanitas）概念，据说最早由古罗马的西塞罗在《论演讲家》中提出来的，作为培养雄辩家的教育内容，成为古典教育的基本纲领，并由圣奥古斯丁用在基督教教育课程中，于是，人文学科被作为中世纪学院或研究院设置的学科之一。中世纪后期，一些学者开始脱离神学传统，反对经院哲学，从古希腊、古罗马的古典文化遗产中研究、发掘出一种在他们看来是与传统神学相对立的非神学的世俗文化，并冠以humanitas(人文学)的称呼。大约到16世纪，“人文学”一词有了更广泛的含义，指的是一种针对上帝至上的宗教观念、主张人的存在与人的价值具有首要意义、重视人的自由本性和人对自然界具有优先地位的文化观念和文化现象，从事人文学研究的学者于是被称为人文主义者。直到19世纪，西方学者才用“人文主义”一词来概括这一文化观念和文化现象，形成了我们通常所谓的人文主义思潮。近代实验科学的发展也导致和促进了学科的分化与形成，此后，人文学科逐渐明确了自己特殊的研究对象，成为独立的知识领域，有了自己特殊的研究对象。但这样的研究对象，其分界也只是相对清晰和明确。美国国会关于为人文学科设立国家资助基金的法案规定："人文学科包括如下研究范畴：现代与古典语言、语言学、文学、历史学、哲学、考古学、法学、艺术史、艺术批评、艺术理论、艺术实践以及具有人文主义内容和运用人文主义方法的其他社会科学。"① 欧盟一些主要研究资助机构对人文科学的范畴划分略有不同。欧洲科学基金会认为人文科学包括：人类学、考古学、艺术和艺术史、历史、科学哲学史、语言学、文学、东方与非洲研究、教育、传媒研究、音乐、哲学、心理学、宗教与神学；欧洲人文科学研究理事会则将艺术、历史、文学、语言学、哲学、宗教、人类学、当代史、传媒研究、心理学等归入人文科学范畴。按照我国现行高等教育的学科划分，人文科学主要包括文学、历史、哲学、语言学、艺术学、宗教学、人类学等，社会学则在哲学与法学间作两可选择。当代人文科学的研究与发展已出现了各学科之间彼此交叉、相互渗透的趋势，意识与认知科学、文化学等便是这一趋势的产物。

按照上述对人文学科基本范畴的理解，考虑到目前国内对当代外国宗教学著作已有大量译介等原因，本译丛选译的著作，从所涉学科上说，主要是语言学（以英语、德语著作为主）、文学、哲学、史学和艺术学（含艺术史）等，同时收入一些属于人文科学又跨越具体人文学科的著作；从时间跨度上，主要限于第二次世界大战结束后出版的著作，个别在此前出版、后来修订并产生重要影响的著作，也在选译之列。原则上，一位作者选译一本著作，个别有特别影响的可以例外；选译的全部著作，就我们的初衷而言，都应是该学科领域具有代表性的理论著作，而非通常意义上的畅销书，当然，能兼顾学术性与通俗性，更是我们所希望的。

本译丛将开放式陆续出版。希望它的出版，对读者了解国外人文学科的发展现状与趋势、关注人文精神培育与养成、倡导学术阅读与

---

① 《简明不列颠百科全书》第6卷，"人文学科"条目，北京：中国大百科全书出版社，1986，第760页。

开放意识、启发从多重视角审视古今与现实、激起追问理论与现实问题的激情，获得领悟真善美的享受，能有所助益。

由于我们的视野和知识所限，特别是对所选译的著作是否符合设计本译丛的初衷，总是心存忐忑，内容表达不甚准确、翻译措辞存在错讹也在所难免，因此，更希望它的出版能得到学界专家同仁和广大读者的批评指教，成为人文学科译介、研究园地中一棵有生命力的小树，在大家的关心与呵护下茁壮成长。

庞学铨

2011 年 6 月 于西子湖畔浙江大学

Contents

目　录

导　　言

1. 道路（Der Weg） 9

当需要介绍一个还未知的事情时，必须对我们将会走过的道路说些什么。但是要展望道路这一现象，哲学不会给我们提供什么帮助。它通过（道路所达到的）目标来思考道路，并且将这个目标确定为是意愿的所为者（ού ενεκα）。（按照这种哲学观）这个目标“先于”道路，并且独立地对立于道路。从根本上讲，人们总已经在朝向某个目标。这一看法显示出一种贬低道路之现象的倾向。

另一种思想的形成方式是不同的，它来自于对道路（Weg）的经验，在道（Tao）中表达自身，就通过这种方式而被描述。其文献是老子的“关于道路和人生的圣书”（《道德经》），根据《史记》的说法，他是在流亡的途中应一个戍边官员的请求，而将他的学说写下来。（这个小故事由于布莱希特的叙事诗变得广为人知。）关于这本书和在书中记载的思想，道是一个基本词，就是说，像逻各斯在西方一样，道是一个同样类型的基本词。由各自的基本经验出发，（以下）这些对立的方面得到了思考。逻各斯讨论在，道讨论无；逻各斯讨论知识，道讨论无知；逻各斯讨论意志，道讨论无为。不过这种无为（Nichttun）与无所为（Nichtstun）无甚关系，在其中显示出的是，它能被构建为一种高深的艺术。这种艺术包括了诸如“柔道”，即一种使攻击者自己摔倒的技巧。无为是如此发生的，即每个东西都在自己的构成（Werk）中运行。

但是在西方也有关于无知的认知，它不仅出现在苏格拉底的“我知道我的无知”（*scio nescio*），以及奥古斯丁的“一无所知”（*ignarantia*）和库萨的尼古拉的“博学的无知”（*docta ignorantia*[1]）中，还出现于现代文学对虚无性（*Nichtigkeit*）的经验中。西方也有一种“关于道路的知识”（*Scivias*，宾根的希德嘉[2]），但是这种知识并没有像它在道家哲学中发生的那样，扩展成为一种传统和一种语言。

“道路”讨论无为，无知，无。无与道路有什么关系？——我们选取一段格言，由此我们可以掌握这种基本经验的特征（格言 11，即《老子》第十一章）：

> 三十辐，共一毂，当其无，有车之用。
> 埏埴以为器，当其无，有器之用。
> 凿户牖以为室，当其无，有室之用。
> 故有之以为利，无之以为用。

在这里基本的经验简朴地显现出来：只有当车轮有毂中的空隙时，旋转运动才能围绕一个固定的轴转化为前行运动。同样地，酒杯的意义也存在于其空凹处，即酒杯的无中，因为在其中它才能容纳作为其意义的酒。

每一物都包含了某些东西——至少是它的本质。但是什么是“本质”（Wesen）？在此事物的本质就是它的不可把握性。举例来说，很明显酒杯并非由于其自身而是酒杯，而只是在联系到酒时它才是酒

---

① 库萨的尼古拉（Nikolaus von Cusa，又名 Nikolaus von Kues，或 Nikolaus Cusanus，1401—1464），德国神学家和哲学家，受艾克哈特大师和奥康的唯名论影响，其思想基本上还处于基督教的新柏拉图主义传统之内。“De Docta ignorantia”是库萨 1440 年发表的哲学代表作的书名，德文译为“Von der gelehrten Unwissenheit”，即“论博学的无知”。在《实体 · 体系 · 结构》一书中，罗姆巴赫有专门的章节论及库萨的思想，题为“库萨的功能存在论”，见 H.Rombach: *Substanz System Struktur*, Freiburg/München 1981, s.206—228。——译者注

② 宾根的希德嘉（Hildegard von Bingen，1098—1179）是中世纪德国的修道士、神秘主义者、作曲家。——译者注

杯。“单独的酒杯”是不可思议之物。酒杯关系到酒，如同酒关系到酒杯。二者的本质存在于一种配合之中。这种相互属于的关系并非附加在事物之上，而是先于事物发生。只有为酒而制作的酒杯才是酒杯；只有为了饮用而榨取的酒才是酒。单一的酒杯会被划掉，单一的酒也会被划掉。 11

当这种思想论及本质时，它经验到这种划掉。它经验到事物的无。就是说，无移动到了中心并且超越自身在事物之间进行调和。既不存在一个“酒杯的本质”也没有一个“酒的本质”，而是，本质在这里是安置（*Zuordnung*）、“可用性”，这种安置或“可用性”不会让自身又成为自为的某物，而是作为位于两者之间的无（将双方）带进了其联系的直接性中。“无”使得，在这种联系中的每一方都是另一方的先导。作为无的本质是事物联系体的直接性（前置性 Vorgeordnetheit）。

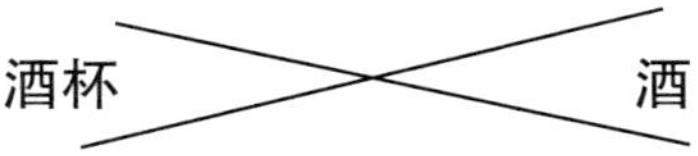

本质不属于某一物（不位于其中），而是物属于本质，更确切地说，这一切都被聚合于一个唯一者。如同酒杯联系到酒，类似地酒联系到家，家联系到好客，好客联系到人，联系到历史，联系到世界。酒杯和酒只是一个世界的代表。无论如何，当这个本质不是从事物的（单一的）确定出发，而是从一个被置于中心的相互配合的原点（“无”）出发被理解时，这个世界就是本质。这个本质就是酒的结构，“酒文化”。

对于道路的经验通向这种经验本身的“本质”，通向结构。在此道路显现了对于结构的经验方式，结构成为道的真实性形式。一个结构只能在某条道路上被经验，处于由一物向另一物的过渡中。逻各斯 12
不是这样；逻各斯论及一种“超越”事物的经验方式。通过逻各斯经验的本质绝不是不可把握性，而恰好是每一物的可把握性。由它超越事物的立场出发，它获得了“客体性”，这种客体性是西方哲学和科学的本真意义和诱因（Inzitament）。

道路之经验与结构相伴。它既非将这一全体作为“整体”也不是作为“个别”，而只是处于诸个别的转换之中。人们只在随道路而行中经验到，联系的合理性以及其深远的后果，这一后果一直通向往上的最高之物和往下的最日常之物，这些道路将个别的瞬间相互联系起来，比如人们只在随同某物的“来临”中“看”到这个物。通过这种方式或许逻各斯也能被重新经验，并且由此以结构的方式被接受。

2. 当代

道的例子只是一个模型。它向我们指出了事物的普遍状态，尽管这种状态越来越多地成为占统治地位的理解方式的基础，但它还没有得到其存在论的阐释。这种结构状况（Strukturverfassung）在它一贯可感觉之处，显现为一种基本形式，在这种基本形式中现代意识感到找到了自己的家园。我们在所有领域都体验到这种基本形式的凸现，尽管它们带有巨大的相位差。

很早以前它就已经出现在绘画艺术中。关于所谓的抽象艺术，无可避免地要谈及“结构”。结构（Strukturen）是这样一类创造，它们的构成由其自身发展出来，并且它们的意义在其自身中持有。它们不“意味”着什么，也不“认为”什么。关于“哪个意义？”的问题自身（在这里）丧失了它的意义，对于还处于老式的观看方式中的观
13 察者来说，这是难以理解的，而较新的方式则很自然地在结构之中运动，从结构出发理解自身。

这一点也在伦理学的领域中清晰地呈现出来。在这里的发展是将作为规范的规范加以消除。在康德的出于纯粹自律的德性的规定中已经蕴含了结构的观点，即它不是基于外在的标准。更具决定性的是当代对规范性的消解，但是当这种消解与结构的构造状况的联系被掩盖的时候，它就只显现为对伦理学自身的消解。

在宗教生活中情况则类似。信徒们抗拒固有的现存体系，希望进

入宗教事件的更鲜活的形式中。很明显只有当教会发展为灵活的结构时，它们才能接近鲜活组织的基本图像，这种接近必须按照那来自永活的基督肉身的规定来加以寻求。结构化的过程，如果正确理解，并非关于"与现代生活的适应"，而是关于对形式的寻找，这些形式使宗教在今天仍保持生命，这与它在别的时代和别的形式下的情况完全一致。

科学也必须寻找一条通往新的基本形式的道路。不再存在固定的科学体系，而只有可转变的结构，这些结构依据认识的状态被修改。以前人们最重视关于界限的纯粹获得（在康德那里一个科学的等级是根据以下情况得到确定，即它能够多么明确地遵循它的界限），而今天富有教益的问题则恰好是在关于界限和转换的提问中被看到。如果人们将之与艺术领域中的那些过程相比较，那么关于科学他们也能说，它变得"抽象"了。它摆脱了在任何时候都作为可表象之物的"对象"，并且在这样一些领域中活动，在这些领域中它不会再被问及，这些文章是否对应于"现实的世界"，而只是被问，它作为解释方法在理论上是否富于成果。一种解释在任何时候都能被另一种解释所代替。被寻找的不是统一的知识体系，而是可替换的知识结构，这 14
些知识结构从不同的出发点通过材料通往不同的道路。

人们可能还能举出其他很多例子，在这些例子中发生了朝向结构状况的根本改变。比如在政治和科学中，在管理和生产中，在环境体验和教育中，在身体和心灵健康的关系中，在人际间的责任关系中，在交际和交流中。结构的方法和形式到处自我凸现，由于这些方法和形式的倾向是反对一个体系（System）的固定形式，因此它们总是解缚和解放的形式。只要它们在自身之中拥有消解的外表，它们就会到处遭遇到经过解释的对手，这个对手也找到了（对方的）足够多的弊端，以便证实或硬化自己的思想。"体系"的精神就是驻留，其品性就是固定性；"结构"的精神是展开，其品性就是富于成果的状态(Fruchtbarkeit)。

单纯的否定就如同单纯的肯定，是缺少成果的。对于结构形式的显现而言，执迷不悟的自我误解造成的内在危险要比固执于现存之物的外在危险要大。如果要祛除这种内在危险，就需要一种尺度。这种尺度不能来自于外边，而必须从基本状态中被引出，从结构的存在论（Strukturontologie）中被引出。只有结构存在论可以给出形式法则，所有的结构关系都必须遵循这些法则。

结构是我们时代的基本词，就如同道曾经（gewesen ist）是中国文化的基本词，逻各斯曾经是希腊和西方文化的基本词。说“曾经”（Gewesen），是因为那种与我们的当代共同到来的文化形式，不可能再是局限于传统范围内的文化形式。世界文明从这样一种普遍性中获得它无所不包的特征，它乃是一种极为确定和必需的“结构”的构造状况之基本特征。今天“世界”这个词所说明的一切——并且不管它
15 如何说明之——首先是由结构的存在论来决定的。

3. 现象学与存在论

如果不是在一个已经熟悉的视域中展示确定的对象，而是要开启一个新的“视域”（Horizont），其方法只能是现象学。现象学是一个方法概念；它标识出某种分析，这种分析并非指向对象，而是指向把握对象的范畴可能性，这个概念还表明了，它是在建构的媒介中被处理。现象学既不容许出自纯粹“思辨的”论证，也不容许出自预先给定的“经验”的论证。不容许前者，是因为它只把持住事情（Sache），不容许后者，是因为经验总是只在预先确定的视域之中才有可能。因此现象学的工作是技能训练（Schulung）之事。谁不熟悉它，或还没有准备承认像在这里所尝试的现象概念的根本变革，那他就还不能开始进行结构分析。

从最接近的角度看，现象学分析关系到“视域”或“存在方式”（Seinsweisen）；倘若是关于后者，分析就发生了“存在论的”转向。而如果现象概念变化了，则“存在论”的意义也会变化；而当“存在论”的（传统）语词意义本身必须被放弃时，这种变化发生在由历史决定的关联之中，并因此属于存在论思考的范围。

作为存在论的基本构造状态的“结构”，最先（由我）在 1965—

66 年间讨论。[①] 当时就已预见到，这个概念会成为一个流行词。而这并 16
不能改变这一情况，即“结构”还没有被充分研究，甚至还未曾在其最简朴的基本特征中被经验为我们这个时代的基本词汇。为了与其他的结构分析区别开来，它们以那些已经从存在论上被预先确定了的对象和对象种属为前提，我们就将在这里谈及的研究称之为结构存在论。

“结构”这个词在当今的使用是漫无边际和混乱不堪的。所有人都使用它，而每个人对它的领会都有所不同——如果他对它真的有所领会的话。这个词被用来标识一个方向（“结构主义”），这是极为含混的。今天每个人都有他的结构主义，但却不能担保，这个“结构主义”就是最好的。结构状况允许自身在更为基础的情况下被人掌握——通过它的多产性，通过它范畴区别的精确和充盈，这种更为根本的掌握证明了自身。每一种研究都要服从于这个尺度。具有决定意义的解释表明了，它能显示出，在哪些前提下它能到达让自身被接受的位置。

但是在尚未意识到存在论说的是什么之时，“结构”不能被认为是存在论的概念。存在论的稚朴性就是最容易被流行的结构主义所诟病者。关于这一点，将会在某处被更详尽地论及，在那里必要的准备被给出，首要的是，体系和结构之间的区别得到了澄清。看到这个区别的人也会看到，体系和结构是不同的存在论的基本形式，或者更好的说法是，体系从根本上讲并非一个存在论的基本形式，而是一个存
在论基本形式中的存在者的变样。只要结构主义从确定的对象来理解 17
自身，它就还滞留于体系的派生环节。

如果不是研究任意的结构，而是将对于结构的分析作为存在论的构造状态，那么它就获得一个有效的范围，这个范围只是能通过分析本身，而非一门单独科学的方法被确定。虽然不是无边界的，这个有效的范围还是超越了一切科学，并且在人们以一种方法的明确性同存在论的结构分析打交道之处，每次都出现了单个科学（含义）的扩

---

① 写了《实体 · 体系 · 结构》(*Substanz System Struktur*)，两卷本，1965/66，以下简写为 SSS。今天我们还是遵循当时提出的原则：当“结构”更多地应该作为一个流行词时，那只有从近 500 年的存在论思想史出发才能被掌握。在以上这本著作中尝试阐述了结构思想的历史。

展，这种扩展是有特点的，并以特别的方式令我们的方法意识感到满意；在这个意义上，我们可以谈论结构的人类学、教育学、神学、历史学、语言学、艺术理论等等。结构存在论（跨出）的每一步都引向一个专业领域，在这些领域中本来只有专业研究者才具有判断能力。这种跨步是否有足够的洞见，以至能使它不表现为失足，还需要加以观望。

4. 书写和阅读的困难

个别性和普遍性之间的关系有其独特的情况。在存在论研究作为普遍形式的研究被掌握和由此对立于单独科学之处，这一研究就已经被误解或者被降低到一个不那么根本的层次上，因为它预先设定了单一性和普遍性的意义；（也就是说，）存在论是“普遍的”并且它是如何“普遍”，已经被认为得到了明确规定。传统的全部存在论在“一般形而上学”的标题下自我归纳，这就足以说明问题了。

由于存在论的复多性思想——这种思想属于结构思考的漫长的发生历史——的流行，这样一种情况就为人所知了，即，根据并源自存
18 在论的基本意义，单一性和普遍性能够意味着某些不同的东西。各自的基本意义通过意义变项的变异确定自身，而以前这些变项通常被从文字上当作不变的存在论范畴。举例来说：“可能性”在自然的存在论中的含义与在人之缘在的存在论中的含义不同；在此只要回忆一下海德格尔的生存存在论（Existentialontologie）中所举的例子就足够了。[①] 此外，以下的讨论将以这种存在论的深化和扩展为前提，而它们已被现象学和现象学的学派发现了。这里最重要的人物是马丁·海德格尔，他提高了存在论的自觉（Bewusstheit）。因此，结构存在论在某种意义上也可被视为海德格尔的工作在其他层次中的延续。

所有重要的哲学开端都构建出某种历史的联系。但只有当人们获得一种适宜的秩序原则时，这种联系才成为可见的。结构存在论将成为这样一种秩序原则——它总是在去寻求某一秩序原则之际而得

① 参见《存在与时间》，第 261 页。

到发展。它是否能揭示某些东西，是否能在此基础上指示出迄今为止隐藏的关于历史的基本特征，这些都只能凭借其结果而得到澄清，这就是所谓诠释性历史的哲学化活动（interpretationsgeschichtliches Philosophieren）。[1] 如果历史的基本特征能被找到，那么它同时也就总是可能的哲学化活动的相互关联的原则。以不同开端的合作为形式的哲学化活动是“科学”的哲学化活动。“作为科学的哲学”并非产生于对固有方法的遵循，而是产生于达到某种透明程度，这个程度允许对思想史和当代各种开端的多样性的清理。

前面的工作立足于近代存在论。这就意味着放弃一系列基本假设，比如说放弃对于普遍性和个别性（Einzelheit）的日常区别。不 19
存在“这个（唯一的）结构”（die Struktur）；每个单独的（einzelne）结构都构建出“总体结构”的一个类型。因此一个一般的结构理论是不可能的；由此以下观点也不应保留，即“结构”是每种形式的存在者的基本（存在）方式。普遍的表达并未切中我们的对象，单独的描述并不凸显根本的原则。因此在这里只有关于“模型”（Modelle）和单一描述的道路，这些描述会为了总的规律性而被给出。只要是涉及“模型”（它也是一个流行词，这个词处于与结构这个基本词的非概念的联系之中），也就涉及普遍的单独描述。（但是）如果这些普遍的单独描述只是足够尖锐地（个别地）标记了普遍之物，它们在单独的情况中也可能是错的。

因而我们将使用“模型”作为示范对象。它被以凸版印刷的方式地排开，为了由此而表示，在这里有不同的要求：不是关于特殊专业中正确性的要求，而是关于存在论的—类型学的精确性的要求。

某个状况只在它的自我表现之不同视角的消失点［Fluchtpunkt，（透视图的）没影点、遁点］中显现出来。在这显现之处，模式总有助于我们。因此模式以复数形式出现。它们给出根据，而非知识。它们引导，但自身并非目标。所以，结构模式的理解必须从一个模式向一个模式飞跃，以便从这些可替换性中展现出基本状况。

在这里我们想要给出的，不是一个关于结构的最终有效的原理。

---

① 《实体·体系·结构》，第 46 页。

毋宁说在此关涉的是一种解释尝试。就所谓“确定的”意义而言，这里没有什么是确定无疑的。无穷的纠正是可能的，我们也为自己保留今后再去纠正的可能。那些目前能被呈现出来的，只是思想的发展过程中一个可超越的阶段。这个思想只能在流动中被描述，因为它是关于运动的存在论的思想。运动的存在论本身一直处于运动中。至少存在着这种可能性，即通过对结构思想中不同阶段的标记表明一个发展方向，在其消失点中事情显现出来。

20 为了利用这种可能性，含有不同阶段思想的提示将被给出。如果那种被把握为最简短的形式还未被改变，那只是因为，在此所涉及的只是关于思想的发起和澄清的方面。它们各自从当时的某一方面谈及问题，而这种片面性是被视为优点的。读者会遭遇到矛盾之处。而不包含矛盾之处，也并不一定是有意为之的。

因为只能在发展中理解结构思想的合法性，这就导致了，这种思想只能通过对它的展开历史的描绘而被给出。《实体·体系·结构》承担了这项任务，描述了发生的历史，标出了当代的重点，并且尝试指出结构思想的发展方向。为了保险起见，在一个“补充说明”中思想的“体系学”（Systematik）在那里以最简洁的形式被给出。而一直能读到那里的人，就不再需要那样一种体系学，或者（可以）成为其批评者。只有拥有这种思想的人，才能在历史中重新发现它；只有在历史具体化的充盈中领会这一思想的人，才能拥有它。只要结构思考没有给出结构思想的历史，它就不是根本上的结构思考，而只停留于结构主义。

当然，《实体·体系·结构》没有提供答案。这既不令人惊异，也不令人惋惜。这本书就没有提出要提供答案的要求，或只是受人关注的要求。但是它提出了这样的要求，即如果它被人关注，就不要被歪曲。但是遗憾的是，没有能力完全通过历史的（geschichtliche）传述
21 去感知发生着的思想的读者，却自以为有必要地做出判断。[①] 哲学化活动的新开端能够就其思想和表述的形式来得到评价，这种希望看来很渺茫。

① 比如，有一本书的作者发现，相近的主题，也就是关于经验与结构的主题，在这里则是结构概念，乃是“由狄尔泰勾画的”。事实上开始时（我的著作）确实涉及

这里所尝试的关于结构思想的表述所包含的基本特征，都已经在《实体·体系·结构》中被试图加以处理，并已试图将其从现实历史的（historischen）伪装中解脱出来。偶尔的重新审查，在它们被期望之处，应该使比较的阅读成为可能。在不被期望之处，它们将被作者当作对于结构“体系学”矛盾的辩解尝试。但也就是在目前的表述中，可能存在着某种类似于历史的转化那样的东西。

结构不是范畴，而是很多范畴的安置（Zuordnung）。当结构的构造状态的范畴安置被阐明的时候，结构的构造状态就被阐明了。其中的一些范畴始终在存在论中占有一席之地，如“关系”或“意义”，有些是较新的，如“异化”和“动态”（Dynamik），有些则是在最近才作为术语被接受，如“创造性”和“信息”。那些较老的范畴为了进入结构状况总的关联而必须被重新规定，出于同样的理由，那些较新的范畴也必须从总的关联那里得到首次的特别规定。这预设了一种读者的准备状态，即重新倾听已熟悉的词汇。与概念的常用意义直接相反的情形必须被经常考虑到。

结构的范畴不能在缺失总的关联的情况下被描述。而由于只有当所有范畴都被给出时，总的关联才被给出，因而解释过程就不能开始，除非它是带有错误的。由于这个原因，以下所说的一切，事实上
没有一点是“正确的”。在被清楚地（deutlich）表述的范围内，（被表 22
述者）是被错误地表述着。尽管事态不能清楚地被把握，它还是正确的。“从根本上能被言说者，就能被清楚地说出”（维特根斯坦《逻辑哲学论》中的著名断语）——说得不错，只是，这里所说的“明白”（klar）者，在这个句子中的确是明白的，那才行。例如，假如人们依据笛卡儿而使用明白（claritas）和清晰（distinctio）这样的范畴，那么，维特根斯坦就是清晰的（distinkt），但却是不明白的（nicht klar）。

我们的努力以清晰性（Distinktion）和明白性（Klarheit）为目标。因此矛盾之处就不可避免。阐述通常位于一种平衡之中。此外，

狄尔泰，但是只是为了指明，由诸如狄尔泰、Krueger 和 Spranger 所代表的结构概念的观点在整体上是被（我）跳过去的。这个概念的勾画是从完全不同的历史源头中，以最为谨慎的态度被获得的。非常奇怪的是，被肤浅地读出的东西常常恰好是（事实的）对立面［而通过这种阅读的幼稚性，（有关的）证据也会被得到］。

“阅读”是一种苛求，“援引”则是不恰当的（Unding）。除非是，人们援引了思想，而非语词。

那些涉及“存在”、“存在论”、“视域”和“基础”的都属于这个最为困难的（并且无疑是不成功的）平衡。但是，如果能成功地使读者关注这一平衡的必要性，这就够了；它能修正自身。

结构通常都被误解，而且必然被误解。由于这些结构很少是——或从来不是——纯粹的结构，这种误解就相当详尽地符合事实(Fakten)。因此误解自认为是正当的。尽管误解的正当被误解所坚持，但是它却未被理解这种正当。正当的理解（Rechtverständnis）就是对误解（Missverständnisse）的清理（Aufarbeitung）。

这一点说明了，手上这本书其实必须从后面来读（von hinten gelesen werden muss）。而谁进入了这个思想，就会在其中走上完全不同的道路。他会一再地从另一面到达联结点；由于思想的同一性可能首先要通过变动才能达到，所以这种变动不会妨碍此同一性。

当代思想中差异最大的立场证明自身是对同一种思想的不同的局部理解，于是，变异性和变动性就成了最有价值者。“分析”则有了另一种意义。从根本上讲，“一”（einen）可能是最原本的。

23 另外，在阅读随后段落时还应特别注意，关于“结构状况”，“结构动态”和“结构发生”的区别只是暂时性的。如果从后面来理解，那么“状况”和“动态”将证明自身是对“发生”的误解。[1]

① 自从作者追求结构思想以来，他通过若干课题研究和不同的成果尝试了在作品中对同一思想进行不同的表述（参见《关于问题的起源和本质》1948，《哲学的当代》1962，《科学和人的历史性自我确定：结构基础上的人类学》（见《哲学年鉴》1967））。关于这一思想，他应感谢他的父母，他们“前－清楚地”□ vordeutlich□赋予了他生命，并因此而将他置入了这种作为基本图像的经验中。这本书乃是对他们的感谢。

Ⅰ. 结构状况
（Strurkturverfassung）

1. 严格地思考功能性与关联性

关联性意味着那种奠基性的过程，依据这个过程结构的内在环节（Moment）只有在相互关联中才能被规定。一个“环节”不会外在于那种关联的规定性。完全可以确定的是，我们称一个“环节”为这种规定性的承担者——这与“要素”（Element）不同，“要素”在一种嵌入确定关系的规定性的基础之上，也是某种“自在”的东西。环节并不具有其规定性之外的“存在”——其规定性很可能存在于以下情形之中，即它不“是”（ist，存在）：举个例子说，“空白”具有一种功能，尽管它不含有任何东西。

当涉及精确的规定性的时候，还是只能通过环节。精确的规定性只能存在于关联的形式之中。一种完全专注于关联性的考察就是一种结构考察；这种考察所针对的不是实事，而是“形式”——虽然对于这种结构的滞留物而言，“形式”并非一个很确切的表达，因为严格地说，这个表达完全缺少了与“内容”的对立关系。

虽然关联性的基本过程作为一种自身固有的存在论的规定可能性，在半个世纪以前已经被看到了，但是时至今日它还没有在其极端的可能性中被完整地考虑。

一个环节与另一个环节的关联性可被称为功能。功能就是一个环节与另一个环节发生关联的内容。在以下这一点上结构和体系达成了一致，即在这二者之中只有功能还是可能的。

26 **功能**

为了表达一种普遍性，人们可以用一个字母指代一个不确定的数字，与此相似，人们也有如下需要，即通过字母表达一种不确定的功能。大多数时候人们都会在如下方式中使用 f 和 F 这样的字母：即在“f(x)”和“F(x)”中 x 代表了自变数。在这里，功能的补充需求是通过以下情形被表达的，即字母 f 或者 F 带出了一个括号，这个括号的内部空间被规定为是对自变数符号的接受。据此，

“ε’ f(ε)”

就表明了一个不确定功能的评价过程……

普遍的断言式命题就像等式或者不等式或者分析性表达那样，可以分成两部分被思考，其中一个部分是自足的，而另一个部分则需要被补充、是不饱和的。举个例子，人们可以将以下命题

“皇帝征服了高卢”

分为“皇帝”和“征服了高卢”两个部分。其中第二个部分是不饱和的，它带有一个空位，并且通过以下情形才能形成一个自足的意义：即在这个空位上填上一个专有名词或者填上一个代表某个专有名词的表达。在这里，我将这个不饱和部分的意义也称为功能。在这个命题中自变数就是皇帝。

弗雷格：《功能和概念》，1891

如果人们想将功能性作为存在论的特性更详尽地加以审视，那么就必须区分不同的个别过程。

（1）在他者中的存在

功能之物首先与实体之物区别开来，这二者是通过以下情况对立区分的：功能之物的存在是位于“他者”之中，而实体之物的存在是位于“自身”之中。实体之物首先是自在的（per se），然后才关系到他者。那种它所通过关系到他者的内容，就是“特征”（accidens）。

特征是由实体所支配的，但是它们并不创造实体。重要的是，“本质”并不是一种特征，而是一切特征根本上的统摄者。特征可以变化，但 27 是本质是保持不变的。特征是通过本质被规定的，但是本质不是通过特征被规定。人们能够在未认识到一个存在者的本质的情况下，就知道它的特征；而一个人如果认识到了本质，那他就“领会”了其特征，也就是说，他掌握了这些特征的变化，对此已深思熟虑。这就是实体存在论。

功能存在论与此不同。在一个功能化的体系中，每一个环节只是其功能的化身。功能性的环节并没有其自身中的存在，而是只有“在他者中的”存在，在这个意义上，它只有在“彼处”（dort）才能作为它所是的东西而存在（sein，是）。一个功能就“是”它的“效果”（Wirkung）（更好的：“存在于它的效果之中”）。一个无效果的功能就不是功能。此外，在这里“效果”也不能过于简化地被考虑。一个不发生效果的过程可能就具有某一种功能（引起另外一种意义上的效果）。关闭一个开关（在一个二进制的体系中）在功能上就是一个确定的“一”。表明禁止的某一种形式，实际上就是在某一个情形中的一个精确的功能行为；一个“停止”就是一个“行动”。功能总是具有行动的特征；它最基本的行为特征是在存在论意义上被理解的，意思是“引起某事”，这里的某事或许恰好不是存在于“发生效果”之中。“效果”仅仅是功能性的一个类型，“与变化之物的依附性”是另外一种（数学的）类型。

对于所有功能性共同的是，它们作为功能只意味着“确定性”，而且只能作为确定性被领会或者至少可以被思考为可领会的，并且功能只有在多样性中才是可能的。功能与体系或者结构交织在一起，它要求一种“关闭”，这种关闭使整体实现了一种完整性。

（2）相互制约性

功能是如此存在于相互制约性中的，即每个功能都对应于一个反功能。某一个功能就是与其反功能的对应过程，这个反功能也就是其 28 功能的对应过程。功能和反功能在存在论的意义上是同一的，这种同一之物在一个方面被如此表述，而在另一个方面则有不同的表述——“相互从属”，“相互作用”。

处于各环节之间的相互制约性比那些环节还要更原初。这些环节“产生于”那种作为原初统一关联的关系，这种关联在不同方面被表述得也有所不同。环节就是对关联的表述，并且只要这些环节并非就其自身，而是也会牵涉对其他环节的观察时，它们由此就是关联本身。一些关联又关系到其他一些关联；在它们的交点“显现出”环节，环节只是其他关联相对于一个关联的“显现”。

> “在宽泛得令人吃惊的界限内，并没有一种内在固有的含义——有人甚至错误地认为人们可以与他们实事上的相互作用无关地各自具有这种含义。”
>
> 帕森斯：《超我与社会系统理论》，1952

（3）合法性

一个功能系统的整体必须服从于某一条规则。没有一条有效的原则系统的建构就不会出现；偶然情形的积累并不能论证相互制约性。

在这里还可以看到功能性和实体性的对立。实体在自身中包含了其本质。本质从内出发规定了，哪些遵循其特征道路的行动是可能且必需的。当一个实体与另外一个实体发生关联的时候，它们各自不同的本质就会展现为相互对立的不同的合法性；这些合法性能够产生一种关系，但是它们不能联合成为一个新的、第三个实体。而一个功能系统的众环节就有所不同。这些环节在自身中并不包含“本质”，而
29 是拥有其处于自身之外的或者关于自身的法则：即规则性原则，这种原则确定了众环节间相互制约性的形式。本质是内在的平衡；法则是外在平衡。

> **表达世界**
>
> “一个新的世界开始了，就是表达的世界。这是这样一个世界，几经磨砺的外部力量、经过锤炼而成的表面相互交错联结在

一起，这些关系清晰地衔接在一起；一无所有，除了表面上的釉层；阴曹地府，但是没有渡船和奈何桥……形式之物可能出现，那是短暂易逝的，承负的双翼可能出现，肤浅轻易地被捶打，在蓝天中的盘旋之物，铝制的层面，表层：安静！简而言之，这是一个崭新的、朝向外部所安置的世界。”

戈特弗里德·本（G. Benn），《表达世界》，1949

内在确定性和外在确定性是实体和体系（系统）之存在论差别的标准。外在确定性意味着，一个环节成为一个在相关位置上存在之物。“位置价值”。

（4）极端的功能

功能性首先是在体系的构成中被掌握的。尽管人们思考相互制约性，但是并没有从这些条件追溯到环节，而是追溯到要素；人们从众实体的交叉点着手，关心哪些一般的关系可能会显现。在固定的要素点之间的功能性之网，我们称之为体系（*System*）。当功能的原发性相对于环节被极端地考虑时，即认为只存在相关之物之间的关系，这样我们才能谈及一种结构（*Struktur*）。

机器是体系的模型，但不是结构的模型。结构思想的扩展与现代科学的扩展有着同样重要的意义，前一种扩展最先被机器的模式动摇。存在论意义上的机械论是与笛卡尔的名字联系在一起的。机械论 30
作为存在论学说是在“普遍数学”（Mathesis universalis）中体现出来的。[1]——机器具有局部。它不是完全功能性的，而仅仅是一种基于之前实体之上的功能性。机器的构造决定了，实体仅仅是在功能化过程的一个方面被提及，而其他方面通过机器的特殊目并没有关联在一起。因此就留下了不可分离的多余部分。齿轮是由钢铁制造的；在这里所要求的仅仅是，它要具备某种强度，即在某段时间内能够毫无问题地承担一定的负荷；而除此之外，一个单独的齿轮是什么以及能做

① 参见《实体·体系·结构》第一卷，第 366 页以下。

什么，则未被关注——在这里没有什么是不具备功能的。因此即使在恰好不涉及所针对的目标的其他关联中，那种构造性的部分也完全具有一个功能性的成分。每一台单一的机器都仿佛会被其他不可见的“机器”（化学、物理、冶金术等形式中的功能相关物）所湮没，这些不可见的机器仿佛极为紧密地在机器所包含部分的实体属性中与我们照面。机器就是这样被构造起来，并且被组合进其他关联的整体性之中：在这个构造过程达到了某一种同步性，并且看上去仿佛在每一个功能中只有为某一台具体的机器而要求的功能才会实现。这个组合的过程当然不可能是完满的。这个复合体任何时候都会被撕裂。其他“机器”（比如冶金术的相关物，腐蚀等等）的推进过程不再与那台被组合进的机器保持一致——那么这台机器就失败了（“坏了”，破碎了，卡住了，断裂了）。

一台绝对的机器，在其中一切已有部分都是作为功能被接受，并且在这个构造中不包含任何多余部分，这台绝对的机器是不可能会磨损、生锈、破碎、出事故的。在这台机器中，促成新功能的构造条件
31 的解决过程将会形成。现在，结构就是这种绝对的机器，在其中没有任何一个局部是作为纯粹的局部而存在的。结构不会“破灭”。

举个例子，一个艺术品就是一个结构。在这里没有一个“盲点”。一切关联到一切。每一个环节在相互制约性中成为任何一个其他的环节。一旦情况不是如此，那么这个艺术品在这一点上就包含了一个“错误”。在艺术品中，质料是如此被吸收的，即质料作为一个本质上的条件从属于这个组合体（就像粗话俚语从属于《三毛钱歌剧》[①]，大理石从属于摩西像[②]）。总是与之伴随发生的是，对于这种质料性的一个确证，以及这种质料性总是以构造的方式被引入总体组合物。（摩西像若是采用不受气候影响的有机玻璃材质，《三毛钱歌剧》若是运用与时代脱节的世界语，那么它们就不会成功。）有朽性或许是存在的一个条件，在某种意义上却是一种“永恒价值”，因此尽管结构不是永恒的，但是却不会“破灭”。对于一个结构而言（比如一个艺

① 《三毛钱歌剧》是布莱希特早年的作品。——译者注

② 摩西像是米开朗琪罗在1513—1516年用大理石雕刻的，现存于梵蒂冈圣彼得大教堂。——译者注

术品),“破毁的”意味着某种完全不同的意思,可能恰好不意味着一种终结而是相反的意思。(歌剧《薛西斯》[1]中的那段在大厅中的广板长音总是“破毁的”。)

一个整体按以下情形被完全确定,即没有一个局部是从其自身或者从外部被理解,而是一切位置都只能从这个整体出发被理解;只有在这样的条件下,结构才能从中产生。在这里如果这个整体不改变的话,就不会有任何东西改变。每一个局部与整体都有密切联系,因此每一个都同等重要,与整体本身也同等重要。在一个结构中就没有什么是不重要的;也没有重要性的程度差别。那种思想,即认为一切都同等重要,并且可能恰好是从最少的规定出发得出决定性的结论,就是科学。科学与结构思想平行发展。

因此一个结构也不是构造物,因为一个构造物将一些部分置于一些部分之上,并且由此也可以“部分”地完成。而结构是作为整体逐渐显现,也是作为整体逐渐隐退。一旦它们在,它们就是整体的。一个经由大师之手“开辟”的概要式的寥寥数语,从一开始就已经是一个大师作品。它不是通过详细的论述而提升其价值,大师的技巧很可 32
能恰好存在于对长篇累牍的说明的简化之中。

① 《薛西斯》(*Xerxes*)是亨德尔在1738年创作的一部歌剧,其中的广板尤为著名。这里可能是指《薛西斯》的反正歌剧体裁,包含喜剧性和讽刺性,其中的广板(准确地说是甚缓板)多采用不常见的单部分形式,有些非常短小。——译者注

2. 关于自身中带有每个环节的整体之同一性的基本思想

绝对的功能性导致了一些特有的、包含矛盾的关系。结构状况最为根本的性质在于其普遍同一性的环节，并且这个环节也意味着，由这一点出发功能性和结构历史地生成，因为同一性环节乃是形而上学兴趣的最高点。

功能主义乃是从形而上学动机、最终是神学动机出发而形成的，因为功能主义提供了以下可能性：重新且清晰地把握绝对之物与偶然之物、上帝与世界之间的关系。[①] 然而值得注意的是，从这种神学思想中却发展出了一种非神学的，甚至是反神学的世界图景，这个图景坚决地否定了其最初动机。令人遗憾的是，在这里历史学从未负担起启蒙的任务。当人们在原初的形而上学方面看到那种对于当代具有决定性意义的功能主义思想时，它只能纯粹被思考。在形而上学方面看到这种思想，意思是将它推上顶峰、在可能的最大的极端性中把握这种思想。

因此接下来至关重要的就是如此解释这种思想，即深入其局部划分使之显示出来。只有在这个前提下，我们才能充满意义地谈论功能主义和结构存在论。因为功能性的这种基础迄今为止没有被考虑过，因此结构存在论也就还没有被承认为一门独特的存在论，其具有数百

---

① 参见《实体·体系·结构》I，第 150 页以下。

年之久的发生历史只能隐藏在花样繁多的自身设定背后。

(1)众环节的同一性 33

一切在一切之中显现。一切东西都在所有地方发挥效用。相互制约性的绝对同时性导致了以下情形，结构中一个位置上最细微的一个变化直接导致了所有位置上的变化。

每一个环节都与它邻近的环节协调一致，并且那种无法融入这种协调一致的东西也就不能在这个环节自身中出现。一个环节完完全全是通过其邻近环节的特殊状况而被确定的，这就意味着：它完全是基于邻近环节、在其确定性和特殊状况中呈现出来的。一个环节仿佛构成了其邻近环节的底片。

如果每一个环节都是其邻近环节的确切表达，那么无论一个环节是“通过其自身”被表现还是通过其邻近环节被表现，在事实上效果都是相同的。

一个环节只能像其邻近环节所表现的那样被表现。在功能上看，一个环节与其邻近环节的情形不会有所差异。但是何谓邻近环节？一个环节的邻近关系无非就是功能性，通过这种功能性这个环节与其他环节关联在一起。由此，只要关于功能性是确凿无疑的，那么关于邻近关系的内容是什么，也就确凿无疑了。（然而情况也有可能是，一个环节中功能上的邻近关系并不是完全清晰的，但是当某一个环节不是完全清晰的时候，所谓另一个环节又是什么意思呢？）

所以，一个环节无非就是其邻近关系的功能完整性。在这里，呈现的不仅仅是一个环节与其邻近环节一种合乎表达的同一性，而且还有一种实在的同一性。严格按照功能来看，一个环节所包含的无非就是，也无外乎就是那种功能邻近关系所造就的内容。

一个环节所包含的只是其邻近环节所包含的东西；这些邻近环节所包含的无非就是，且无外乎就是其中一个环节所包含的东西。在一 34
个环节与其邻近环节之间存在着完整的内容同一性。

在一个结构中，一个环节功能上的邻近关系就是这个结构的整体。

（2）与整体的同一性

如果人们已经认识到，一个功能环节所包含的实际上无异于它直接所关联的那些环节，那么人们也就会看到，这个认同事件所把握的乃是那个功能关联的整体。任意一个环节乃是通过邻近环节被决定，而这些邻近环节又是通过更进一步的关系被决定的。因此，只有当一个功能所属的功能状态的整体被规定的时候，这个功能才能完整地被规定。对一个环节的（完整）规定与对其（完整）结构组织的规定是同一的。

在整体的一个环节与这个整体自身之间存在着完满无缺且极为精密的同一性。这就是功能存在论的基本原则。理解这个原则，也就是说要理解这样一门存在论。必然要由此出发，才能得出其他一切东西。

人们习惯于从现实之物出发去思考功能上的关联。现实地思考，单个的环节乃是整体中的“一个部分”。如果人们去掉这个部分，那么这个整体就变得“不完整”。这个观点看上去多么有说服力，它在存在论上就会有多荒谬。如果关联被严格地按照功能思考，那么当缺少了一个“部分”的时候，这个整体也就不会再在此存在了。一个环节的缺失就是消除了这个整体——或者这个整体通过转化功能，变成了另一个不同的整体。一个电器由于少了一个单个的线圈就会整个失效。严格地按照功能思考，即便现在具有不同效果的其他功能
35 仍然保持，这个整体也无论如何会崩溃。体系带来了某些不同的东西，比如“发出声响”。“在技术上”可能一切东西还不会变化，但是“在功能上”已经在某种程度上整个地变化了，即发生了以下聚合过程，人们现在在所有位置上都获得了不同的“价值”（环节的名称）。按照功能来看，在这里一个聚合过程被另一个聚合过程所替代，只能是通过以下途径，即这个聚合过程中某个单个的环节缺失了或者变化了。

在纯粹功能的方面，并不存在带有“部分”的“整体”，而是只有那种在这里被称为“聚合过程”（Konstellation）的东西。“整体”中的所有环节都只是对这个整体的表达和形式，在其中保持了

同一性。有些规则规定了在一个整体中哪些形式化过程是有可能的，这种规则可以被称为“式样”。这种式样无非就是对功能的普遍规定，通过这种规定一个环节与另一个环节在整体同一性的条件下是可关联的。

因此，同一性就是一个环节与一个整体间从属关系的指数，或者用另外的表达，（环节与整体之间的）同一性是环节“正确性”的条件。还有不同的说法：当一个环节通过一种同一性规则（“式样”）被表达为整体的时候，这样它才属于一个功能的整体。

然而，数学的式样或者对于同一性的数学化仅仅是一种特殊情形，在这里只是一个模式。整体性与环节的同一性在其他结构中表达的会有所不同，比如作为“风格”，作为“和谐”，作为“生活”或者诸如此类。

所以关于“部分”和“整体”，人们无法再在功能存在论中严格地加以叙述。这些范畴属于另外一个存在论集合体。我们认为功能性的规定越是理所当然，以下情形就越是不清楚，即我们由此是在一个独特的存在论区域中运动——这个存在论区域无法还原到其他存在论区域，比如某物的存在论区域或者某事的存在论区域等等。存在一种存在的相即，这一点就决定了存在论差别的极端性不会被取消。存在论无法从这种存在的相即被解释，而是存在的相即必须从各自的存在 36
论法则出发被解释。只要这些基本的哲学没有被满足，那么一切关于功能、体系和结构的讨论就都是幼稚的。

（3）精密性

对于功能存在论之形式的认识是精密的。基于一门不同的存在论之基础之上的认识绝不可能是“精密的”，并且也不会是“精确”的。精密性（Exaktheit）的形成并不是通过精确性（Genauigkeit）的提高，而是通过重新构造出一个新的规定原则的过程。

精密性和精确性乃是不同的标准，是位于不同层面上的标准，在不同的层面上它们既不会相符合也不会相矛盾。一个精密的命题可能并不精确，一个精确的命题可能并不精密。关于旋涡星云的消除的命题是精密的，但并不精确；对于一片山脉地貌的名称的知识在最大程度上是精确的，但无论如何都不是精密的；在这里，精密性无须争论。

在有着“不同事物”的地方，知识就总只是接近。而当命题与事物之间（通过名称）存在一种精确的相符合关系时，这里所涉及的乃是“不精确的”认识，因为通过这种知识并不能同时确定，在何种意义上它们可以进一步被使用。一个精确的命题也总是包含了一个关于其自身的命题。它总是将它所陈述的那个功能性环节也表达出来，即人们如何能实现这个命题或者必须实现这个命题，以及这个命题如何才能转化为其他认识。这个关于其转化性的命题可以就其自身或者先于其自身作为普遍的规则被确立起来；在两种情形中这种转化性都属于被确立的规则。

精密性乃是一个存在论的范畴。它只应该归于那些属于某种存在
37 论等级的事物或者命题——并且它也归于所有具有此种归属性的事物或者命题。关于精密性，起决定作用的并不是对象类型（比如说数学对象、物理对象、化学对象），而是对于关系性的领会。以下观点乃是一个误解，即认为只有科学，甚至只有自然科学才是精密的。

规定的精密性是通过关系性产生出来的，绝无例外。观察的精密性是以众多关系的精密性为前提的。众多关系乃是通过回溯关联性，即基于一种唯一的定义性坐标系而变得精密的。在唯一的回溯关联（还原）中、基于一个可把握的坐标系去对一个事物进行观察，这就是精密的观察。

关联体系（Bezugssysteme，**坐标系**）

“……那些现代的学科分支，古生物学、人种学、原始心理学、对诸神系统的阐释、文物发掘研究、对壁画的研究、对盾和弓逐渐成形的批判分析、对风格流派的分析，以及对那些已消逝的文化的研究，这一切都导向了一种全球化的、同步的视角。其结论只可能是关于那个关联体系的关系性、关于其认识手段和实现方法，通过其时间阶段化和地理位置上的分界而被确定。我们对其的运用乃是意味着，比如康德在归纳的关联体系内，将关联

> 之物确定为对因果分析进行确定性保存的完成之物和规定之物，但是在这个文化圈子之外，他是在一个气候糟糕的城市里几乎不带有什么神秘色彩的人物，与所有人都格格不入，就像我们眼中的巴厘岛的幻舞舞者或者非洲马科尼斯的求雨者。关联体系：行为与被掩盖之物的暴露之时，显现形式，'最终有效之实在物'长时间的变化无常，一直以来无处不在的新伦理道德组成部分，这些都分解或者开启了关联体系，得出了因果链条，扭转了体系的熵值，并且在进一步推进的对难以想象且复杂的排列物进行创造和增加的过程中进一步承担起最外在的部分。"
>
> 戈特弗里德·本：《表达世界》，1949

精密性乃是基于同一性基础之上的认识。在一个功能性关联之 38
内，只有一种唯一的实在成分——即这个功能性关联自身。一旦观察活动不是"指向整体"，而是指向"内在于"整体的功能性关联，那么这种实在成分也就不"存在"了，因为它属于这个整体，除此之外别无含义。按照功能来看，它就是一个零。（一个式样并非一个命题，而是一种方式，说明人们是如何达到这个命题的。）按照功能来看，在这里所涉及的只是那些在这个实在成分的表达过程中有可能产生的差异性过程。在一个功能集合体中，在所有地方都只有实在成分的表达过程可以相互区分，而不是这种实在成分自身。

换句话说：只有在环节和环节之间才有差别，而不是与此相反，在环节与"整体"之间有差别。因为（功能性）认识总是差别认识，所以（功能性）认识就只存在于以下两个方面，一是众环节的差别，二是基于这些环节与关联整体的同一性之基础。这些差别仅仅是同一个成分的（功能性）映射出的差别。只有当某个成分置身于运行过程之外，认识才是功能性的。

由此出发就可以解释以下历史事实，即功能性认识的形成就意味着放弃质的认识。质的认识乃是对于"是什么"这样的问题的回答。然而根本上的"是什么"乃是本质。因此（按照古典的看法），一切认识都是关于本质的认识或者奠基于本质认识的认识。人们首先（并且时至今日有时还会）认为，（放弃了质的认识的话）就只有"量的”认识留下——按照这种情形，功能性认识就意味着放弃本质认识。因此那些可数学化的分支学科（诸多自然科学）就被认为是第一“科学”。在这里亟须看到一个独特的认识论上的跨越，即放弃本质问题并不必然意味着放弃“是什么”的问题，并且也决不意味着仅限于“有多少”的问题。

39 功能性认识所面对的并不是某个整体，而是内在于这个整体的众多环节彼此之间的差异化过程。如果一个整体要成为功能性认识的对象，那么这个整体自身就必定又要作为内在于一个更广大的功能集合体的环节被掌握。如果不是这样的，那么它在功能上就是难以理解的。所以整体只是作为发挥作用的同一性原则为以下情况奠基，即众多环节只能以一个完全确定的方式相互关联在一起。整体只是在当下才作为某种必然性的强制力量，通过众多环节的多样性而成为“这样而不是那样”。整体仿佛是一种驳回，它将认识行为逼迫回功能集合体的具体化过程，并且必然地使这种具体化过程在一个确定的（且是可确定的）方式中展开。整体并不比众多单个环节的功能集合体的必然性多出什么，它也就是众多单个环节自身的功能性。

“整体性命题”当然是非功能性命题。“精密性”和“局部命题”乃是互补的两种情形。精密性首先意味着对认识的放弃，而不是对认识的获取（就像流行的看法所认为的那样）。人们仅仅是在从部分到部分的道路上才发现整体，而不是在从部分到整体的道路上发现的。认识兴趣的这种转向充满矛盾，这种兴趣虽然是以整体为指向，但是恰好就是因此不是朝向整体的；这种转向乃是一种新的认识风格的独特形式。

所以我们就有了这样一种同一性，这种同一性只位于差异化过程中并且只能从差异化过程出发才能被经验；对同一性的认识并不会由于差异化过程而被“遮蔽”或者“弱化”。“精密性”恰好意味着，差异化的事件乃是同一性的完整呈现。认识的精密性就是对众多环节之同一性的精确相即过程，也就是与以下情形的相即过程，在众环节的差异中同一性作为整体显现出来。

每一个功能集合体都处于三重同一性的法则之下：一个环节与邻近环节的同一性，一个环节与所有环节之整体的同一性，众环节之差

异与所有环节之同一性之间的同一性。极端最终意义上的精密性只有 40
在涉及同一性的时候才有可能。精密性只有作为极端的精密性才是精密的。

一个经过历史训练的目光很容易就能注意到，三种同一性之间的同一性与基督教的三位一体神学有一种形式上的对应性。为什么现代科学的理论最先是在神学形而上学中被发展起来，这就是原因之一。只有一种非历史的理解才会有以下观点，即认为神学和形而上学是一边，精密科学在一边，二者间必定是敌对关系。二者互不交流（或很少交流），从这个事实并不能得出，这二者具有不同的来源。

（4）作为先驱的库萨的尼古拉

对历史的回顾表明，结构的模式最初是在库萨的尼古拉那里出现并且被应用，其目的是为了解决一个疑难的神学问题，即上帝与世界之间的关系问题。如果上帝是那个绝对之物本身，那么在他之外就不可能会有任何东西。因此个别的被造物不可能“外在于”上帝。但是它也不可能作为一个“部分”“内在于”上帝，因为上帝是单一的，无法分辨其中的部分。因此必须寻求一种存在论上的思考可能性，如此去思考上帝与被造物之间的关系，即既存在绝对的同一性，同时又有绝对的差异。

“参与分有”（participatio）的思想乃是中世纪全盛时期的存在论的基础，但是这种思想在这里是不够充分的，因为当参与者所参与之事并非本身具有部分时，“参与分有部分”就是不可能的。在库萨的视角内，人们别无选择地会有以下观点，即认为每一个个别被造物的本质中包含了上帝这个总的本质，但是这种包含是一种无限的削弱。“削弱”意味着什么呢？有可能是产生一种源自上帝的削弱，而这是
不可能的，因为在上帝中并不包含弱化的原则，或者有可能这种削弱 41
产生于被造物，而这也是不可能的，因为被造物最先应该产生于这个削弱过程。因此这种参与分有的思想在存在论上并不确切。

考虑到这些困难，库萨发展出了一种功能的思想。他将这种思想推到极端，关系项（Relata）完全过渡到了关系本身。在这个构想的

基础上，他创造了以下术语系统：只有当单个环节是整体的时候，也就是说，通过对单个环节的规定可以表达出对所有环节之整体（包括这个环节自身）的规定，这样单个环节才能被关注。这样，这个环节的内容就被称为“绝对属性”（quiditas absoluta）。单个环节也可以被看作这样一个环节，它与其他环节极为鲜明地区别开来，并且恰好是通过这种区别在功能上被吸收进整体。它的内容与其他一切都有所区别，被称为“聚合属性”（quiditas contracta）。称之为“聚合”，是因为其内容无非就是在整体的一个位置上对于整体的一个集合。只要“被集合在一起”，整体的反应就各不相同，因此众多环节就各自显现且各不相同。而就对其自身的观察而言，众多环节就是整体（绝对物）本身。

聚合属性就是我们在这里称为功能的东西，而绝对属性就是我们称为整体之同一性的东西。库萨的命题认为：绝对属性与聚合属性在实在上是同一的，并且没有减少和减弱。

因此就有一个矛盾展现出来，“有穷之物”恰好是通过它的极为鲜明的有穷性（各自状态，功能）成为整体的表达和内容。在分有存在论（Partizipationsontologie）中，内容的局限性就意味着疏离绝对之物，而且是在以下意义上，即局限性越大就意味着疏离越大，然而在功能存在论中情形恰好相反：局限性越大，精密程度越高，那么对于整体中其他环节（以及所有其他环节）的表达就越是完整，对绝对
42 之物的当下呈现也就越是无碍。即便是众环节中最微小的一个，只要在功能上与整体密不可分，那它与绝对之物就是同一的。作为精密性的存在论，关于功能的存在论同时也是绝对之物的存在论、同一性存在论——对于这种存在论而言，在所有地方存在的都只有绝对之物，即使如此或者恰好是这个原因，因为在对有穷之物的无穷勾连表达中存在着整体的世界。

因此对于库萨而言，差别（diversitas）完全不是同一性（identitas）的对立概念。当人们功能性地思考的时候，差别与同一性是同一的。多样性与统一性（Einheit）之间的关系情形也与此相同。多样性并不是统一性的分裂；只有当多样性功能性地被思考的时候，它才是那个连同自身的统一体的有所区别、却未分离的统一

性。在这里有效的是以下基本命题，“多样性中的统一性”（unitas in pluralitate）和“差别中的同一性”（identitas in diversitate）。

那些在实体存在论和分有存在论中无法被思考的困境，被库萨在一个模式中联系在一起，在这个模式中他第一次发展出了结构的思想，即世界体系。当天体在体系化的精密性中按照功能性达成协调一致时，尽管月亮与太阳有所差别，但是月亮经由自身表现了太阳的所有效用（而这就是那个整体的太阳），其中既包括直接作用在它身上的效用，也包括经由总的体系作用在它身上的效用。如果人们从两相对立的位置去观察太阳和月亮，那么它们当然是相互间不同的。然而如果人们在它们功能化的相互制约性下去观察它们，那么它们包含就是同样的东西，即体系的整体——这个体系是一般实在性的整体，因此也就是一切实在性总体（omnitudo realitatum）。从相互关系上看（聚合属性），太阳和月亮是不同的，就其各自自身来看（绝对属性）它们是相同的（上帝）。

关于这个思想最明确的表达在《论博学的无知》（*Docta ignorantia*）第II部分第4节：“上帝由于其宽大无边，他既不在太阳中也不在月亮中（non est nec in sole nec luna），然而他还是以一种绝对的方式作为它们之所是的东西（quod sunt, absolute）而在它们之中。同样，宇宙既不在太阳中，也不在月亮中（nec est in sole nec 43
in luna），然而它还是以一种聚合关联的方式作为它们之所是的东西（quod sunt, contracte）而在它们之中。太阳的绝对属性与月亮的绝对属性是无法区别的，因为这种绝对属性是上帝本身（est ipse Deus），他是一切事物的绝对属性。与此相反，太阳的聚合属性与月亮的聚合属性就有所不同，因为一个事物的绝对属性并不单指这个事物（而是上帝），而聚合属性则仅仅就是指事物自身（non est aliud quam ipsa）。由此可以得出：由于宇宙是一个处于以下方式中的聚合而成之物，即它在太阳中以某种方式聚合而成，在月亮中以另外的方式聚合而成（quae aliter est in sole contracta et aliter in luna），因此宇宙的同一性恰好存在于差别性之中（identitas universi est in diversitate），就如它的统一性是寓于多样性之中的（unitas in pluralitate）。因此，尽管宇宙既不是太阳也不是月亮，但它在太阳中就是太阳，在月亮中就是月亮。”[①]

以这个思想为基础，库萨获得了更多的术语和公式，它们能够清晰地勾连表达关于功能性的包含张力的思想：“各处在各处之中”（Quodlibet in quolibet），“一切在一切之中”（omnia in omnibus），所有东西的本质无异于那个总体的本质（Omnes essentiae sunt ipsa omnium essentia）。更为明确的还有“凝聚”（complicite）和“展开”
44 （explicite）之间的差别。每一个事物可以有两种方式将整体的本质包含在自身之中，汇聚的和展开的。举一个特别的例子，当我们看到一个工具的时候（比如一个银匠的锤子），那么我们就能通过这个锤子（它的风格）以凝聚的方式看出它所属世界的整体（中世纪晚期的行会组织）。一位文化历史学家，他熟知一切个别的关系情形，并且能够从精确的技术和社会学关系出发规定这个工具的内容，那么他就由此也以展开的方式掌握了那个行会的世界。展开的认识方式所包含的内容无异于凝聚的认识方式，但是它是在一个不同的差异性程度上包含这种内容的。展开的认识必须通过体系的整体性才能达到完整的精确性，并且从来也无法满足凝聚的方式的要求。

---

① 这段文字极为清晰地表述了一个很艰涩的思想。更令人惊奇的是，以下这一点还未被看到，即他只有在功能性的前提之下才能推断出这种思想的。众多解释者曾尝试着借助“参与分有”（Partizipation）去解释这个思想，但是在这里，比如在很多地方，都没有得出具有说服力的解释，并且根本上错失了库萨的构想。按照我的看法，Klaus Jacobi 的著作才给出了一个恰当的解释（《库萨哲学的方法》，1969），这部著作是基于结构存在论而产生的（根据 1957—1963 的讲课稿和练习课，以及一些单篇的谈话），（除了有几点不够恰当，在这几点中功能性思想并没有完全明晰地被把握，因此还不是关于同一性的思想）。我也列出我早年关于库萨的解说《实体 · 体系 · 结构》I，140—228。

3. 具体化作为结构的实在形式

结构的所有范畴都是问题的标题，而不是解答式的概念。这些范畴只涉及某一个方面的状况，它们也因此同时歪曲了这个状况。对一个范畴的描述同时意味着对另外一个范畴的取消。

“整体”乃是位于关于实体、物与事各居其位的存在论中的。通过对某一点的特别强调，这个范畴也适用于体系。对于体系中每个位置意义的规定乃是出自这个体系的整体原则。因为出自同一条原则，因此所有的位置意义是一致的。在一个体系的整体原则之下，体系的一种“发展”也是可能的。这种一个自我发展的体系的原则叫作“隐德来希”（Entelechie），它的过程性的整体性乃是其发展可能性的条件。在体系能够产生之处，总有一个隐德来希被预先规定，这一点总是应该位于一个计划或者一个构造或者某种调节过程的形式之中。在这里，整体比众多个体要更大。整体在这些个体“之上”还包含了一切个体的原则，在此，这个“在……之上”（über）并不是存在者层次上的（ontisch），而是存在论层次上的，它被理解为是关于独立性和预先安排秩序的一个得到强调的意义。

与此不同的是，在结构中个别之物处于优先地位。“整体”的发展也取决于个别之物及其发展。结构的“整体性”被置于具体化（Konkretion）之上；整体性并不“先于”个别之物，它也不是从别性中“产生”出来的；它是通过以下方式与个别性联系在一起的：

即整体性与个别性这二者成为一个（存在论上的）统一体：同一性。这种联系的方式我们称之为具体化。因为这种方式既不能从“整体”中，也无法从“个别性”中预先被取得，所以就是具体化。这种方式首先是在其发生过程具体内容（dass）中调节自身的。

关于结构的理论同时也是关于具体化的哲学。对于具体化哲学而言，只有具体之物。具体之物并不会被表达为它是什么。

（1）聚合（Konstellation）

在一个结构中，一个环节的含义、意义与实在性只是通过并且只能通过以下关联被确定下来，即它所占据的与相邻的、遥远的、更遥远的那些环节之间的关联关系。在这里，“遥远的”无论如何已经是对于结构的一种内在规定，自身已经是一个环节，因此在结构中所有环节究其根本是不能相互疏远的：同一性。

序曲

在音乐主题的展开中，伴随着一段从舞台后传出的小号独奏。这段独奏（部长的心理动机，代表着正义）距离遥远、音效很弱，按照乐声逐渐消失的过程它要表现的效果恰好得到增强。在这里弱化过程意味着增强过程。

贝多芬，《费黛里奥》

在某些情形中，增强过程会很奇特地通过弱化过程而实现，在另一些情形中，增强过程则是通过不断强化而实现的。增强过程究竟是位于强化过程或者弱化过程之中，是不能预先说好的，而是从周遭环境中得出的；在具体化中才能表明所要表明的东西。

46 **沉默**

有时会发生这样的情况，一个喋喋不休的人其实是沉默的。一个人是否在沉默时喋喋不休，或者他干脆只是一言不发，这取决于他迄今为止说了什么。一言不发可以表达了很多内容。喋喋

> 不休可能却只相当于一言不发。喋喋不休也可以表达很多内容，而一言不发也可以真的无所表达。只有在沉默的那一刻才能看出，沉默是否表达了什么。

尽管言说是一个结构，但是却不能“立即”说出其中的个别部分的含义是什么。一个词可以出乎它自身的意料，表达某种与其自身相反的含义。它的言说力量只在它实现的那一刻才施展开来；甚至其个别部分无非就是在它实现的那一刻中的实在化决断。个别部分就是具体化。但是这一点只有在以下条件下才有效，即将语言把握为一个结构。在这里要表达的恰恰是：当言说可以意味着无语，无语可以意味着言说时，语言乃是作为结构呈现的。

具体化的实在形式产生于聚合。意指只能来自于意指行为的聚合。环节只能来自于众环节构成的聚合。聚合的意思就是，某物就是它所据有的那个位置。语词居于位置之中，这就意味着聚合。在这种具体化过程中，语言首先是言说中的。

这表明了，“地位”（Stellenwert，位值）这个范畴乃是从具体化经验中获得的：地位决定了一个要素的含义和规定。然而范畴所显示的更多的是回溯到体系，而不是回溯到结构。关于地位的决断是从整体出发做出的：前－决断。但是具体化过程无一例外地取消了这种前决断。决断就是被取消的前决断，这一点意味着结构，作为结构的行为。

具体化首先带出了聚合；从这种聚合出发产生了地位。如果人们坚信这种来源谱系，那么地位（位值）也就可以作为结构范畴起作用了。

（2）张力 47

当关系之网通过一个“整体”被确定，并且整体中的位置先于这些关联，那么就会有一个坐标体系被建立。但是位置首先是从关联中产生出来的，因此位置是从关系的发生过程出发各安其位的——通过这些关系，这些位置被确定下来。这些位置“产生于”一个环节脱离开另一个环节的过程。这意味着，只有一个具体的“纾解”

（Ausspannung，消除张力）事件才能展现差异的多样化——结构就处于这种多样化之中。

更直观地说：位置并非被安置在固定的背景之上，而是只有通过那种脱离的具体力量才获得（并且保持）它们的定位。因此这些定位都是变动不居的，在相互的关系中变动不居，也在于整个维度的关系中变动不居：同一个结构可以比较宽泛或者比较紧凑地被纾解。脱离（Absetzung），张力（Spannung）以及纾解都是结构范畴。

只有在以下情形中，即某物不是通过一个背景或者通过一个更高的层面获得其规定，而是仅仅通过那种自身也只能通过自身获得规定之物而获得其规定，这样我们才能谈及张力。只有在可相互变换的依赖性中才有张力。一旦形成了固定，那么张力在最终获取含义的意义上就不存在了。对于被固定下来的含义，具体化过程也只是一种表面性：现实化过程，而不是现实化本身。

> **小说**
>
> 从一种意识形态中从来无法产生出一部真正的小说。当意识形态制造文学的时候，所涉及的仅仅是对于固有观念的解释。而小说这个文学类属乃是一种结构的模式，在其中含义（个别行为）乃是从含义事件（小说的“行为”）中产生出来的，并且具体化过程也并不遵循一个体系化的规划。

规划并不导致具体化，而只是导致现实化过程；在任何一种情形
48 中，对于规划而言（可能并不是对于规划者而言）现实化都是次要的。而具体化过程则与此相反，意味着必然会产生效果的实际情形。具体化过程乃是通过具体之物对于它们进行规定。

当关系伴随着张力出现之处，所涉及的就是结构。张力乃是一种结构之物，并且是首次被发现的结构之物。普遍数学中的所谓“扩张”（extensio），指的就是一种纾解的思想，这两个词之间甚至还有一种字面上的符合一致。[1]

---

① 参见《实体 · 体系 · 结构》第一卷，第 401 页以下。

只有那种从某种张力出发而出现的东西，才能出现。只有那种切中了某种带有张力的东西，才能命中目标。如果某种已经应验的东西要命中目标，那么对它而言接下来就必须要制造一种张力（集中注意力的紧张）。

等候

K先生等待某物，等了一天，然后是一星期，之后是一个月。最后他说道："原本我能够很耐心地等待一个月，但是不是这一天和这一个星期。"

布莱希特，《考艾尔纳先生的故事》，柏林，1930

（3）无边界性

结构既不是通过一个结构法则（自上而下），也不是通过一个结构背景（自外而内）被掌握的。结构只有在具体关联的具体化过程中才能形成。与之相应的掌握方式存在于对那种指示关联的遵循之中——这种指示关联划分了结构之中的差异区分事件。在具体的道路上，人们永远不会跨出具体之事。跨出具体之事就要预设，在领会上已经超出了其边界，并且从外部出发回溯到这个边界上。然而从结构出发是无法引出一条通往外的道路的，因为所有道路都是结构之中的道路。因此没有任何现象具有最终的性质。为什么会这样呢？因为最终性只可能存在于一种绝对的背景之中。

具体化过程意味着无穷驻留，直至具体的经历过程，结构就是由这种具体经历过程中产生的。在一个结构中人永远不会终结。如果人 49
们能触及边界，那么在此呈现的就不是结构，而是体系。结构从内部来看是不可穷尽的，即使它完全被笼罩在各自有穷的总体特征之中。

畏惧—勇气

畏惧不是一个与其他现象格格不入的孤立现象；畏惧是一个普遍现象，对于这个现象并不存在一种"例外的"。同样地，畏惧之中的"对象"也不是一个处于总体实在性之中的有穷之物或

> 者划定边界的领域；它造就了一个畏惧结构，在原则上这个结构将一切根本上“可想象的”和“可能的”东西都牵连进来。畏惧不会跨出它的边界。畏惧总是一种自身畏惧。自身畏惧，乃是指畏惧在自身中无穷无尽。其无穷性是一个现象化的体验状态，没有这个状态畏惧就不是畏惧了。与此相似的，对于勇气的体验的本质也处于一个勇气结构之中，我们找不到这个结构的边界。勇气的强度可以有边界，但这不是它的广度。无法寻找到它的边界，这是勇气自身的一种内在状况，同时属于其体验内容，甚至根本上造就了这种体验内容。勇气极为鲜明地与畏惧对立起来，但是充满勇气地被体验的东西却不会有它的对立面。因此所有情绪都各自富有特征地被限定了范围，但是其自身具有的特征是无穷尽的。畏惧并不知道它的终结，勇气也不知自身何时会消失。那种看到了自身终结的畏惧就不再是畏惧了，那种感觉到自身会消失的勇气就已然是丧失勇气的状态了。

与结构的同一性矛盾相应的是一种无穷性矛盾。体系总有其边界，有一种超越。而结构对于这种超越却知之甚少，那种“超越于此”作为一种各自富有特征之物还是伴随着属于结构之内。

畏惧的体验熟知那种无所畏惧的状态，但是仅仅是在以下情况中熟知，即这种知识属于畏惧的结构。同样地，不幸也熟知幸运。但是这种幸运是在根本上扭曲了的不幸中显现出来的。认为幸运具有一种不幸的外观，这是错误的。这个谬误恰好就是一种不幸。要想“正确地”看到幸运，就要认为不幸不是这样的——反过来这一点也成立。
50 认为不幸具有幸运的外观，是错误的。这个关于不幸的谬误乃是幸运；关于畏惧的谬误就是勇气。在每一种情绪中都显现出另一种情绪被扭曲了。那种畏惧的结构无非就是对于勇气结构的一种扭曲，不幸的结构就是对于幸运结构的一种扭曲。换句话说：根本上只有一个结构，这个结构的牵引和扭曲（具体的结构化过程）造就了各自不同的情绪。这些情绪不是体验，而是那些可能体验的总体结构。

“无边界性”所指的是相互之间和前后之间意义上的未划界状态。然而未划界状态并不是说，不再存在“别样之物”。别样状态

(Andersheit）的含义在结构存在论中与在物和对象存在论中有所不同——我们惯常使用的总是后者。在结构存在论中，别样状态所指的是，别样状态的性质随着各自不同的东西也发生变化。当别样状态随着不同之物变化时，那么一切都保持同一。然而在这里，“同一”(Dasselbe）所指的与物存在论中的“同一个”有所不同；同一并不总是“同一个”。

在某一种方式中，人们可以说，对于众结构而言并没有一种“外在”，尽管这些结构并非“所有”。在以下情形中这一点合乎体验地被表明：人们并不能从一种作为结构的情绪中“摆脱出来”。众多情绪总是在它们自身中相互交替。在自身中交替乃是一种“转变”(Umschlag)。这种“转变”在构建意义上从属于结构动态。转变是一个结构范畴。

那种“外在”必须产生于一种“内在”之中，只有这样结构才是可能的。它不仅仅产生于一种“内在”之中，它还造就了这种“内在”。一个结构无法通过其他任何东西能像通过外在那样被深刻地赋予特征（内在地被规定），这个外在正是结构自身所勾画的。作为结构范畴，内在（*Innen*）根本上是不带有外在的。在这里，具体化过程表明了：结构只有内在于它们之中被给予；只是针对它们自身。结构无非就是某物的“自身被给予性”(Selbstgegebenheit）的形式。如果“自身被给予性”的含义就是明见性（Evidenz）的话（胡塞尔），那么结构从本质上看就是明见的。结构的真理方式是明见的；明见性就是结构的真理方式。因此情绪在一种明确的方式中就是“明见 51
的”。关于情绪，人们没有什么可争论的。关于情绪并没有什么可陈述的——一旦陈述，这种陈述就会唤醒情绪的自身经验。只要体验被情绪化了，那就只有在体验过程中才是体验。

具体化过程意味着：具体之物只是作为那种自身被给予之物；只有当它始终处于具体化状态中时，它才是它所是之物。在“回忆”中并且作为“客体”时，具体之物并不是它所是之物。如果一个体验被“回忆”，那它就是结构，而不再是它曾经所是之物。那种仅仅还需回忆的生活就是一种不同的生活。伴随着那种真正具体之物的现实性，其可能性也消失殆尽。具体之物只有伴随其自身才是可能的。只有具体之物存在着，它才是可想象的；它将可能性包含在自身之中——并且只在自身之中。

（4）现实化过程的存在论

在结构存在论中，所关涉的乃是现实性的精确形式。“具体化过程”和“现实化过程”是现实性的两种最为根本的不同形式。

现实化过程被看作出自与可能性的对立状态。在这里可能性意味着：现实化的可能性（Verwirklichungsmöglichkeit）。这个概念组合的目的在于，它们可以相互间互换地进行解释，然而却无须由此出发开启对这种互换说明之意义基础一种洞见。

可能性与现实性的这种互换游戏构成了如下层次：从一种可能性出发产生出一种现实性，而这种现实性又是一种成为更进一步的现实性的可能性。由此，这门现实化过程的存在论就在形式上的强制运动中成为一门层次存在论，这门存在论在根本上以层次的形式思考现实之物的秩序。除此之外，还会出现一个最低层次和一个最高层次上的批判点，这些批判点尽管无可避免地必然要被思考到，但是却可能无须再被思考：第一质料和纯粹的现实性（质料与上帝）。鉴于其无可避免地处于黑暗之中的结局，现实化的存在论在其两千年历史的进程
52 中总是一再地遭遇困难。唯物论和唯灵论，实在论和理念论，科学和神学处于永恒的斗争中，但又带有可互换的技巧，对于对立的双方而言，这种论战的必要性不必非常清晰。从其概念组的基础出发，这门存在论未被澄清地处于其最终的根基和最表面的可能性之中。它的未澄清状态造成了与结构存在论的一种对立。这种对立从一开始就由于其显而易见而饱受指责。这种指责（晚近的哲学被称作是“明晰的”，并且称亚里士多德的哲学是“晦暗不明的”）源自那种无能力看到这种显而易见的光芒的状态。

行为和潜能的概念组并没有在存在论层次上被澄清，而是通过形式和质料的模式令人信服地得到了说明。在这里，质料对应于（那种并非理所当然之物）潜能，形式对应于行为。在现实化过程的层次引导中，一切都是从质料和形式中发展出来的，这就像一切都是从行

为和潜能出发而构建的一样。在质料和形式（νλη und μορφή）中的那种互换游戏被不断重复。作为推论，这门存在论被称为形质论(Hylemorphismus)。

有一种自然的经验看起来也与以下情形相符合：所有存在者都是“从某物中”被造就的，房子从石头中被造就，车轮毂从钢铁中被造就，诸如此类。在其被造就状态中，一切存在者都处于一种质料和形式的层次过渡中。人们从矿石中造就了铁，从铁中造就了钢，从钢中造就了车轮毂。铁（质料）为一种由此出发的形式构成(Beformung）提供了“可能性”，这种形式构成协助一般的铁的现实化。并不存在“纯粹的铁”；铁只有作为钉子或者刀剑、锤子或者车轮毂才有可能（即现实的）。因此形式就相当于现实性，质料就相当于可能性。这二者在现实化过程中关联在一起。车轮毂乃是“最终的现实性”(actus ultimus)。若没有轮毂，只有链条是不够的。

在这种“最终的现实性”中，质料与形式的关系发生了逆转。这种现实性的产生并非通过一种形式构成，而是通过以下情形，即一种最终的形式（附属形式，“这种齿轮”）在某种质料中（特指质料，这块钢铁坯料）被接受。那么，有一种质料形成根本上的现实性——这 53
种现实性人们也称之为存在（existentia)，这种质料是什么样的呢？“它指明了一种特指质料，这种质料在某种限定的规模下被设置”（托马斯－阿奎那）。这是一种质料，它具有“确定的规模”［量上特指的质料（materia quantitate signata)］，也就是那种在空间和时间中现成的质料。这种“规模”（demensiones）指的乃是“个体化原则”(principium individuationis)，而“个体”就是那个作为最终现实性的存在者。

但是因为最终的现实性并不提供任何形式（确定性，可陈述性)，因此个体就是“不可陈述”且“不可确定的”（个体是不可表达的)。对于个体，人们只能指出，它无法再以概念的方式加以把握。

最终的现实性（存在）根本上乃是那种最本真的现实性，它产生于一条原则，这条原则并没有真正地提供形式（确定性，可确定性，可叙述性)。如果人们继续追问，这种不确定性、不可陈述性究竟存在于哪里，那么人们会得到这样的答案，它们存在于某个限定的规模

(determinatae dimensiones）中。也就是在一种确定性中。在这里，一种现实化过程的存在论在其不可把握性和不可表达性中终结了。

结构的现实性所关涉的是不同的秩序。它是与结构“共同长成的”(con-creta)，因此，结构*就是*其现实性，绝非仅仅拥有这种现实性。结构的现实性就是事实本身，而不是关于事实的某物。

此类内容已经在现实化过程的存在论中昭明自身，条件是在最高的位置上，即涉及一切存在者之本源存在者（ens entium）时，事实与其现实性（上帝与其存在）“重合了”。这种重合被看作是“必然性”(ens necessarium)，然而在此尚未解决的是，人们应当如何再次超越这种必然性、进入一个可能性的领域（世界）。当存在实体在“向外”探求无所得的时候，这种在其中能够成就某些事的外在领域是怎样的、是什么、在哪里，并且这种成就是不是一种创造(creatio）？或者，如果这种造就必须在自身中被回想，那么这个创造者是不是就应该是一个在自身中勾连表达自身者、形成（也就是
54 说，叙述）其媒介的本质？但是：随着对于那种作为其自身现实性的本质所做的自身勾连表达，思考已经与结构同在了。

结构存在论萌发于实体存在论（Substanzontologie)。之后，在最高的同一性未被放弃的情况下，它必须扩展自身。放弃这种同一性一定会在长时间内感到以下想法，即担心通过上帝和存在者的同一化过程而丧失关于上帝的思想。只有当这种担心被克服的时候，才能从神学的胚胎中产生出结构思想。

这个产生过程说明了，结构存在论的很多个别部分都有一种神学意义上的预先构成，或者根本上显现为在一种在此基础上罢免哲学的神学教义（Theologoumena)。

（5）具体化过程的形式

在现实化过程的存在论中存在者是如此被构造的，即它*具有*现实性；在关于结构的存在论中，存在者是如此被构造的，即它*就是*它的现实性。就是其现实性的存在者只有当它形成的时候，它才形成；如果它没有形成，它也不会缺失。只要是结构，就不会有关于存在者从

何而来的某个方面、某个范围、某个意义必定要被造就和被要求。然而一旦它被设定，那么它就必定被设定。

只要是结构，事实就会提出要求。而不是别的任何东西提出要求。这一点是关于“事实性”的更深的意义，在这种事实性不断增强的要求下，人类生存着。“普遍的准则”，“普遍的标准”，“普遍的要求”丧失了其关联性。其中的一些看上去也同时丧失了一般的关联性。但是，这种对于世界和缘在的标准性的解构事实上意味着一种解放过程，以达到对于那种将会依据其自身标准被理解、构造和操心之物的结构化诠释。

在我们看来，流传至今的文物古迹并不像在千百年前那样完全符合我们的品位。它们要被带回它们各自风格所属时代的“纯正性”中。罗马风格根本上要被“净化”回到罗马风格时期，哥特式要回到 55
哥特式时期，青春艺术风格（Jugendstil,1900 前后流行的艺术风格）就要回到青春艺术风格的时期。我们将每一个事物都回置于其自身并且认识到，那种存在于其自身中的东西（纯正性）已经达到了那个最高的目标。我们的品位并不是“我们的”品位，而是事物各自的品位——我们具有了“事物的品位”。从美学上看，在这一点中我们世界观的结构化过程展现出来。

在伦理学领域中，对于标准性的消解也不是发生在一种解构的意义上，而是发生在一种还原（*Reduktion*）的意义上，因为每个人都被置于他自身特有的尺度之下。这种特有的尺度并非比“标准”更无要求，而是比“标准”要求更多。“标准”很容易被找到，而自身特有的尺度则不易被找到。对于这种特有性（*Eigenheit*）的预感就是“本真性”（Eigentlichkeit），表现主义和存在主义就处于这个标志之下。如果谁要求“本真性”，那么尽管他放弃了那种作为唯一正确的行为的确定形式，但是却总是还要要求那种普遍的标准：人应该是本真的（根本上的，真正的）。然而还有一个问题，这个标准是否真正被实现，以及如果实现了，这个标准是否表达了一种人的可期待性。事实上以下这点已经很清楚，本真性自身还是有可能在外在标准性的非本真性中衰退。

完整的伦理学还原所牵涉的不是普遍性，而是具体化过程。它说明了，伦理学上人的行为并不是（在普遍的形式性中）独立于具体的生活事件和生活条件。“伦理学中的形式主义”将自身从以下问题中抽离开来，即个体在此处或者彼处、是作为这样还是那样生活，而一门具体化过程的人类学则要求，个体在一切情形中，无论他是什么、处于何种状态以及在哪里，都要通过一种对个别行为（包括衣着，饮食和放松等行为）的精确平衡而寻求达到一种生活结构，在这个结构中个体“生成了”（aufgeht）。或许人们还可以在万不得已情况下谈及一种“被实现的生活”的标准，但是与此同时人们必须要注意到，这种“实现”在每个人那里的含义有所不同。

56 因此“具体之物”是我们时代的一个基本词。当它自身不是一个与“基本词”和“尺度”针锋相对的对立概念时，它就是基本词和尺度。我们的思想源自千百年之前，在这里却陷入了困境——如果精神的时代形式理当达到其纯正性，那么这种思想就能够消解这些困境。

（6）密度

一个体系总是被置入一个空的空间。在此需要一个过程性的开放，由此各种立场能够相互交织到一起。

与此相反，结构并不接受一个空的空间。它自我扩展，在此过程中它扩展了那个容纳其众多环节的空间。结构的周边空间是从结构本身出发形成的。每个结构都有它的空间。它的空间是它最重要的特征。它的媒介是一个本质的环节。

大教堂

“广场”乃是一个“统治性的”建筑物，而其他建筑物相应地就“撤退到次要位置”。在这个撤退过程中被开启的空间属于这个建筑物的内部（属于其本质）。它从内部出发要求与他者的关系，建筑物、自然、风景、大地、天空。这使这个空间成为它的前部空间；由此“进入”过程附加地属于大教堂的结构：大门入口处具有的那种本质上的建筑学含义。大教堂意欲变换，因此是向外的，将自身投身于内部－外部之间的张力结构中。

在不同事物（恰是因为不同）的本质成为相同之处，我们就谈及结构。这种不同性就是空间或者媒介——它们是从位于存在论的解缚过程内的结构中产生出来的。然而这个结构“接纳了”预先被给予的空间和媒介——但是只有在它被改造为其自身的媒介权能性、改造为“它的”空间之时。

诗歌 57

诗歌创立了它自身独特的**语言**。它的词语并没有被置于一种预先被给予的语言媒介之内，而是通过它的聚合（Konstellation）才潜入表达的游戏空间——仅仅这个空间就可以被称为语言，并且又在其出自这种语言媒介的个别含义中确定自身。一切尚须预设语言的言说行为，都是日常的言谈。诗歌并不具有语言，它就是语言。当它使用一种众所周知且日常的语言时，这一点也是如此。人们不能对此充耳不闻，即诗歌如此苛责语言：不管诗歌是否有意于此，语言都要成为**诗歌的**语言。很可能诗歌并不是创造性地“造就”它的语言，而只是以一种清理的方式使它凸显出来。诗歌的这种造就也可能是创造性的或者激发性的，重要的只在于，它与语言之间具有一种发生性的关联。就语言而言，诗歌是言说式的，已成为言说式的语言。在日常语言中，人们只能“表达”，人们“预先”就拥有的是，语言处于静止不动、不言说的状态中。在诗歌中，语言自身进入语言之中。在这个尖锐化的过程中，语言不再是交流性的。一首诗歌不是一种“通告”。它完全不包含任何“信息”。诗歌就是它自身；具体化过程就是处于局势调整中的语言的精密性，精密性就是尺度。

如果不存在媒介，那就不存在比较空间。一个结构从来不是“一个结构”；它总是“某个结构”。一首诗歌不是一首诗歌，它总是某一首诗歌。在这里，唯一性是索引。人们由此认识结构，即它是无可比拟的。

莱布尼茨曾经认识到了这一点，因为他通过单子的构想继承了库萨的尼古拉的思想。单子是唯一的；“单子式的”存在是个体性的存在。莱布尼茨注意到了结构的存在论上的基本特征，然而他改变思路，将这种特征置于一个体系中，而在这个体系中存在着众多的要素，“很多单子”，它们之间的关系就是那种前定的和谐，但是以下这点却未说清楚，即哪一个要素是媒介，在其中体系分裂开来。

58

（7）结构的无规则性

一个体系是通过其规则被规定的，这个规则乃是作为体系中的一部分、唯一之物和统一之物发挥作用。在有越多的不可还原的基本规则呈现之处，也就有越多的不可再按照体系化相互关联的体系呈现出来。“规则”和“体系”是相互间可转换的；当其中一个发挥作用，另一个也会发挥作用。因此，就像那些“要素”具有一种先于和外在于体系的奠基性且原初的存在，“规则”也具有一种“高于”体系的原则上的原初存在；它居于整体“之上”。体系面对其规则无能为力，但是规则在涉及体系时则无所不能。当规则发生变化时，体系也就变化了。一个体系的“变化”意味着：一个体系被另外一个体系所取代。体系的“逐渐成为”和“发展”只是在以下情形中才有可能，即这种成为和发展从属于规则自身，并且由此以合规则性的一种基础持存为条件。

事物在结构状况中则有所不同。就如不存在先于结构的要素，也就关于结构的规则。结构就是其自身特有的规则。众环节之间的关系乃是从这些环节的关系出发被确定的。这是一条奔腾不息的河流。这条“河流”不仅包括了运动中的个别之物，而且还包括以众环节功能上的和谐为目的的秩序原则。如果人们在一般的结构中能够谈及一种“规则”，那么这种规则就必定恰好是在其变动性中被看到的。然而一个变动的规则从根本上看并非规则，因此在结构状况中只能在一种非本真的和引申的意义上谈及“规则”。

在根本上只有这样的环节，它们相互之间在其功能性中被确定，也同样是通过这种功能性被确定。一个环节的关系状况如下，就像它是通过所有环节的共同作用而不得不居于“这个环节之内”。因此，人们只能在一个时代的横截面上、针对已形成的整体关系的某一个瞬间，而谈及结构的一种规则；在这里，这种规则所标识的无非就是众多功能的全体，就像这个全体在某一个功能中当下所呈现的那样。

在结构中，规则只是一个关于众多功能之全体的简称，其自身并 59
非一个功能。规则是关于个别性中之整体性的表达，是对一个源自他者的功能的确定性解释。为了解释一个位于其各自独特的和当下的确定性中的功能，那种必不可少的东西可以被称为整体的规则。

因此“规则”就成为纯粹的协助解释手段。它将自身还原为形式和方式，就如人们最为明晰地使一个结构之内的功能事实（被给予性）相互配合。这种“规则”不具有客观的有效性，即便它完全有效并且是有根据的，也就是说，只要人们不是通过接纳其他规则而达到一种关于关系的深化的或者扩展的明晰性，那么规则就不具有客观有效性。一切可使用的“规则”，都是被允许的。它们不要求绝对的有效性，而是将自身理解为一个“简称”，通过这些简称位于某些方面的某些功能性可以以最为清楚和简单的方式被表达。

在这里，我们还能看到结构范畴“具体化过程”的作用，因为一个结构之内的众多关系并非按照一种普遍的和预先安排的规则被设定的，而是仅仅按照这些关系自身的具体事件而被设定。众多关系是通过这些关系的具体化过程调节自身的。一个结构是什么，人们既不能事先说出，也不能事先确定；它只能产生于众多关系的具体化过程。

人际关系

如果一个人在预先确定他的行为形式的方式中与他人发生关系，那么可能只有非本质的关联产生。无论他遇到了谁，以及在此发生了什么，这些对于这个人而言在一种最终的意义上并没有不同；即便他失败了，他依旧是那个他所是的人。这就是实体型社会关系的模式。

在体系的构建过程中，相应的模式在如下方面有所改进，即个体之人不会得出他行为的基本形式，而是通过那些高高在上的社会的合乎规则性获得预先规定。他的社会“角色”把他固定下 60
来。他作为他的“位格”而感觉到的东西，乃是社会行为模型一种“内部化”的结果，通过这种内部化他可以功能性地感应到确定的关系性和承担的付出。一切行动都是“交互行为”；这种交互行为的可能性是可以编成目录的。

现在当这个模式要向着**结构**状况的方向改变时，社会的功能性秩序就必须通过这种功能性秩序的具体化过程之经验进行修正。调整的过程被置于变迁之上，而对于秩序图式的修正乃是通过具有优势的秩序形式的优越性经验产生出来的——这种具有优势的秩序形式与处于劣势的秩序形式针锋相对。与此同时，对于众环节的具有优势的秩序形式的贯彻同时也改变了这些环节自身，由此就有了对于秩序形式进行一种不定调整的必要性。自由的秩序。

4. 自身尺度和自我批评

体系预设了一个开放的领域，而结构是在其自身构建过程中被开启，才有了它自身特有的维度。结构勾画了这个维度，在其中它是充满意义的。在这里，“维度”就是那些合尺度性的整体，在这些尺度之下他调整并证明了它自身的扩展过程。维度是结构所特有的比较视域，在其中它与其自身的要求和可能性形成对照。每一个其他的比较视域都只停留在外部，并且因此可能在其合法性证明中被怀疑。如果一个外在的视域要想看上去是有理据的，它就必须在自主性的视域内被证明，也就是说，将自身证明为对于自身视域的一个勾连表达。这个自身视域（Selbsthorizont）就叫作维度。所有一切视域最终都必须被回溯到自身视域。

结构与结构之维度之间的关联，我们称之为秩序（Ordnung）。结构只有在秩序中才有可能；只有在存在结构之处，才有秩序。秩序意味着：处于其世界中的结构。在这个意义上，我们可以谈及诸如权力的秩序、诗的秩序、职业的秩序，等等。

（1）场域和周围场域

当严格思考功能性的时候，环节和众环节之间的“空隙”之间的差别（在存在论意义上）就丧失了。环节之间的“距离”，就是它们如何按照关系相互确定的形式和方式。众多的环节无非就是它们关系上的规定，据此（在存在论意义上）与它们的距离关系聚拢到一起，它们"就是"这一些。一个领域，在其中众多环节由它们的间隙被确定，也就是说通过它们的位置被确定，这样的领域我们称之为"场域"(Feld)。因此场域被看作结构范畴（不考虑其他存在意义上的含义)。

在一个结构中除了位置与位值之外别无他物，因此在结构中"空的位置"是不可能的。在这里如果某个位置被空位占据，那么这个空位由此就具有这个位置的确定性，并且自身作为一个环节（功能）而被吸收进结构总体，相应的例子比如电子真空管中的真空，二进制转换系统中的零。严格来说，在一个结构中并没有零，而那种零只在一个结构的现实性之域中才有其含义，成为实际性的环节。我们把"域"称为一种广度，在这个广度中每个位置都占有一个确定的"价值"。在这里，无也特别地具有其"零价值"，而那个"否定性"的极点与那个"肯定性的"极点一样是实际性的。这一点对于与电子相关的域有效，对任何一个游戏域（Spielfeld）也都有效。

结构对于存在与虚无之间的差别并不敏感。这二者都是可能的功能，并且因此是富有意义的规定。当一般的否定性之物从属于以下情形，即要求一种与结构相关的实际性时，就这点而言，结构面对否定性之物时也是不敏感的。

在一个结构中一切都属于结构。结构是连同自身被实现的。它也还要提供媒介，这种媒介对于其众多环节之间的距离化过程和在间隙中运行的关系之展开过程而言是必要的。在这里，被称为"紧张"或者"放松"的东西，所指的无非是那个相同之物，在其中关系的展开过程是与众环节的距离化之可能性的展开过程一道产生出来的。

62 用一个语言的模型对此进行说明：如果人们不仅仅谈及某个单个的词语，而是由此同时构建一个关于所说内容的确定的理解空间，并且构造以词语相互间渗透，也就是众多含义的统一为目的的一个新的媒介，也就是说，设立一种全新的语言，那么在这里就有一个结构被谈及。众多关系的扩展过程就是关系空间的扩展过程。这些关系与空间是同一的。结构与那个它在其中才能成为结构的区域也是同一的；然而结构与它的周围场域并不是重合的。

（2）排他性

如果结构的周围域严格地处于其规则之下，那么所有那些属于结构、能够“进入行为关系”之物，在某种方式下就已经是结构本身的一个部分。结构就是与其自身的行为关系。属于结构的东西，也属于同样的自身行为关系。

由此就产生出了作为结构构成部分的排他性(Ausschliesslichkeit，排斥性)。结构所在之处，就会发生对于那种不属于这个同一结构之物的排斥（Ausschluss)；排斥并不仅仅来自于结构的内部，也来自于它的外部。在另一个方向上看：结构所在之处，发生了包容（*Einschluss*)。结构恰好是通过那些对它而言外在的以及“最外在的”东西而被赋予特征的。它在一个周围世界的基础上展示自身。它越是展示它的周围世界，就越是在自身中被结构化。没有对于他者以及完全相异者的包容，就不会有结构化过程。

因此人们也能够说，结构本身总是进入一种行为关系才达到其自身。甚至纯粹数值上多数的状况也不可能成为“不同的”那些结构。认为有“众多的”结构，这已经是一种误解。在这种排他性的形式中，这一点完全就是结构状况中最令人惊异的基本特征以及在思想上最难把握的一点。因此，我们在结构思想的历史上能够找到对于其他所有基本特征或多或少清晰的表达，而只有这一点从未被澄清过。

莱布尼茨单子论中的“无门无窗状态”的思想有多么不幸，已 63
经人所皆知。乔尔丹诺·布鲁诺的思想则具有更大的极端性，他把众结构看作众多的世界（mondi)，这些世界在一种无穷性中扩展自身，这种扩展是无止境的，以至于它们无法再处于相互间的关联之中。在这里也包含了一种存在论上的复数，这种复数状态通过以下思想得以平衡，即每一个世界在其自身中都是无穷的，因此超出这个世界之外的“其他东西”和“更多的东西”是无法加以思考的。诺拉人[①]的这个思想首先是通过库萨的尼古拉所提出的有穷的无穷性这个概念为世人所知，但是具体地看，这个这个思想并不是自始至终成立，因为它

---

① 诺拉（Nola)，意大利那不勒斯附近的一个小镇，布鲁诺的出生地。——译者注

几乎仅仅使用了实体存在论的那些概念工具。经过那些隐藏于历史中的曲折，这种思想在斯宾诺莎那里重现，在斯宾诺莎这里它在众多“属性”中的一种绝对无关性的构造中显现出来。绝对之物（为人所知的只有思想和外延）的每一种属性都是在其自身内部的体系论中发展出来的，在任何一个点上都不会有关联到其他属性的必要性产生出来。这个空间上物质的世界乃是一个唯一的体系；精神的世界也是如此。一种形式上的一致只存在于以下情形中，即两个体系都是“封闭的”，并且覆盖了现实性的“整体”（上帝或者自然）。这一点只有在以下条件下才能很好地显现，即不从一种“绝对的”现实性出发——这种“绝对的”现实性囊括了一切排他性并且不止一次地被问及：众多秩序的秩序是如何与绝对之物的秩序发生关联的。

那种在最宽泛的意义上得出的排他性原理尽管还没有获得承认，并且就其自身而言也还不是可识别的，但是却已经隐藏在帕斯卡关于秩序的学说之中。[1]但是以下两点还有所欠缺，一是谈及确定数量的秩序，还有就是对立双方的关系问题相互间却只能从客观一方涉及。然而帕斯卡充满思想的能量，急迫地要求揭示排他性，并且尝试着让
64 这种排他性从一切存在上的、物理学上的或者心理学上的误释中摆脱出来。出于这个根据，“秩序”（Ordnung）与“结构”同义地被使用，在概念史上是合法的。

（3）自身秩序

如果一个整体上的秩序造就了每个结构，那么对于众多结构而言就没有比较了。一个比较是在一个预先被给出的秩序要点（Ordnungsgesichtspunkt）下将不同之物关联在一起。秩序要点是在“高级概念”下被提及的，这种“高级概念”包含了一种普遍的、“外在于”秩序有效的含义。因此，对于众多结构而言并没有高级概念（普遍之物）。

---

① 《实体·体系·结构》II，第 235 页以下。

哲学

有一个常见的谬误，即认为所有哲学都应该是对于“一般哲学”这样一个基本事实的变式。哲学这个基本概念和高级概念乃是通过一系列问题和一整套的概念和课题被确定的。一旦人们致力于“哲学”，那么因此他就始终在同样的课题环境中活动，并且只能选择接受不同的“立场”。这些立场按照“真”和“假”被区分开来，而在此之上产生的争论就是，哪个立场唯一为“真”。因为这种争论无论如何是“无法深究下去”的，并且这种争论总是不断地宣称此类内容，所以人们倾向于在整体上脱离这个“领域”，并且把相应的这些问题称为是“无意义的”。

然而在这里已然又有了一种（自身尚未被关注的）哲学，而且是一种坏的哲学。谁要是谈及了“这种哲学”并且对它作出了判断，那么就已经决定了对于真理、思想、判断、对象、认识、边界和本质做某种解释，因此已然在“一种”哲学中运动，只是这种哲学对于自身还无所知并且也不欲自知。换个说法：每种哲学都有其关于“一般哲学”的概念。这个“一般哲学”的概念并不是高于一切哲学，而是处身于每一种哲学之中，并且完全承载了每种哲学的特征。世上有多少种哲学，也就有一样多的“一般 65
哲学”。站在外去谈论“某种哲学”，这种幼稚性我们已经无法忍受。另外一种幼稚性，即谈论对“某种哲学”进行哲思，我们也已经无法忍受。对我们而言以下这点必定是清晰的，即每个如此谈论哲学的人，都已将这个概念安置妥当，即通过这个概念他自己的哲学一定会显现为那种正确的哲学。每一种哲学都会将自身安置进一个关于“一般哲学”的确定的普遍概念，并且以如下的方式对现实性的总体区域进行解释，即认为一切其他东西都被置于其规则之下并且位于其统摄之内。哲学就是一种思想，它已经掌握了如何占据其唯一性（排他性）。然而，这种占据有可能完成得很漂亮，也有可能很拙劣。

在这里所涉及的并不是一个逻辑错误，也不是对真理的一次骗取，而是关于真理和周围域的本质规则。一个结构还要将自身置于这样一个领域，在其中它能找到它最基本的可能性（以及“真理”）。按照这一点，每种哲学的思想都（在自身中）构建了“一般哲学”的周围域，并且由此将每一种其他的思想设置在一个确定的结构化的“外在于哲学”之中。在这里，思想在内部发生结构化，同时它建构了那个整体领域，在这个领域中思想得出了立场；它通过对于“其他”哲学的解释，也就是通过对“哲学历史”的清理，勾连表达了这个外在的领域。

思想的发生不可能异于哲思。哲学就是思想，它将自身置于它自己的周围域之中（其可能性的根基）。（思想总是这么做——在这方面，只有哲学是这样的；只有哲学能够意识到其自身，而在其他情形中，结构的中点都不是在思想自身中，而是位于历史的时代或者社会的临时组织之中，其观点无可节制地被接受。）

每个结构都发展出一种“秩序”。这种秩序包含了结构和“一切其他的东西”。通过“秩序”，结构平息了一定范围内的陌生性、挑衅和要求，它相信可以克服这些；它将自身“置于”这个范围面前。只有那种设置自身的东西，才是结构。“秩序”是一个修正性概念，它既是为了修正结构理论（当这种结构理论熟悉了“秩序”的基本特征
66 及其一切后果之后，它才能进入正规），同时也是为了修正结构自身（结构自身只有将自身制定为“秩序”，才能进入一个修正过程）。

修正是一个结构范畴。结构将自身置于一个尺度之下，而这个尺度是在修正过程中自身发生变迁的。修正是双方面的，对于结构的修正和对于修正的修正。在结构修正中，结构从自身出发向外伸延，复又回到自身。在这个伸延（*Ausgriff*）过程中，它或者坚持自身，或者失败。位于坚持和失败之间的危机就是那个流动不居的尺度，在这个尺度下自身修正发生着。这一点表明了：自身建构只有作为自身修正才有可能，这就是说，超越自我乃是自我最内在的核心（标准）。

艺术史

每个艺术品都处于以下必要性之中，即总是还要对“一般的艺术”作出决断。在一个哥特式和一个巴洛克式的作品中存在的不仅仅是“风格的差别”，而是先于这种差别并且更为基本的关于艺术的本质及其在历史和社会中地位的其他决断。如果一个艺术品只是在其内容或者形式特征中被澄清的话，那对它的诠释就总是有欠缺的；从更为基础的角度切中艺术品要通过以下手段，即对于艺术和作品、个体和社会，以及一般意义中内涵的意义筹划之发掘。

在艺术史的进程中发生变迁的不仅仅是艺术品，还有艺术本身也处在变迁中。有一种艺术的历史为一般而言的艺术史奠基。关于艺术史的科学是通过以下过程而成为一门（结构的）科学的，它展现艺术品的历史顺序（Sequenz）乃是从那种**在其中**发生的关于“一般艺术”的鲜明表现的顺序出发而进行的。这两种顺序间相对称的关系就形成了**后果**（*Konsequenz*），后果赋予历史进程意义与含义，甚至正是这个后果才使一个一般的进程成为一个历史进程。后果是一个结构范畴，仿佛存在于“必然性”和“任意性”之间。在后果可以被发现之处，它就照亮了事件本身。与之相应的就是“解释”（Erklärung），一种历史的“演绎”作出了这些解释或者说粉饰，这就跟还原的留存一样，即还原到历史“事实”、还原到纯粹的后果，无须意义或者说服力，最重要 67
甚至无须自我修正的可能性。

就像艺术史必然会转变成艺术的历史一样，哲学史也必然会成为哲学的历史。那种依据外在的（按年代顺序或者体系）观点对于过往的“体系”及其排序的单纯表述，是无意义且幼稚的。这种表述提供的不是哲学，而是幼稚观点的大杂烩，任何一个历史编纂者都可以把过往的哲学降格为这种幼稚观点。只有当过往哲学的“体系”被理解为结构的时候，也就是说，这个“体系”在如下背景下被看到——即各自在过程中发生的明确的或不明确的关于哲学、人之存在以及历史的基本决断的背景，因此，就是被看作那种还要为其自身的奠基者奠基，以及对其诠释者进行诠

> 释的东西，这样一种历史的表述才能接近事物本身。[1]
>
> 再说句多余的话，“秩序”为其自身创立了一种哲学，但并非就相当于“时代精神”；就像“秩序”一样，在其中显现的艺术品也不能通过一种社会学被切中。那些普遍性无法提供任何的精密性。这个范围不是那种大致上的在此或者在彼，而是思想或者构成行为最为内在的精确性，与此相应的那些被提出的课题仅仅是或多或少成功了的得出后果的尝试。遵循其“秩序”的方向去诠释一种哲学，也就意味着从其自身尺度出发**批判性**地澄清它——并且在其“后果”中掌握它。这种被批判性地表述的哲学，也就是遵循其**后果**去分析并且由此在其自身特有的**尺度**下被提出的哲学，将会沿着其自身特有的**真理**的方向被**修正**，且不带有任何自负。它被“净化”了；在一种相似的方式中，就如同古代的艺术品收藏者那样，通过排除那种尝试着加于艺术品之上的重重误解，将之带到纯粹性和真理之中。与此相应的，“效果历史”乃是一种处于次级的观点，更别提“概念史”或者“问题史”了。

如果历史见证还具有价值的话，那么将历史见证把握为“结构”，同时也就意味着将之把握为“秩序”。在这种双重把握中存在着如下
68 可能性，即历史地经由顺序推进到后果，以及在表述中和在实施中达到那种实在的标准。这个实在的历史标准就是历史事实本身；然而并不是如它所呈现出来的那样，而是如它处在成就自身的过程中那样——或者就如在这些事实中，历史处在成就自身的过程中——或者就如在历史中，人处在成就自身的过程中（自由方面）。以这种样式批判的历史编纂学连同其分析还要进入历史思想，将会成为关于被诠释事件本身的一个完整过程，这个过程就与这个事件的始作俑者一样确实可信。这样，并且也只有这样，思想才会是“人际交互的”(interpersonal)，并且包含着后果关联——这种关联乃是进一步深究和真理的标志。

---

① 参见“诠释历史的理论”，《实体·体系·结构》第一卷，第46页以下。

据此，对于处于关联中的结构和秩序的把握乃是精神科学、历史科学和社会科学之科学特征的前提。当这种把握没有把对历史之物本身的构造置于基础地位时，它就一直都未臻精确。今天，人们很自然地一定会在“社会的包容”、在“社群的关联”中去看待艺术以及诸如此类的东西，但是当人们将这一点与那种“内在固有的”观察对立起来时，他们实际上搞错了。作为纯粹的对立，这个方面与事实的针锋相对就与那种传统的“内在固有性”一样，都是不充分的。如果人们没有把握到，事实本身自我提升，而且这种内在固有的超越性（*immanente Transzendenz*）乃是社会与历史的基础与背景，那么他们就一无所获。

众多结构乃是各自在其秩序中被看到的。这些秩序就是结构，而不是秩序伴随着结构存在。它们造就了与其自身的行为关系。以下情形并没有被排除，即一个结构乃是关涉到某个秩序，而它只是在最大的陌生状态中被遇到。这些提示对于排他性的意义这个目标，必然已经足够。排他性所意味的恰恰不是孤立。关于其秩序，它向一个批判性的修正事件敞开自身——这个事件将结构固定在一个自身特有的关于客观性含义的方向上。这种修正事件并没有导致一种最高的和最 69
终的“普全秩序”，而是成为一种与那些纯粹意味着生活的众结构的“相即”（*Entsprechung*）。

所有被还原到其秩序的结构彼此之间是可转换的。它们并没有进入一种直接的比较关系，也完全没有处身于一种表面上宣称的同一性之中。一个结构向另外一个的转换只在如下情况下发生，即人们“越过”秩序。这种越过乃是一种结构范畴或者一种关于结构的原范畴，就此而言，只有从这一点出发才能领会以下问题：即便“高层概念”禁止关于结构的那种样式，但为什么人们在一切迄今为止的情形中还可以论及“结构”和“众结构”。

结构从来不会向那些“高于它们”而存在的人们显现。然而它们也不会为了那种被“包容”于任意一个结构的人显现。如果结构是在那种对“秩序”的归类过程中被发现，并且在其中被证明是关于同一个基本动机（一个辅助词，并非概念）的勾连表达，那么它们就获得了透明性（*Durchsichtigkeit*）和可转译性（*Übersetzbarkeit*）。结构在它们相互接近的范围内，具有亲缘性。而它们在处身于它们修正过程中时，它们相互接近。通过修正，结构澄清了它们的秩序，并且使这些秩序相互间通透。更为强烈的通透性并不是产生于进一步的接近，而是进一步的接近产生于通透性之中。这种通透性使其他秩序在自身中显现，并且其他的秩序显现得越完整，它自身特有的秩序也就越独特。

5. 极权主义和排他性

关于人之缘在的每一个存在论领域（或者秩序），比如哲学、宗
教、科学、政治、艺术、经济，都在自身中承担了一种对普遍有效性
的要求，这种要求尽管一般而言是逐渐消退并且毫无风险的，但是它
在各自的秩序上升到更高强度的一瞬间事实上在自身中孕育了一种极
权主义。普遍有效的是：如果这些秩序的排他性要求是以征服其他维 70
度为目的的话，那么这种要求向内而言是有理据的，但是向外则是破
坏性的。

因此就有一种关于道德的极权主义，这种极权主义所追求的是将宗教变成一个道德教习场所，将政治变成一个教育机构，将艺术变成一个贵族化学院。比如“拿撒勒人画派”[1] 在19世纪初期就以这种方式接受了艺术，并且相信在拉斐尔之前的人的“纯粹性”——在拉斐尔那里纯粹的感官经验侵入了绘画：因此他们成为“前拉斐尔派”。由此而产生的艺术取向（拿撒勒人教派）乃是对那些真正的艺术诉求的扭曲，并且由此否认了惯常的艺术水平。我们今天以批判的方式所提及的内容，乃是在这个时代并且是在这种要求下出现的。

这种极权主义更为常见的效果出现在宗教当中，它使人们轻易地去相信，宗教价值是唯一最高的价值，而其他一切精神的表现形式和

① 19世纪初德国浪漫派画家的一个派别。——译者注

历史显现方式都应当服从这个最高价值。我们在加尔文和慈温利[1]那里首先可以看到对于宗教政治的一种误解：在他们的宗教政治中国家成为上帝的警察系统，而上帝成为国家的警察系统。被这种宗教压迫的艺术展示了一种错误的激情、那种空泛的公式、与人狎近的天堂；当某些巴洛克时期的作品未能达到最高的水平，特别是艺术水平时——在其中艺术的尺度是与宗教针锋相对地展开的，这些作品表现的天堂就会吓人一跳。但是即便是在巴洛克时期最巅峰的作品中，艺术也还是要受到宗教的危害，举个例子，就像巴赫声乐作品中的某些段落所表达的内容（《马太受难曲》，共鸣一二重唱）。然而对宗教而言，以下这一点很难被领会到，即只有当它放弃霸权统治的诉求时，它才能完全保有（其真正的高度）。

政治的征服趋势孕育了近代的极权主义，其中有害的现象已经变得足够清楚。在这里所涉及的是一种狂热的空想主义，一种试图给一
71 切精神显现形式进行政治洗礼的政治激发运动。当艺术还应当被容忍的时候，它就必须在样式上、在种类上、在等级上被意识到，也就是根本上有意识地被意识到。同样地，宗教也必须从根本上被改革；有“德意志基督徒”，“国家教会”或者“政治的礼拜仪式”；在这种教会中，争论会取代祈祷，在圣坛上被确定的乃是决议而非教父。一个在政治上被“煽动”的人，在别人眼中的形象就是，政治问题是所有人的一切问题中最为重要的，并且其他的所有问题也都是政治问题。而因此其他所有人将会看到，迄今为止这些政治问题已经失灵了，决定性的政治事务根本没有被考虑过，并且关于自由的问题最终要关联到一切问题，因此人们开始将政治的疑难问题转嫁到科学中、转嫁到教会中、转嫁到艺术中。在此起决定性作用不再是完成一部好的歌剧，而是唤起政治觉悟；起决定性作用的不再是画一幅优秀的作品，而是使共同参与者从他们的漠不关心状态中惊醒；起决定性作用的不再是音乐，而是将议会声音放大的扩音器。因此，以下这点随后才被揭示，即只有低劣的艺术和低劣的宗教被造就。然后以下这点可能也会明确，即由此同时也会有低劣的政治被造就——但是到那时为止有

---

① 慈温利（Ulrich Zwingli），也译成乌尔里希或慈运理。——译者注

很多都令人遗憾地破灭了，并且常见的情况是，最好的瓷器总是最先破裂。

按照这个说法，艺术的极权主义并不危险。对这种极权主义来说，还缺少一种贯彻的权力工具。但至少它也能够引起一种意识的变迁，若没有这种变迁很明显一切都不再会发生。欧洲的青年艺术风格已经尝试了，按艺术的方式包容一切人类精神的显现方式，并且将艺术解释为一种整体的艺术品。在所有地方起决定作用的都是“体验”以及其强度。政治的理性已经变得索然无趣；政治家所还拥有的只是“构造任务”；他“赋予”他的人民“形式”，他的党派成为一种“运动”、一种指向其他所有一切的风格原则。艺术的这种艺术至上主义 72
实际上推动了政治的极权主义。在实践中，极权主义者是按如下方式混合在一起的：即他们不再对那些支持者进行区分。“青年运动”是依据美学原则对生活关联进行创造的尝试，“文学运动”（部分地）是依据美学原则对宗教进行创造的尝试。所有的这些尝试自然会着重得到体验并且得到赞同，并且事实上也会在一切领域内引起一种细致化的效果。只是这些尝试会通过以下情形很遗憾地在其自身特有的规则性中遭到失败，即它们可能会成为任意一种贯彻力量的傀儡。

“明星”乃是从艺术成就出发去理解的人群中的顶尖一类。到处都有明星，在电影中、戏剧中、文学中，在政治中、科学中、宗教中和经济中。除了萨米·戴维斯还有昆[①]，除了玛丽莲·梦露还有贝茨[②]，还有被授予嘉德勋章的披头士乐队。

也存在着几乎还没有被极权主义全面覆盖的领域。比如自然改革派中的极权主义。冷榨的油成为最高级的秘密宗教仪式，这种不可改变的自然产品成为生命中最为根本的圣物。人们最终回归到用脚行走。一切不是最终来源于自然的原初奠基中的东西，都会被谴责为纯粹的“文明”。简单性和质朴性不仅成为宗教目标，也成为政治目标，进步被一种回溯（“回归自然”）所取代。这种卢梭主义出现之处，尽管发生了预兆与奇迹，但是付出的代价是使政治、艺术和宗教中的生

---

① 萨米·戴维斯（Sammy Davis），黑人音乐家，踢踏舞演员。昆，应该是指 Hans Küng，宗教学家。——译者注

② 贝茨，应该是指 Berthold Beitz，德国政治家。——译者注

活变得贫乏和趣味低劣。

所有这些形式都只具有一种暂时性的力量。经济的极权主义所涉及的是一个漫长得多的延续时期以及更为根本的破坏力量。它引起的后果是，一切事物都通过经济范畴来作出判断和度量，最后实现“效率”。在一个事物“之内”的东西是什么？人们如何才能把它“卖出去”？它是如何“产生”的？它“获得了什么利益”？这就是主要的问题，与此相关的还有以下情形，即每个领域中最高级的顶尖力量
73 都接受了一种“经理人”的特性，这些力量最主要关心的问题都是投资、流通量、销售额和效率。作为当今最流行的一个标准，“富裕社会”实际上无异于经济学的极权主义，这是将一切其他衡量尺度都置于经营者的思考形式之下。经济化的艺术委身于那种渴望哗众取宠的心理之下，将新潮和不寻常状态，也就是那种取得轰动和震惊的“成功”提升为最高的美学价值。经济化的宗教意欲为人们“提供”点什么；它变得“有魅力”。神学家们设计了各个不同的令人惊叹之物，教众因此被吸引。现代性是最具决定性的优势。如果上帝根本上还“存在”，他也很自然地完全“另类”。政治的经济主义在很多地方、特别是在电视上发挥了效用。就像供应与需求赤裸裸地被提出，哪些追求的手段、个体政治家身价提升的手段、商标印记，以及标语口号会被指定，最终都是令人吃惊的。这种政治计划出自企划人之手，而对政治游说的信赖、这种公众形象乃是出自对市场的研究。

然而，只有当个别领域在存在论上实现独立之后——这一点在近代开端才发生，极权主义才有可能实现。而在此之前这些个别领域还处于一种统一体和未分离状态，由此那些否定性的显现方式就被排除了。一座罗马式的皇帝行宫既会被看作宗教的，也会被看作政治的、美学的以及经济—技术上的大师杰作。当人们从某个确定的层次出发将这些显现解释为唯一奠基者时，实际上他们对这些显现的看法并不公正。毋宁说，这些显现必须要恰好在各方面之间的可转换性中被把握、被评价。

今天，尽管我们对这些个别领域进行了专业分区，并由此有可能对所有独特的规则性进行区分和细化，但是也因此面临着不可避免的极权主义危险，这种危险总是冒出来并且我们无时无刻总已陷于其

中。唯一的针对性解决方法处于自然感受之外，通过这种方法决断能 74
力包含了所有片面性和简单化过程，这就是一种具有存在论独立性的科学原理。这种原理就是结构存在论，它从一种后果出发理解排他性和通透性之间的关联，并且能够构建规则——依据这种规则，既有错误立场的自动发展，也有历史上修正的自动发展在各行其道。如果结构存在论独一无二地被理解为“哲学”的话，其自身可能同样也会被那样一种极权主义所抹杀。实际上，结构存在论是适用于一切领域的一门形式上的理解学说；其自身并没有又形成一个领域。

这些误解必须要被忍受；它们也能够被忍受，因为它们反过来就证明了这种理论的正确性。对于结构存在论而言，至关重要的是完成一个任务：在众多维度和当代人的可能性之间建立一种平衡，将这种平衡的建立体验为一个统一体，并且也恰好在此不对它进行普遍化和极权化。结构存在论很可能是针对当代内在固有的极权主义的一个解决方法——当代的这种极权主义在所有方面都无可避免，因为人的统一需求和整体极权需求欲壑难填，并且通过近代精神的差异化区分运动和专业分区运动，要满足这些需求总是越来越困难、越来越刻不容缓。只要结构理论提供出一种针对各种形式的极权主义的新选择，那么这种理论就是“有理据的”。如果它能够在这种历史必然性中被发现，那么它就具有一种对其自身而言最为重要的合法性证明。

II. 结构动态

1. 结构事件（Strukturgeschehen）作为存在论过程

一切“存在”的东西都奠基于某个确定的存在论状况之中。一个存在论状况被分析，在其中它被分解为其基本特征。状况（Verfassung）的基本特征同时也是对这种状况之存在者进行规定的范畴。存在论分析就是范畴分析。

范畴是从其相互关联中被确定的；将其单独提取出来毫无意义。范畴的聚合就是相应存在论状况的结构。一切存在论状况都是结构——那么结构是一个存在论状况吗？

迄今为止我们所处的状况乃是如其所是的那样。最终的探讨乃是关于修正的，这种探讨使这种如其所是变得可疑。如果修正是结构的一个构建性基本特征，那么一种持续不断的事件发生也就属于这种状况。而“事件发生”（Geschehen）却是一个与“状况”（Verfassung）对立的概念，这么说首先是因为，这种事件发生不是“依据规则”而发生，而是规则自身符合它。

倘若我们的分析正确地引导了我们，那么就会产生如下结果，即结构更确切地乃是一个事件发生，而不仅仅是一个状况。与此相对，体系是一个被视为状况的结构。迄今为止的一切关于结构理论的构想都还只是体系理论，因此从一个重要的存在论视角来看，都还未被阐明。为了引起大家对于这一点的关注，我们就要谈及结构的事件发生。

谈论结构的事件发生，并不是只将一种变化外加给结构状况，而是从整体根本的、无可比拟的变动性出发重新把握整体。对于结构事件发生的分析重复了在适当领域内的那些研究。

76 只有当一种完全确定的动态运行起来的时候，才形成一个“存在者”的结构处境。如果这种动态尚未进入运行，结构就不会产生。“结构存在论”最具特征的困难如下，即它必须打破一种迄今还存在的存在论固着，这种固着将一切存在论处境固定在“状况”之中。由此有了基本概念“存在”，由此有了“存在论”。结构存在论最先尝试拆开存在论。它寻找一种更深层的“基础”作为“存在”，一个“基础”，在其中“存在”只是一个存在论选择。从这个根基出发，那个问题的标题“基础存在论”自身就包含了矛盾。当“存在”的发生成功地被表达时，这一点才得到证明。

然而至关重要的是以下这点，即存在论要“在存在论意义上”被拆开，而不是仅仅脱离存在论或者绕开存在论。出于这个理由，我们对于“存在论”和“结构存在论”的概念使用将继续保有合理性，而且是一种得到强调的合理性。

但是人们不会认为，进入一个还要为存在论奠基的领域在方法上是很容易掌握的，因为人们首先会考虑到，在这里是第二次遭遇到这个问题，因为严格地说，已然出现的体系状况并不是关乎“存在”的事件。

最主要的困难存在于以下状况中，即我们的语言被固定在关于存在论的一般性统一基础之上；其最根本的范畴有效领域就是应用之物的区域，在生物领域内情况会变得更困难，而在致力于一门主体性存在论的尝试中（比如黑格尔）或者致力于生存问题的存在论尝试中，语言已变得几乎难以理解——其中的语言暴力已经使每一个感知正常的人愤愤不已。

我们在结构存在论的坚持者那里首先能期待什么？最好的是，结构存在论者并不参与表达的实验，而是通过那种有所表达并且对已说内容进行修正的修正方法做出尝试。尽管被修正的内容必须要再次被修正，然而就如表述的发生，有些东西不是直接的，在其中一种确定
77 的意向是在修正中被指明的。然而这里预设了一种未被固定的阅读，

但是哪一种阅读是未被固定的呢？

关于结构的言谈，只有当它自我毁灭的时候，才是有益的。但是：没有什么比这更困难的了。对于这种自我取消必定有以下情形发生，即从此出发才有关于结构的思想产生出来。关于结构的思想本身就是结构。使这种思想产生，根本上就意味着给出这种思想，因为产生、发生也就是结构的“存在”。

华伦斯坦（Albrecht Wallenstein，1583—1634）

华伦斯坦乃是一种秩序的代表人物，这种秩序不仅内容，而且形式都是崭新的。与皇帝的冲突是无可避免的，尽管华伦斯坦是皇帝统治下的军队统帅；皇帝代表了陈旧的秩序形式。

中心与均衡：皇帝是他所统治的帝国的中心。他通过他的行政机构实现统治，所有其他的机构都是在此基础上被设立的。这种秩序是预先被给予的；即便皇帝这个人已经不存在了，这种秩序依然留存。而华伦斯坦与此不同。他并非借助于行政机构统治，而是通过他这个人。他必须要将他自身秩序的整体承担下来、赋予活力并且使之具体表现出来。结构与等级构造针锋相对。皇帝可以依靠的是与顺民的固定关系；即便他不在那里，也可以实现统治。而华伦斯坦只能通过自身在场于此，由此他从士兵的内心出发确定了士兵的属性（铁骑军）。华伦斯坦必须把他所有的东西给予每一个人，必须与整体一道努力，必须总揽一切事务，必须亲自在场，必须洞察一切。而皇帝“不必”做任何事情；他高于事物、居于整体之后、处于具体事件之下。

理想主义与现实主义：固定的等级关系是通过普遍的且超时间的原则被保证的。统治权建立的基础是其参与者的理想主义。忠实，英勇，无私。而新秩序的运作只能通过那些可能性，它们提供了个别力量本身：生存本能，虚荣心，事业心和自私。这一点造成了现实性、强度和密集度，但是也形成了较低等级的假象：

宝石，万人所贵的黄金，
想到手时须有邪恶的力量，

那些力量是在太阳光下隐藏。
78 不费牺牲便不能驯服它们，
既用了它们而求灵魂的纯洁超升，世无其人。

II/2，V. 804–809[1]

可能性与实在性：皇帝的可能性是从他的本质出发形成的。他代表了一种由上帝制定的秩序；被允许的事情，是固定不变的。而华伦斯坦则不同。对他而言，甚至与瑞典人的结盟也是一种可能性。只要是有助于均衡的，就是被允许的。对于这些可能性做出决断的不是权力的实体，而是各自具体的情境。华伦斯坦的“可能性”是一种新的实在性类型：所有方面的开放性，仅是通过成功（均衡）被保证。华伦斯坦就是这种可能性的具体形象。他向所有方向摸索着行动。他的“无法确保性”就是对一种新的原则、一种实验的确保，这种实验将实在性引入可能性。游戏，自由。

天上的大神哟，你照鉴我！
那并不是我的本心，
也绝不是决定了的事项。
我只是喜欢空想；
自由和力量刺激了我。

I/4，V. 146–149

正当与成功：对于旧系统的辩护所依仗的是“正当”，法律。而华伦斯坦与此不同；他只在成功中取得正当性辩护。如果一个行为已经是“可能的”，那么它也就是正当的。如果它成功了，它就是一个英雄的行为，如果它失败了，那就是背叛。

单只阴谋是寻常的罪犯，
见诸实际是不朽的功业，

① 席勒《华伦斯坦》第三部“华伦斯坦之死”，汉译参照郭沫若译本，北京：人民文学出版社，1959，个别处略有改动。——译者注

一旦成名便万古名传，
因为凡事的成败是上帝的批判。

I/7，V. 470－473

本身调和的固有性格没有什么可怪，
除掉矛盾，世间上没有东西更坏。

I/7，V. 600－602

对于华伦斯坦来说，一切都基于成功这个基础。由此而有宿 79
命论，占星术，以及对于“势”（Konstellation：聚合）的笃信不疑。

战争与和平：被体系所统治之处，总是有战争。这些体系的陌生性麻木不仁地相互冲突。和平时期只是例外情况，众多利益很偶然地并行不悖。而在华伦斯坦那里情况则不同。他没有自身的立场，他只是调和众多的立场。他使自己在权力的平衡木上保持平稳。唯一的目标：均衡。均衡就是和平。但这不是一种更强的和平主义。在这里，和平只是对各种力量进行成功调控的一种模式，这种模式保持着平衡；尽管生活在冲突中，但不至于爆发争斗。因此对于华伦斯坦而言，所关心的乃是“整体”。

正因为我想求和平，我才非遭颠没不可。
长久的战争要消耗多少军队，要荒废多少世界，
奥地利管他什么，
他只是想要膨胀，想要夺取地方。

III/15，V. 1950－53

你们看吧！烽火已经燃了十五年，
依然是没有止熄的时候。
瑞典人和德国人！教皇和新教！
两来都是死对头！
你的手要反抗我的手！

随处都是党派，法官一个也没有！
你们说吧，这到底怎样下台？

III/15，V. 1980－86

信息与顺从：华伦斯坦覆灭了，因为他的秩序形式还不合时宜。在华伦斯坦这里，反响的直接性乃是前提；这种直接性预设了完整的信息作为条件。旧的体系并不是被设立在信息的基础之上。在那里，取代信息的是命令与顺从。这二者一直存在着，重要的只是这种情形何时终结。而在华伦斯坦那里，一切都很重要，而当他在设想他的铁骑军时，瑞典人突然出现了，于是结构被打破了，游戏结束。

“皇帝的飞马信使”属于另一个世界，**在这里**它起到了电报的作用。信息就是对于反响的全面把握、中心的整体在场、灵活性。对于华伦斯坦而言，“忠实”只是面对一个信息不畅的世界时的替代品、一种协助性的构造，目的是平衡信息的缺陷。

80 我对你说吧，忠实在任何人都如嫡亲，
谁将伤害它便要替它报仇，是人的天性。
宗派的反目，党派的竞争，
旧怨，嫉妒，都媾结了和平；
猛烈地竞争着互相破坏者，都和解起来，
驱逐这匹猛兽，人类共同的敌人，
它公然杀气腾腾向人类栖息着的丛莽闯进——
因为人要保障不能全靠聪明。
“自然”母亲只在人的额上安着眼睛，
神圣不可侵犯的忠实会把无防御的背部保证。

I/6，V. 423－437

完整的信息出现之处，自然就会有忠实。华伦斯坦的铁骑军就是这样一个象征。他们的快速反应能力保证了他们在正确的瞬间做正确的事情，就是说，不是等着命令或者死忠于命令，因为

命令在新的信息下已经变得没有意义。

> 听我说吧。我知道你们是懂话，
> 晓得自行研究，思索，不跟着蠢人跑马。
> 正因为这样，你们是知道，
> 我在这大军中常常尊重你们……
>
> III/15（汉译本 341）

借助于声名显赫的铁骑军、那些全面发展的年轻人，人们或许能够克服当时的信息缺陷。但是真实情况并非如此。瑞典人来了。华伦斯坦的革命，反对旧秩序形式的起义，由于不符合时代条件而失败了。

2. 修正，重构和上升

如果人们更仔细地观察存在论的动态，就会注意到，这种动态是
双方面的，运动与反向运动，抢先行为和事后兑现。一个确定的比例
81 会允许一种趋向确定的进一步变动的比例的先行变动；而这些新比例
的实现却反过来改变了原先的比例；这个比例从其已经改变的价值出
发再次造成了新的对于均衡比例的期待。

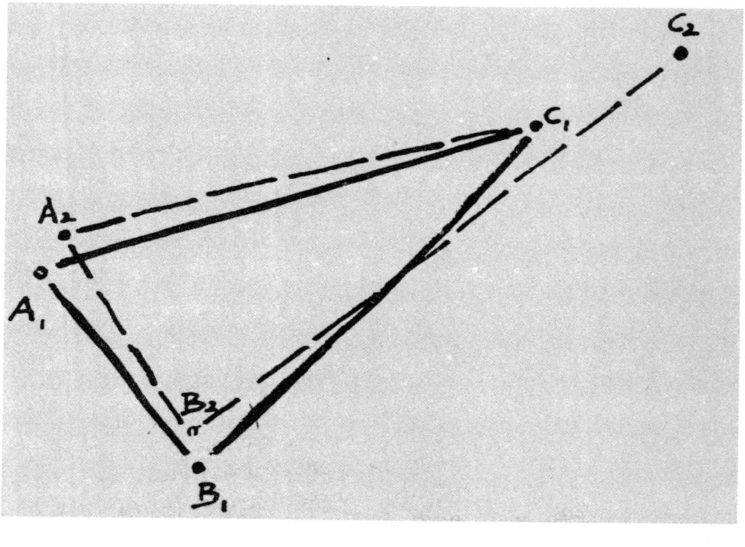

（1）生命

如果那个被改变了的回复过程可以更纯粹、更确定、更充实地把握那个原先的比例，那么这个转换过程就成为结构。如果这个差异化过程得到很大的发展，那么可能比例的数目就不可忽视，因此事先期待和事后回复的转换过程就无边无际。结构在自身中展开，并且从不重复。我们通过“生命”这个概念，将结构的无边际性和深不可测作为目标，这个概念在这里并不是被理解为区域概念，而是作为存在论范畴。

当比例长时间地稳定下来，并且个别环节被固定下来成为确定部分，那么“生命”也就转化为“存在”，结构成为事实（成为符号，成为事物，等等）。为了正确地评价这个过程，人们必须思考，极少数量的比例已经产生出了一种无穷尽的相互关联的游戏，因为众比例 82
的回复变化并不只是关系项（Relata）之间的关系变化，而是由此也引发了关系项本身的变化。然而一旦这样一种相互关系的游戏也“稳定”下来，那么在此以下这种情形却以某种形式“悬而未决”，即在任意一个位置上最细微的离心率推动了一个新的、尚不为人知的决定性进程。这种悬而未决乃是一个个别比例中所包含的比例可能性之不确定数目的当下情形。因此，这种“处于悬而未决之中”意味着灵活性，灵活性乃是生命的存在论在场。

只有在存在方面才有稳定与运动的区分，这二者成为相互排斥的对立者；在存在论的领域内，这二者是相互关联的，因此一个运动也可以是“稳定的”，一种稳定也可以是“运动的”。因此结构的境象并没有不幸地通过“运动的静止”而被重新给出。

换句话说：当一个稳定的循环过程在其含义下是可能的，并且甚至还有重复过程被经验为一个独特的（新的）含义环节，那么一个结构就是在其独有的方式中（结构化地）被体验。因此一个“重新开始的初音”（dacapo）并不仅是一个重复过程，而是对于事物一个新的规定，一个独特的音乐素材。与此针锋相对地呈现的不是结构，而是体系，在体系下重复过程并非作为重复，不具备内在的意义，而是只有一种表面的意义；两台机器并不比一台机器更“漂亮”。双气缸并不是“重新开始的初音”。

在无可“改变”之处，接下来也还会有修正。在趋向静止的结构中，修正的进行仿佛就像稳定的回复控制和对于所有环节的感触。那种自我更正的可能性，用生物学术语说就是再生，乃是通过结构自身的现象被设定，并且不能被看作附加的特征或者补充性的能力。因此，在“有机生物学”中，“开放式系统”（Äquifinalität）被描述为
83 是有机体所具有的特征。如果修正应当被看作结构动态的基本范畴，那么它就不能显现为诸如打断或者错误等现象。在这里需要再生这个过程，并不是因为它本身必定会被看作打断，而是因为，只有持久不断的再生过程发生之处，打断才有可能发生。

当然一个机械化的体系也可能被“打断”，但是在这里这种打断始终处于自然法则的领域之中，因此完全是“有序的”；“无序的”仅仅是那些由人所设定的目标。只要人是结构，而且那样一种机械化体系能够参与进独特的自身修正过程，并且只有这样，才会有对于机械化体系的“打断”。“打断”之可能性的条件并非存在于机械化原则之中，而是仅只存在于结构原则之中。

修正并不是对于一个被设定目标的或者根源的状况的重新提出。因此这个术语不可以带有哪怕最微小的否定性，而是具有一种逐步推进的肯定性意义。在存在论层面上，修正与重构（*Rekonstitution*）是同一的。

再见

> 有一个K先生长久未碰面的人，用下述的话问候他：“您与以前毫无变化。”“哦！”K先生说道，黯然失色。
>
> 贝尔托·布莱希特，《考艾尔纳先生的故事》，柏林，1930

重构意味着，结构在某种方式中总是重新被构造，并且由此总是有能力面对那些变化了的条件作出反应。只有在发生变迁之处、在修正过程维护结构动态之处，结构才作为结构存在着。

眼睛

一个器官，比如人的眼睛，是无法仅从它的机械构造和光学原理出发被研究清楚的。一个运作得还要更为完美的照相机永远也成不了眼睛，因为它不能“看”。眼睛通过以下情形而“看”， 84
即它对那些千差万别的看的可能性作出反应（被激发）：一瞥，细看，审视，照看，注视，凝视，关注，窥视等等。如果人们还要考虑这些基本可能性中个别的变式，那么这些看的类型的宝库在实践中更是广无边际。眼睛并不是径直看到，它总是依照一个确定的类型看，这同时就意味着其他可能类型的隐退。只有在这种确定的放弃之中眼睛才能保持清晰度，由此那种在眼睛中显现之物才能根本上**显现出来**。眼睛仿佛是被它所看到的东西而激发（“吸引”），并且通过修正逐渐与其看的方式取得一致，直至它找到了适合的那种方式。看乃是经过拣选的看。在这种方式中，眼睛“参与”了发生的事件本身；眼睛在这个具体事件中才成为眼睛；它成就了自身，并且“关注”的是那些要看的东西。在这种方式中，它“接受”了那些要看的东西，现在这些要看的东西所包含的内容与光学－机械的投影影像已经完全不同。它在其观看的样式中“接受”了那些已被看到的东西；因此眼睛并不只是投影式的，而是亲身体验式的、参与体验式的。如果眼睛在其自身中并没有被亲身体验，那么它就无法将看的体验传递给人。这种体验能力并不是通过“意识”或者一种神秘的内在状态才产生，而是通过器官自身的一种特殊的敏感性——这同时也是它的**生命力**（*Lebendigkeit*）。在否定的方向可以如此重复这个思想：如果一双眼睛只能以**唯一一种**方式去看，那么它根本上不会“看”。因此那种甚至没有被感知到的无言语的“独自出神”状态，就是处于“径直地看”的模式中的一种看，一种未加限制、未经分离、非特殊性的看。最终，当每个加以限制了的看被固定的时间过于长久时，它就会成为一种“呆视”并且丧失了其看的力量（更好的表达：其体验的力量），而不必在生理学或者机械－光学上发生变化。因此，一双以强制的方式被固定在唯一一种看的方式中的眼睛，在存在论的层面上——并且最终也是在存在的层面上，是失明的。活生生的看期盼着将其自身转变进那个“深入”客体的过程。这个转变乃是作为修正发生，通过修正各个立场类型从事件过程中“产生出来”。

修正和所有环节的敏感性始终属于结构。在固定的含义呈现之
85 处，结构并不会呈现。在固定的含义被给出之处，亲身体验的过程并不会被给出。因此对于世界的体验并不仅仅预设了一个结构（有机体），而是也将一个结构（世界）连同着带上前来。我们体验的对象，亦即那些赋予体验以形式并且承担了体验的特性，必定会构成一个结构，构成一个众多相即过程（Entsprechung）组成的严丝合缝的关联整体。

感觉特性

众多感觉特性构成了众多结构、众多关系可能性。感觉特性的一种固化并不会发生。比如说，某人在“绿色”下面看到了什么，这完全无关紧要。最值得思考的是以下这点，即某人将绿色体验为红色，将红色体验为蓝色，将蓝色体验为黄色——或者就像通常的那样。这样一种混淆，只要它是合乎逻辑的并且可以追溯回自身（是一个结构），它就是不能被发觉的。情况往往是，当混淆者看到“红色”时，他已经学会了说“蓝色”，诸如此类。如果结构向人的感觉特性提供了同样的区别可能性，就像结构向正常人的看的特性所提供的那样，那么就没有任何方法是可思考的——通过这种方法众多结构间的差别才可能被确定。更为正确的是：那样一种差别根本不存在，因为红色的特性只有通过其在结构中的位置，才能相对于所有其他看的特性而是“红色”的；证明：一个只看到红色的人是无法再看到“红色”的；进一步的证明：在黑白照片里，我们并没有歪曲地体验其中的颜色，就是说，“变成了”灰色，而是，我们将整幅图片体验为“无色的”。

感觉的特性只有通过内在的体验支撑才能在质性上被确定。关于感知（表象，体验）的“真理”（客观性，可比较性）并不位于这些

感知之中，也不位于其他感知的相应部分中，而是位于结构总体之中。在这里时刻需要关注的是，结构并不是以静态的方式被思考的。它必须被理解为一个始终处于运行中的事件过程，它从所有个别环节的位置重要性出发预先赋予一切个别环节以含义。修正出现之处，就有生命（Leben，生活），生命出现之处，就有修正。

在实际情况中，有生命的东西总是运动的。然而，只有当这种运动性在结构完整性的意义上对个别规定进行了完全的修正时，只有在这种情形下，它才具有生命的含义。因此“疲劳”是对于整体上生命 86
过程的一个结构化的修正。一个疲劳了的有机体并不仅仅是在确定了的更改方式中发生行为，它也已经在一个确定的更改中接受了以下情形，即它的行为重新又“符合于”它的体验。一个疲劳了的人就会以与状态饱满的人完全不同的方式去思考，以不同的方式去感受，以不同的方式说话和决断。因此，当一个人的结构状况处于正常情形中时，无论如何他都是这样的；而当那个修正过程没有顺利发生，并且一个人的体验能力与其行为范围不相协调时，他就“病了”。疲劳是一种“性能”，它是对有机物整体的那种修正——通过这种修正这个整体也在变化了的有机条件下获得它的和谐状态。这种休息与努力之间的转换同样也是一个修正过程，通过这个过程中富于变化的进程，人保持了自身的体验能力。

修正这个处于变动中的事件不仅仅发生在生物学结构中，也发生在人类学的、社会学的和美学的结构之中。这个事件并不取决于（存在的）条件，而是其自身（在存在论意义上）就是条件。

蒙德里安（Piet Cornelies Mondrian，1872—1944）

我们只能这样把握一幅画：从一个环节过渡到另一个环节，在具体的过渡过程中关注其比例关系。我们仿佛完整地观看了整幅画。但是这幅画绝不是在一个共时性的总体观看、一个整体观视中呈现的，而是只在“关注”中呈现，这种“关注”是一个在图画空间中活生生的“往返过程”，一个关系事件，通过这个关系事件一切事物都被依次设定，并且是极为具体地在关系中被设定。如果我们更加详细地分析这个过程，就能看到，在这里，个别环节的比重是在永恒的变动中被把握的，并且当人们从一个不同的关联方向出发遇到个别物时，每个个别物又总是各有不同地在视觉上被体验到。不会有视觉上的含义，也不会有美学上的比重是固定不变的，它们总是在变迁中展开自身。这种一个意义之流不欲终结的飘荡状态就是那种给予我们“有活力的”的印象的东西。在这里，艺术品与单纯的符号区别开来，比如一个交通指
87 示灯，诸如此类。一个符号是在“对它的注视”中一下子被掌握的，而一个艺术品只能在逐步推进的体验中被理解。对于艺术品的“关注”，我们必须以一种仿佛怪诞不经的方式深入这幅画内部，它必定在其出自一种单面性的关联中被发展出来的，我们无法直接且在整体上把握它，而是只能在某一局部和某一侧面的角度下理解它，这种角度又被其他局部和侧面的角度所修正。这样一种关注的表面符号从外形上看就是一种斜着脑袋的姿势，这种姿势合乎自然地是从荒诞不经地深入到局部游戏中产生出来的。如果某人原本习惯于将某种确定之物仅仅看作符号、看作实事或者诸如此类的东西，突然间他被要求将其作为艺术品或者美学现象来关注，那么在绝大多数情况下他会以斜着脑袋的姿势做出反应——克利的“权衡”范畴。

（2）一致性

如果总体关联对于众多个体作出决断，但是如果没有这些个体的话这个总体也就不复存在，因此所有含义总是必须已然被给予，由此一个统一的唯一含义才能被给予。对于结构而言，结构是被预设的。它总是只有作为整体才能开始。

结构并不构造自身，它也不重构自身。它必须处于运动之中，在这里运动必须在存在论意义上被思考，就是说，被思考为一种重构之流，它完全也能够以共时性的方式发生。这种运动是一个上升的过程。上升的诸阶段是按照差别化过程的可能性来修正自身的；这种差别化过程又是以上升的可能性来修正自身的。差别化过程的顺序（Sequenz）和上升阶段的顺序又上升为一种一致性（Konsequenz）。

在这里，这种一致性并不是一种质料上确定的法则，而是所有个体之关联完整性的纯粹形式，一种完整性，它是伴随着修正构造中的变化而实现的。这种一致性是修正的标准。

修正是一个转换事件，在其中有一个“整体”会从众多个体中产生，并且这个“整体”当下就处于众多个体之中。整体本身并不是一个构成要素，不是一个实存；它是相互间自我修正的众环节的一致 88
性。确定者位于将要进行确定者之中。结构是一个唯一的独立自主的情形。这种自主性只有作为重构和修正过程才是可能的。

过往那些伟大的哲学构想都预设了全体性，将之看作“本质”、“法则”、“整体”以及“绝对之物”。众多的个体在存在论上看是处于次一级的位置。在任何方式中，它们都是屈从于整体的东西。在黑格尔那里也是如此，他的存在论构想表明了，在他看来“本质”就是“绝对之物”，因此就不可能有任何东西“外在于”本质而存在，也包括那些对于个体的规定。黑格尔是这样在本质之中思考那些对于个体的规定的，即认为这些个体规定无非就是对于本质的阐释。对于本质的阐明可以使它们置身于其个体性之外，因为它们并没有个体化，而是只在关联体中（作为“体系”）被规定的。为了在存在论意义上拯救个体，在这里就亟须体系，因此在此体系就具有了其统一性：它就是本质的完全展开，由此本质就升起展现于其整体的实在性之中，并且就位于其中。因此本质就是“那个整体”，并且当所有个体如过眼云烟般逝去，“最终”本质才是在这儿的。众个体不“是”那个整体，但是那个整体“存活于”众个体之中。最为独特的一点就是，当绝对之物完全作为其自身的后果时，它就不再能“存活”，因为它已然在其自身中追溯到了一切个体（“思辨的耶稣受难日”[①]）。但是：绝对之物并没有生命，因此它也就不是绝对之物（“具有生命力的实体”）。黑格尔一旦思考“高于”部分的整体和外在于其“后果”的运动，存在论的生命力在那一刹那也就不复存在了——在这一刻这门存在论本应是关于生命的存在论（“绝对精神的头颅”）。

只要人们一直坚持认定一种有生命的“某物”（实体），那么生命

① 黑格尔《精神现象学》中的术语。——译者注

（Leben）也就一直不能本真地思考。实体性必须完全地被清除，并且事件过程须得纯粹作为事件过程去显现。一个纯粹作为事件过程被思
89 考的事件过程只能在结构的构造中被考虑。任何一个不同的尝试都会失败。对于整体的先天优势的放弃乃是一个存在论上来看极为困难的条件，但是这个放弃乃是把握结构思想的前提。

阿尔布莱希特王储的对话（1963 年 5 月 17 日）

理念存在者的模型太过简单了；理念论是不可靠的。一件实事按照顺序发生，这并不意味着：发展。顺序乃是先后次序，处于一种法则之下、即关于**一致性**的法则，但是这种一致性并不是存在于顺序之上或者顺序之外，而是以一种生长的姿态位于其中。并不存在一种次序的构造；次序总是处于开放状态。但是有一种对于那些正确立场的选择。立场越多，也就越坚定。结论是固定不变的。

发展乃是以相反的方向进行。理念论的发展是从一到多；而一致性的发展则是从多到一。一致性只**存在**于顺序之中（只是在顺序中被决定）。人必须前行。

每个立场都是对于先前立场的一个重新结构化过程。新的立场并不存在于先前的路线之上，因为新立场的路线是完全不同的。

真理只是一致性。上升的过程。不一致性是一种陌生尺度的入侵、对于先前层次的否认。在任何一个位置顺序都有可能被打断，因为按照次序排列的立场并不意味着增加，也不意味着生长。这种情形甚至不会“继续”发生。

3. 上升作为结构的标准

尽管修正事件没有达到最终的目标，它的目标也绝不是在此，然而它意味着提高、改善、上升。如果这种上升应当结构化地被理解，那么每个外在的方面——由此也包括每个关于一种预先被给予之标准的思想——就必须被排除。但是如果没有“往何处去”、没有尺度的话，“上升”是如何被思考的呢？

（1）变迁

结构将众多环节联系到一起，这些环节仅仅通过它们的关系性被规定。它们的含义仅仅是，它们在被给予的聚合中所意味的内容。这种聚合规定了含义，但是这些含义也规定了聚合。聚合并不是“先行 90
于”这些含义。毋宁说，聚合依据含义更改自身，因为只有众环节所提供的那么多内容在聚合中才有可能。聚合和众含义在一个彼此互换的过程中被规定，这个过程既不能从含义出发，也不能从聚合出发预先实现。结构“发生着”。它们沿着自身特有的道路发生。只有在这条道路上结构化过程才能实现。一种单向度的“发展”、根据固定不变的聚合对众环节进行构造，从中产生出来的是体系，不是结构。“道路”还是“发展”，这是一个存在论的抉择。

道路，在其不可预先实现的性质上看，是独特的道路

（*Eigenweg*，适合具体情况的道路）。结构从其产生过程的道路特征中出发获得其独特性；对于结构而言，它的独特性既不是连带着被给出，也不是听凭一种偶然情形而出现。它是从结构自身之中发展出来的，就此而言它将自身构造为道路（Weg）。

道路就是独特的道路。因此独特性属于结构，不是偶然地也不是间或地。独特性（*Eigenheit*）乃是一个存在论上的基本特征。独特性与那些重复的过程无关，它意味着真实性（*Authentizität*），面向自身的直接性。结构并不是被动接受，而是寻找到了它的聚合。独特性就是寻找过程（*Findung*）。寻找过程既不是那种“预先被给予之物”，也不是“自身设定之物”。寻找过程是一个结构范畴；只有在结构作为寻找过程实现之处，结构才真正实现。

剽窃

本（Gottfried Benn）为一部小说辩护——这部小说被批评为：它几乎原封不动地接受了那些陌生的立场，甚至是那些名字。对此本辩护道：“……他们（批评家们）必须掌握关于素材和诗的特殊表象，他们必须带来以形成印象为目的的感受和神经——这些印象是从质料和形式的关系中产生出来的！……这是一个完全排除了文学判断、情绪感受和个人控制的问题，无论它们是否操纵了这本书。如果人们只认识到数字和名称，那么他们
91 就缺乏使自身被这本书控制的天赋，在这本书的语言和感受所组成的天衣无缝的统一体中它的魅力是无与伦比的，在其个人结构的封闭性中它也是无与伦比——这个结构在此位置上根本没有看到任何容忍的东西”。

戈特弗里德·本，1926。这里所谈及的是 Rahel Sanzara 的作品《迷路的孩子》，1926

在寻找过程中每个聚合过程都是唯一的。唯一性与排他性是相同的；这二者与存在的事实情形无关。唯一性和排他性也不是向外（在比较中）展示自身的，而是只向内展示自身；它们的标准就是“道路”，聚合在道路之上构造自身。如果有人沿着道路行进，或者自身

已经行进了，就会理解。一个结构被另外一个结构所理解，会比它自身理解得更好；排他性没有排除任何人——除了那些置身于道路之外的人。

那些相互之间且面对其聚合过程富有创造力的含义，服从于结构动态的自身规律性。通过这种接受，对于这些含义，就会有诸如从根底上的变迁发生，特别是当这种在接受之中发生的含义变迁只是微不足道之时。这种结构化的聚合只有在其手段的变迁中才是富有生命力的。因此变迁可以以结构构建的方式被看待。

在诗歌的模式中这一点就意味着，每一个词通过被接受进聚合过程而获得一种崭新的且无须准备和事先规定的含义。这种变迁是整体性的，即使这些含义仅仅是在精细之处与日常含义有所差别。因为日常含义所包含的既不是精细差别，也不是诸如此类的东西，因此变迁已然是整体的。语言的精细化已经是一个诗化现象。在此，词的完整的独特含义只有通过完全的剥离才能达到——这种剥离将词交付给一个具有更大自由的含义游戏。在其自由中，这个游戏坚持遵循着自身独特道路的一致性。如果没有这种道路的规则，它就会下降为纯粹的
“词的游戏”。这里所关涉的不是某一些自由，而是完全的自由，为了 92
指明这一点，我们使用了略有些令人意外的旧式范畴“变迁”。

变迁

有一篇任意选择的、广为人知的诗歌章节在其不甚流行的词的变迁方面以模糊解释的方式被阐明：

人是高贵的（Edel sei der Mensch）
热心肠且善良（hilfreich und gut）

这两行诗来自歌德 1783 年所作的诗歌“神性之物”（Das Göttliche）。当聚合过程发生变化的时候，这两句诗所表达的就不再是同一内容：人是高贵的、善良的和热心肠的。如果不考虑这一点，即这里所表达的内容根本不是聚合，那么这个表述就会以模糊的方式被看作纯粹的表述。与此相反，在诗中情形则

> 不同，诗句通过其组合方式使对于含义的推动和变化产生出来。“人是高贵的”所阐述的根本上并不是通过它的语词，而是通过它音调上的缓慢稳重（Getragenheit，负重感）。这种缓慢稳重解释了何为“高贵的”。它也解释了“人”，在这里它将人的本质置入缓慢稳重的音调之中，这种音调说明了，人既是被承负着，同样也承负着自身。“高贵的”就是“承负”和“使承负”的同一时刻——由此根本上一切都已经被说明了。关于人，不需要再说更多的了。而接下来的含义统一体“热心肠的”则叙述了另外一种语言；更强硬、更有阻力、不和谐。它开启了起先所说的内容、激起了静止之物。很明显这也是对于人的本质研究的一幅图景——这种研究要求一种形式上的断裂。“……且善良”又叙述了另外一种声音、另外一种语言。追赶的运动隔绝了负重感和开启的先行运动，并且由此才将它们融合到一起。“完美无缺”可能只有在这种分为三部分的运动中才有可能。人的这种本质运动要求一种陈述，这种运动在“人性之物”发生之处无处不在，并且此类事情发生这个事实就是“神性之物”——这首诗就是献给这个主题的。神性之事，并不是超越了人，而是在其中发生着的；并不是作为人的“成就”，而是作为一种实现了的无可比拟的关联综合体。“神性之物”既不是神，也不是人，而是“人性
> 93 之事”作为三重运动的综合之声（聚合）。以上这种思想无须被“思考”，我们从这首自我叙述的诗中可以得出以下结论：“人性之物”就是“神性之物”，它在“神－人”、亦即道成肉身的聚合中被构建。这首诗叙述的不是一些语词，也不是一个语词，它所叙述的是“这个语词”。最终可能的陈述。一首诗，只要它是诗，就是最终可能的陈述。所有诗歌都叙述了同样的东西，而在这里这种同样的东西指的是那种“超越它”就无可陈述的东西，这种东西自身就是陈述（语词）。只要它叙述了**这个**，它就在根本上叙述了。

通常情况下，我们都是在误解中运动，即把语言误解为一种普遍的媒介，这种媒介为一种理解活动准备好了普遍的指称（含义）（概

念和语词)。通过这种对于语言和语词的领会，我们进入了诗歌之中；我们与诗歌中的这种领会保持一致，这样就能听到某些不同的东西，而不是这首诗。但是“变迁”发生了，并且从每一个我们所听到的语词中产生的某些东西总会有所不同，这样我们就把诗歌当作诗歌来倾听。

> 马拉美（Mallarmé）：“真正的诗歌作品意味着那些委身于语词能动性的诗人的辩才的消失，从他们不同的动机出发……”
>
> 出自《危机来临》，1895 年

语言就是语词的变迁；这种变迁是唯独通过这条道路而实现的。诗歌就是基于这个原因“打动”我们，而不是出于其他任何原因。如果不是通过众结构的道路，我们就不会被打动，也从未被打动。为了防止一种灾难性的误解，必须要说明的是，并不是所有东西被如此称呼的东西都是“诗”。另一方面，也不是所有不被如此称呼的东西都不是“诗”。有时候某个“语词”会被找到，它只是很少，或者可能根本没有被提及；有时我们找不到这样的词，但是却已言谈了很多且很流利。

聚合的材料并不一定就要是语言。人类的行为同样可以变得如此精细和严密；它处在聚合过程中。戏剧展示了“行动”；“行动”就是行为的聚合。在这里，这个过程也只能经由一条道路；这条道路作为
整体被称为“行动”，尽管它是从众多行动中产生的。在这条道路的 94
终点，那些个别事件都具有了一种不同的含义，并且开端只有在终点才真正呈现。人们通过这些新的含义，就能够从开端开始，并且在终点再次获得那些已发生变迁的含义，因此道路在通常情况下就能够被通达。它不会停止成为独特的道路。含义的诞生始终在发生。在这个意义上，戏剧中的事件是“有含义的”，并不是因为外在的重要性。戏剧的内容就是富有含义的事件。含义指向谁？自身；重要的是通过以下情形，即在这个过程中变迁已经发生了。

每一个一般的言说行动都是戏剧化的事件。“意义”并不是从上往下从属于这个事件；意义的诞生总是在行为的内部发生，就如同含

义的诞生是在语词的内部发生一样。行为从“道路”出发处于聚合过程中，通过这条道路行动的环节和行动的整体被带入彼此的转换过程中、凝结成同一性。

变迁也在“对话”中发生。如果是一般的对话，它具有其独特的进程。它确定它的朝向，并且将参与者引向他们可能原本并不想达到的方向。如果这些参与者习惯于带着一种“立场”进入到对话中，那么他们就要发生“变迁”，并且是以如下形式，即所有参与者的“立场”都是通过一条道路展开聚合的。

但是这预设了以下的前提，即每个人都是“开放的”，也就是说，每个人根本上都准备好了允许其立场的发生变迁，以及洞察到其他立场的变迁。变迁并不是变化。一个立场发生了变化，然后人们才如其所是地拥有这个变化了的立场。而人们无法从一个对话出发带出一个变迁了的立场。对话包含了众多立场。事实上这个对话叙述了什么，人们说过什么，则只有通过对话的道路才表现出来。如果外在于这些关联，而仅仅基于单纯的“观点”，那么这些立场就又死掉了，无论它们的内容可能是什么，它们都不再言说，也不包含真理。

95 人们并不“拥有”真理；真理自行发生。一场对话就是真理的事件。在这个事件中，真理保持回溯到它的排他性之中——这种排他性把所有人都排除在外，而这个事件根本上是循着道路发生的。只有随着事件共同行进者，才能“体验”到真理。那些尚未“体验”到真理者，对真理也就一无所知。并不存在关于真理的学说。也没有关于真理的真理。

在这里还萦绕着某种误解：将对话看作一个“社会现象”。人们也可以与其自身进行对话。甚至思想也可以与自身展开言谈，在这里人只是参与其中。一场对话是什么，这是从对话事件自身出发得出的。行动也可以是对话。

变迁是在一个充满了误解的概念创造力（*Kreativität*）中被指出的。这种创造力并不是必须要被呈现的；它领会了，重新去思考旧有之物，也就是从根本上去思考。如果人们从呈现的过程出发把创造性理解为一个结构范畴，那么就会明白，这种创造力与某种“天赋”、即实体范畴是毫无关系的。

（2）动态

“变迁”这个古老的名称不会被一个现代的范畴所取代，因为对于此事我们的语言无法再有别的语词。为了使某物（从整体上）发生变迁，可能它就是在极为细小之处（偶然地）发生了变化。经过某一点，爱就变迁为恨；经过某一点，白天就变迁为晚上；一串乐声经过某一点变迁为一个主题，一个表象经过某一点变迁为一种思想。

“变迁”从来没有（共时性地）被关注到，而只是（在事后）被确定。变迁的发生并不是“一瞬间”，而是具有其进展过程。对于这个过程的可关注性由于以下情形受到了阻碍，即不只是一个环节，而是整个关联体系共同发生了变化——这个关联体系是一个变化的可确定性的条件。这个转变过程必定是在未被觉察的情况下发生的。一个变迁了的物总是也意味着一个变迁了的世界。

当人们关注到，这个过程只是在涉及个别关节时才意味着“变 96
迁”，而在涉及所有个别环节之关系时就意味着“上升”，那么此过程马上就丧失了它的神秘性。一旦某物从发展过程出发引出发展的可能性，并且从运动出发得出运动的推动力，那么它就“上升”了。

这种情况只可能如此发生（尽管在经济、社会秩序和自然中会有所不同），即一个位值的变化是在其他位值的变化中被如此证实的：这个变化也已再次引起对其变化的修正。因此，有一种共同的扩展趋势发展起来，对于所有环节而言这个趋势意味着得到了提升的有效性，并且恰好是通过以下情形，即这种情形并不是在一种预先可规定的形式中发生、具有扩大的证明价值。在这样一个上升的过程中，一个差别化过程发展起来，在这个过程中每个个别的位置都被其他位置共同承担，并且产生出很深厚的关联性：这种关联性意味着一切在一切之中共同发生。在一个结构形成之处，它总是以这种方式形成的。

对话

“我们再也不能相互交谈，”K先生对一个人说道。“为什么？”那个人很吃惊。“在您的当下我提供不出任何理性的东西，”K先生抱怨道。“但是对我而言这无所谓，”那个人安慰他。

“这我相信，”K先生恼火地说，“但是对我有所谓”。

布莱希特，《考艾尔纳先生的故事》，柏林，1930

一个伦理学的规范体系所具有的有效性，既不是来自上帝，也不是来自人的形而上学本性，也不是通过设定，而是通过上升意义中的结构化过程——通过这个过程众多个别动机如此交织在一起：仿佛它们是“活着的”。只要一个规范体系还“活着”，它就是结构，并且在其中不会（不能够，也不需要）追问它的合法性（无所不知者的世界，正派人的世界，绅士的世界，诸如此类）。如果那种意味着认
97 可转换的上升过程停止了，那么留下的无外乎就是一个众多（无动机的）个别要求组成的（压制性）体系；从这些个别要求总是可以越来越清楚地看出，除了对立状态下的支持之外，它们别无支撑。看到和指明这一点，就是“揭示”（Entlarvung）。事实上也不存在任何人们无法揭示的东西——最终还有揭示行为本身。

只有在上升过程发生之处，才会有结构。在这里，动态就是存在原则和有效性原则。所有的效果发生都产生于一种动态；只要它们的内在动力足够，它们就“存在”。

这种动态与一种外在的或者普遍的“力量”和“能量”毫无关系，而是在游戏（Spiel，运转过程）之中从个别含义中产生出来，从聚合中产生出来，也就是说，从以下情形中产生出来：众多的个别含义相互调适。

体育运动

参与竞技者将一种确定的力量份额带入竞赛；而他则处于一种最有利的聚合之中，因此从竞技自身产生出的力量就落到他身上，这种力量远远超出了他“从其自身出发”能够具有的力量。

最根本的游戏乃是自身成就与预先被给予之物的相互作用。这二者聚合，成为第三种东西，这种东西要比其中单独的这个或者那个来得丰富，也要比二者相加来得丰富。

（3）提高和显露

在上升过程成功展开之处，从全面的修正事件出发就有一种潜力发展出来，这种潜力既不是从外部涌入，也不是由某个单个环节带出的。结构自身仿佛在这里得到了提高，它作为结构在每一个环节中都发挥着作用。

动态是对于多样性各部分中的一种多样性进行同一化的事件。根本上，那种冲破一切预先成就的动态并不是显现为陌生的力量（根本上它也不是），而是显现为众多个体的最为独特的自身，同样地，并 98
且同时也显现为生命中、真理中以及发展过程中的优势力量。我们称这个过程为“显露”（Abhebung）。显露意味着，相互间的修正达到了一种和谐状态，这种和谐被视为出自结构部分的最独特之处的占据优势的潜能。在“主体性”自身中，产生出“客观性”。

一切客观性（知识的客观性，评价的客观性，行为的客观性，希望的客观性，信仰的客观性），都将如此产生，或者已然如此产生。

当语词在诗歌中聚集，言说就在自身中显露出来，“语言”就发生了，如其所是地发生。这就是为什么诗人总是给人以口述者的印象，而且这并不仅仅是一个比喻。在诗歌中语言显露出来。并不是作为“匿名的”力量，因为显露过程只有在极度的张力中并且作为语词个体的精确性和确定性发生，因为它只作为人之中的“人性”之事发生。现在如果没有“诗人”的诗歌是可能的，那么其原因就是结构能够如其所是地被体验。

在一场对话具有说服力的严谨性中总有某种东西显露出来。当我们说这是精神（Geist）时，我们并没有说错。然而这里并非指世界精神、绝对的精神抑或一种超自然的本质，但也不是指某个个体的“能力”，而是对思想立场进行成功的独特阐释的可觉察的力量——这些思想立场在此种方式中尚未被表达出来，并且在相互间促进的动态中发展出一种精神的能量——这种精神的能量并不是从所有参与者的对话式参与的总和中得出。这些参与者并没有“造就”这个过程；而是这个过程“裹挟了这些参与者”。这种裹挟自古以来就被称为“精神”，并且名正言顺地具有了这个名称，尽管由此产生出两种误解的危险，即关于一种绝对化力量的理念、那种“高高在上”的力量，以及关于一个占有精神且支配精神的个体的理念。然而由此人们就与结构失之交臂，一方面是在体系中，另一方面是在实体中。但是并不存
99 在那样的体系，它能够如其原本那般复杂和思想完备地包含着精神。并且也不存在那样的个体，它能够如其原本那般以智慧的方式“拥有”精神。“拥有”精神仅仅意味着，有能力将自身置于显露的过程之外。

在戏剧的行为中，显露过程使“意义”彰显，并不是一种被设定或者意欲达到的意义，而是那种绝对的（ab-soluten，融解渗透的）意义，它覆盖了所有人并且被导向众多行为方式，在其中人与行为方式超越自身而形成。谁要是参与其中，所进行的就是所能给出的一种最高级的辩解。谁要是未参与其中，也就没有参与辩解，很有可能也有他那方面的道理。“道理”（Recht）乃是一种与体系关联在一起的对已显露的行为意义的替代品。

100 如果人的“伟大之处”存在于这个显露过程中，那么在其中也就

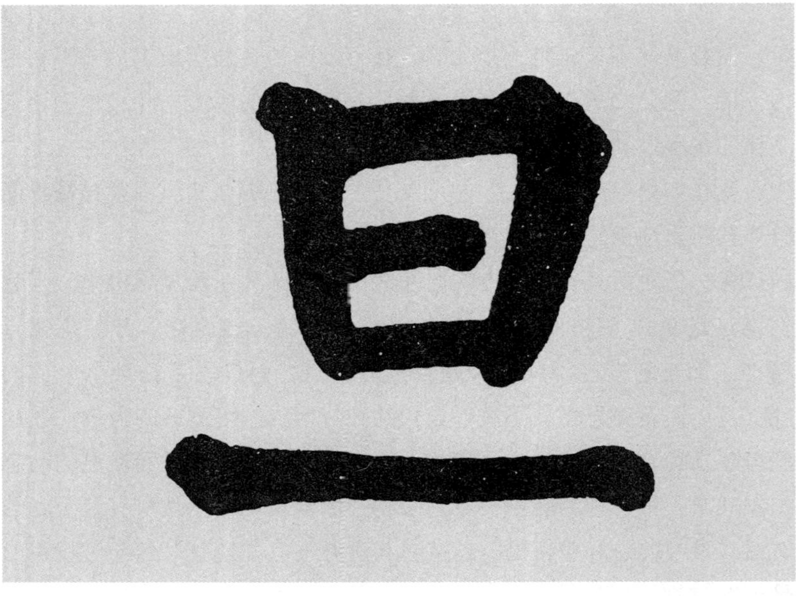

汉字“旦”（太阳升起）；它是如何标识出这个升起过程的，从中我们可以看出显露过程的基本境象，即它是如何从人的无数自身经验中沉积表现出来的。

有他最大的危险，因为一致性也可能只是表面看起来的一致性——而“道路”导向一个错误的方向。但是如果谁害怕这个错误，那么最好他就将自身置于体系之中。体系总是安全的体系。遗憾的只是，这种体系无法作为体系本身流传。在这种体系临界之处——体系总是有临界的地方，那种安全性就土崩瓦解了。结构存在论是冒险哲学，但是所追求的乃是一种不同的确定存在。

（4）飞跃

古老基督教礼拜仪式中的“变迁”（Wandlung）乃是变迁的境象化构成。但是这种变迁无须被理解为事物中的神秘事件，或者要通过魔法召唤的仪式被唤起。在礼拜仪式的个体行为的过程中，语词与行为以如下方式聚合为一条神圣的独特道路中的阶段，即显露过程发生了。这种情形在存在论层面上很确定地被以结构理论的方式阐述。在这里，“证明”就与怀疑一样是缺席的。显露过程既非一个“客观的”也不是一个“主观的”事件，而是这种差别取消的事件过程。如果有人无法看到一个礼拜仪式事件中以及其所属宗教中发生的明见性，那么他就必定会沉溺于一种“论证的”神学或者沉溺于他的怀疑之中。

对于诗歌的怀疑就是日常语言；对于戏剧的怀疑就是道德；对于对话的怀疑就是断言，诸如此类。怀疑的行为就其自身方面而言是有理据的。不存在与此相反的论证。然而显露过程并不是从论证出发而发生，对之也毫无兴趣。论证太微不足道且发生得太晚了。

现在要求一个飞跃，跃进一个思想和经验的全新领域，其目的是看到结构化过程的可能性。尽管当代的众多趋势都趋向结构化和自主化，但是因为还欠缺一个未被承担或未被看到的飞跃，因此很多时候都会回落到体系中，即便是在历史的动态已经被引向结构构成之处， 101
这种回落也会发生。

鉴于这些已经说过的理由，以下情况就是很自然的，即结构理论首先是在体系理论的范围中被提出的。与此相反的唯一保证存在于以下情形中，即体系状况的来源是由结构状况展现的，并且以下误解得到了遏制，即认为体系是普遍的状况，而结构是一个特殊情况。

因此比如说，人们也会将变迁仅仅看作一个精神现象，并且丝毫未注意到，变迁也是在最朴实的形式中规定结构的。比如说与有机体相关的，我们称之为“新陈代谢”的现象。每个有机体一定会将自身转变为环境中的物质；只有当这些物质通过有机体中的功能关联的聚合形成完整的自身含义、成为有机体所特有的生命的承载者时，它们才是构成环节。就如同在千差万别的结构过程中那样，在这最简单的层次上也已不仅可能有成功，也可能有失败：排斥、病态、僵化。但是当变迁发生时，当有机体在自身道路上作为从其勾连表达中形成的自我而重新赢得自身时，在其中显露过程（或者更好的：提高过程）就以如下形式发生——一个可显现的普遍之物提升了：生命。

吞并

> “同样的趋同和秩序化的力量，它在胚种中起到支配作用，在外部世界的吞并中也起到支配作用：我们的感官感知已经是这种涉及我们自身中一切过往的比附和认同行为的结果；它并非时刻追随着‘外部印象’。”
>
> 尼采，《权力意志》，80 年代

“生命”不是一个抽象的动因，也不是一种绝对的力量或者一种无所不包的现实性——这种现实性在人们一无所知的情况下触及世界，而是生命之物自身的一个“产品”，同一性；当它通过对其周围
102 域的以及自身集聚的张力中的结构前提的成功安置而实现那种变迁
时——这种变迁在其中创造了独特性，它在自身中才要求了那种有机体的结构。每个有机体在自身中都包含了与发展道路保持一致的“其自身”和“生命”，并且保持为具体化过程的自身经验。因此在这里所发生的与在诗歌中、在思想中、在行为中发生的是无异的。生命是一个在一切结构中构造自身的现象，但是各不相同并且以各自的方式被构造，由此生命之物的独特存在（拥有一个生命中心）才被呈现出来。

4. 个体化的形式

结构并不仅仅在经由个体化的本质中才被触及，而是说，在这里个体化就是本质自身。自我，作为构成成分，并没有被一块儿赋予结构，而是任务。换句话说：事情本身是任务，这一点将事情构造为结构。

自我和个体化，在不同的强度下保持同一，这二者都是结构动态的本质过程；并且不仅是那种在“他者之下”展开的东西，而是那种澄清整体的东西。除此之外，在这里特别要考虑到，结构动态中的一切构成成分和范畴都是在整体中各自以明晰准确的方式被掌握和被阐述。

（1）我

结构是对于一个含义多样性的勾连表达。这种勾连表达不是一蹴而成的，而是通过一个渐进的目的事件产生的——在这个事件过程中一个含义是从另一个含义中形成的，并且每一个含义都是从所有含义中形成的。这个目的事件向前推进得越远，它在个体之中也就越是精确。对于含义领域的扩展和差异化过程同时也是每个个别点中的精确化过程。

结构完善着自身。它的完善过程是一个无穷的趋向自身回归的过程。在这种“趋向自身”的运动中首先产生出“自身”，运动向着这个自身推进，并且随后作为事件过程的“承担者”显现。因为这个“自身”在构建运动中是作为整体出现的，因此它就成为整体结构的一个特征；它不是结构中的“部分”，它也从来不处于“结构之中”。作为结构动态的基本过程，我们将之称为结构的“我”（Ich）。作为结构范畴，“我”并非与意识相关联，而是意味着一种存在论上的重叠，与之相比那种合乎意识的“反思”就只是存在层面上的映像。每个反思都是重叠；但不是每个重叠都是反思。

很多时候，“我”都会被误解成一个“我之物”（Ich-Ding），它隐藏在一个存在者“之中”。“我”之前带有的定冠词“那个”（das）就已经说明了这一点。这个标识诱发了以下想法，即认为“我”自身就是一个存在者，它有能力将自身称为“我”，并将之作为一种特殊的与其相关的存在特征——此外，这个如此被构造起来的存在者“居于”一个更广阔的存在者（身体）“之内”，因此这个身体就能够谈论“属于我的”我。这种诱发效应并不仅仅表现为最简单的存在论上的要求，而是控制了我们日常的思想和言谈，并且将自身装扮为众多完整建立的科学的引导观念。

“我”并不是存在者，“我”是一种存在论状况的构建形式，更确切地说：是一种存在论动态的构建形式。只有“结构”是那种从其动态出发才被理解的存在论之物时，结构存在论才提供了关于“我”的理解根基。

“我”在本质上是与事件过程联系在一起的。因此毋宁说“我”是一个“我－做”（Ich-tun），而不是一个“我之物”（Ich-Ding）。关于存在性的每一种存在论在涉及“我”时必然会失败。关于存在性的存在论乃是从“他者－状况”（Es-Verfassung）出发，而不是从“我－行为”（Ich-Handlung）出发。这些存在论认识到的只有“他者－状况”。这种“他者－状况”从一开始就被称为“这个存在者”（το ον）。在西方思想的这个基本词中这个定冠词——并且恰好是作为中性定冠词，是很关键的：这个存在者（Das Seiende）。它是如此关键，以至
104 于在根本上与主词所意谓的内容是相同的——它是这个主词的定冠词。夸张点说，人们甚至也可以只说“这个”（τοδε τι）来取代“这个

存在者”，在这里中立性乃是决定性的内容成分。从这一点出发，一切东西都是在存在论的层面上被解释的；也包括人，人是一个人格化的“这个”（Das）；人格性只是一个关于“某物”的一个漂亮的序列。

这个确立过程被理解为对于古典哲学一个修正过程的开端。除此之外，早期哲学的某一个修正需求也一直存在，并且人们越是回到开端，这个需求就越强烈。这种情形的原因如下，在开始阶段“他者一状况”是如此广泛、如此“根源”地被掌握的，即它也同样完整地重述了自我的状况。这二者混合在一起：自我的基本过程是从客观性的存在论开端出发被阐释的，而客观性的基本过程是从自我的存在论开端出发被阐释的。这二者间的分离尚未发生。

然而越是直截了当地考虑客观性——思想越是“贫乏”，以下的必然性也就越是无可避让地出现，即变得单面化的基本状况通过对立状况（我，主体性，自我，“存在”）在思想中的建立必然得到补充，并且哲学基础由此重新变得坚实。每个历史的诠释者在他所研究的范围内都可以通过较晚时代的基本问题体验到思想的“贫瘠化”，这种贫瘠化并不是一种值得哀叹的衰落，而是一个不可避免的精确化过程——只有当思想不顾忌它自身的创造性、不顾及一种新的基本状况的开启时，这种精确化过程才意味着损失。因此以下情形几乎同样是幼稚的，即在巫术横生的“开端”寻找神圣的东西，就如同在历史思想的发展也根本看不到危害和背弃。

“设定”（Setzung）是一个尝试，尝试着紧紧抓住自我的状况。只有当“我”从它自身的“设定”出发形成，而不是一个“被给予之物”时，“我”才呈现出来。

与这种“行动”针锋相对的是以下提醒，即没有哪个人的我是已 105
经完成的，这一点没有异议。自我创造与他者创造之间的选择在多大程度上不会遇到问题，这一点可以从关注的现象中很容易地看出。只有当一个“我”一直“保持着”它的意识本身时，它才是“关注的”。关注是内容；这种内容是对于意识的设定。这种“设定”的减弱与意识在自身中的消解是同一的。但是“意识”无非就是我的超越自身、自身设定。

而在这里悬而未决的是，意识的清晰化和沉沦意味着什么，因为这些过程根据“设定”的模式是几乎无法再考虑的。费希特的行动模式只能指明自身存在的状态，而无法指明未来演变和过去逝去的状态。因此这是很棘手的，因为上升（Heraufkommen）的现象必定属于自身这个现象。一个一蹴而成的意识根本就不会是意识。意识的光线会转向某物；它只有在逐渐趋向某物的过程中或者只有在最后到达的过程中才有所领会。那种无过程地突然闪现的东西，或者无运动地固守着的东西，是那种最为清醒的关注无法觉察的。“未来演变”（Werden）属于精神的现象，这一点在黑格尔那里才得到阐明；然而在黑格尔那里，只有自身的未来演变被掌握，而不是根本上自身的未来演变被掌握，就此而言，这种自身所“是”的东西，从一开始就是固定的、只是尚待“凸显”。这种如此被固定的东西被给出——但是它并不是作为被给出的现成之物，它从来未存在也不会在未来演变：自身本身。

自身的构建在存在论层面上是非常复杂的。首先在这里涉及的只是对一个原初的基本过程的揭示：即对内在（Innen）的揭示。更具体地看，“内在”是存在论的公共基础，我、自身、意识都被带到这个公共基础上。它们都是内在的上升层次，而如果没有内在，这些层次是无法被理解的。

106

（2）内在（Innen）

不仅环节之间的相关性相互依存，而且这种关联的变化存在于“修正”的方式中，在这个时候，“内在”这个现象就被构建出来。“内在”是与“我”和“意识”针锋相对的、存在论上更为普遍的范畴。

如果内在的现象可以被构造，很明显这取决于修正过程。这个修正过程只依据结果的标准推进，它将一切规定相互间关联在一起，并且从每个个体出发考虑对这些规定进行调整。在这个调整过程中结构整体“内在于”个别环节中显现，并且同时个别环节也“内在于”结构过程中显现。由此这个过程仿佛是从“内在”中被经验的。它的内在与同一性事件是同一的。

如果人们假设，“内在于”关系网中的对于抢先行为和事后兑现的剔除就能够构建“内在”，那么这应该是个误解。只有通过以下情形，即关系网在修正中变迁，并且这种变迁的含义事件在朝向个体含义预先规定的回溯过程中被协同关联到这种个体之中，只有这样结构整体才“内在于”过程显现。过程仿佛是（在个体中）展开自身的；它被经验——并且它的每一个环节都是它与自身相遇的场所。

而在这些环节之外并不“存在”结构整体（作为一个固定的东西）。但是就每个环节都是所有环节的精确境象这一点而言——并且也只是这个境象本身，每个境象在自身中都是结构过程与其自身的相遇。它的这种重叠就是“内在”——比如当我们说：一棵植物具有一种“内在于”自身的生命，我们就将这种内在与生命概念联系在一起，这与将内在与“我”的概念联系在一起是一样的。但是，如果我们将一个物理－机械过程称为某物——“在其中”有一种力量显示出来，或者如果我们在一种最大的普遍性中宣称：某物“内在于”世界、“内在于”实在性等，那么我们所意指的也是这种内在。

我们总是在意指一种内在，它的存在论构建只有从结构存在论出发才能被领会，因为只有在结构存在论中“修正”才是一个构建物。 107

修正现象成为内在－构建的必然性程度有多高，这一点在脱落的现象中得到证明。当修正运动停止的时候，就像在单调的体验雷同的情况下——在这种情况下永恒的重演总是可能的（囚禁模式，格式化的劳作任务，习以为常的日常生活，诸如此类），那种“内在性”只是很模糊地显露出来，并且最终完全脱离，转换为他者－状况。与此相反，如果修正过程由于分崩离析、紧张和败坏遇到了困难，那么这种内在体验就会提升到日益清晰的停止过程，以对抗一种各自外部多样化的形式——显而易见的是，“我”会变得“更清醒”。

换一种表达方式，内在对以下情形作出了反应，即结构被规定为它自身的尺度。结构以修正的方式按照自身安排自身、感知到自身。在那样一种自身感知的过程中，“自身”才被构建出来——在语言上“自身”表现为感知活动的承担者和对象。而这种重叠并不是存在层面上的，因为一种纯粹在存在性中发生的叠加过程总是只能创造出一种新的实在性，但是这并不是一种关于新风格（内在性）的实在性。

（3）诸层次

随着一个环节的变化，其他环节也会变化，因此又有一种新的整体情绪被获得，在这个意义上没有什么能进行得比修正更为全面，如果是这样，那么在这里所涉及的就是一般意义上的存在论基本事件。因此结构在最普遍的意义上就被称为“世界”。如果含义游戏是如此变化多端，即更大数量的差异化过程能够被付诸实施，那么这个修正过程就在一种极大的迂回中被思考，并且产生出那种不会穷尽的内在运动性——我们称之为“生命”。如果这些环节具有一个如此庞大的
108 含义区间，以至于那些可能的抢先行为不再能够直接地被兑现，那么修正就只能在“寻找”的方式中进行，也就是说，那种事后兑现是通过最远的迂回路径实现的，并且那个并非预先规定的、关于同时推进“设定”与“给予”的尝试游戏也在进行自身调节。在寻找过程中，预期规划与结果相互间如此接近，以至于事情的后果既非预先规定，也不是一个结局。只有在这个层面上结构才获得其“独特性”，不可替换的个体性——这种个体性并非简单地来自于预先给予之物，而是从预先被给予性与自发性共同构成的成功的游戏过程中产生出来的。结构的道路就意味着独特性，它作为一个来自于含义事件的“自身”得到提升，它反思了重叠，并且由此构建了一个与“外在”处于对立关系中的内在。它不仅经验到了个别含义的变化，而且“真切地感知”（wahrnehmen）到了这种变化，就如同它不仅简单地展开修正过程，而是“先于自身”拥有这个过程、为之操心。我们将这种状况的结构理解为动物式的（“动物”），即便我们还不能将一种“我性”（Ichheit）归于动物，但是至少可以将一种具有“独特性”的内在归于它们。动物乃是“处于感知活动中的”。感知意味着，那些影响不是真正的产生效果，而是专门“显现”为影响，并且循着这种显现会引起一种反应，我们称之为“行为”。修正过程在一个“中心”中进行——在存在论层面上这个中心经由以下情形才有可能，即内在（通过内在与外在的对立）已经被给出。中心（作为一个居中部分的前提）仿佛是内在的内在。

个体性

“与此相反，植物无法成为**自在**之物，而仅仅是接触到个体性的边界。”

黑格尔，《精神现象学》，1807

那些环节所具有的还要更高的快速反应能力导致了如下结果，即修正并不仅仅改变众环节现成的可能性，而是能够带出新的可能性和 109
相应的环节。在这里，修正并非只是作为寻找过程（Findung）而发生，而是作为创造过程（Erfindung）——在这里我们用“创造过程”这个词所表示的只是一个存在论上的关系，而不是存在－文化上的过程。创造过程的意思应该是，结构并不只是已然寻找到其众多可能性的聚合过程，而是从对其众多可能性的聚合过程出发去寻找关于聚合的新的可能性。结构可以被扩展、造成媒介、构造附加部分、设定机制，以及以一种广泛铺展的（超越个体的）方式构造其内在（作为“文化”）。这种被置于创造过程之上的结构是在我（Ichheit）的形式中具有内在的。我总是同时通过我们（Wirheit）（一种“超我”的形式）被构造，并且在二者的转换游戏中也应当如此。按照内在的重叠，主体性至少是在双重意义上被经验到，作为纯粹我的主体性，以及作为一个基础性的我们之文化的主体性——这个我们以多种方式被构造（作为家庭、群体、国家、社会）。在创造过程的情形中，内在并不只是勾画了一个外在——并且将它的环节转变（通过感知）传送到外在上，而是经由周围环境的外在世界自身再一次被传送到一个客观实在性的视域中。从这个视域出发，外在世界被更深刻地理解为纯粹的以下内容，即它在一瞬间且相对于主体生活目标所展现的东西。就像我的世界被一个我们的世界超越，对象世界也被一个实事世界超越，纯粹的显现被实事性（Sachlichkeit）超越。但是实事性、客观性、实在性都从属于结构自身，并且它们都会被解释为“在其中”生存着。

因此很明显，我们是在人的存在论层面上运动。尽管这个存在论层面尚不能完整地表述结构关系中的流动性，因为修正作为创造过程导致了一些被规定的可能性——这些可能性尽管是在自由的状态下被获得，但是对于个体来说却是具有约束性的，因此这个个体自身还是

被紧紧包裹在相对固定的含义中。由此出发，关于结构化过程的一个
110 更进一步的层次如何才有可能，这一点暂且还没有被说明。关于这个问题，还需要对于更多基本过程进行分析，首要的是对通向结构发生的过渡过程进行分析——这个结构发生所表达的状况首先处于其整体的差异性之中。

在我们的理解中，宇宙是按照多层次的样式被划分的。每一种存在论都必须对这种构造特征进行解释。在这一点上，存在论分析的是理解活动的意义构建，而不是去分析存在物（Onta）。自然科学家能否证明这个分析过程，则是第二个问题；我们在理解世界和事物的活动中所具有的意向性乃是一种构建成就，这种构建成就尽管在修正自身，但是并不是通过事物的质性而被推动。“层次”从来不是来自于一种性质，而只是出自一种重叠过程。

以下情形显得很引人注目：在上面的阐述中一个此前受到阻止的前提条件已形成了，众环节的预先被给予性以及属于此的一个处于修正中的含义变迁的固定空间，在这里这一点至少应当说明，关于一切结构的总的流动性的基本命题维持不变，但是当结构的边界被设定之时，就产生出一个巨大的差异。一个遵循着预先被给予性的结构，严格来说，只是一个更为广大的结构中一个局部环节——那个更为广大的结构乃是按照完全不同的次序、通过局部结构而被设定的。局部结构在其修正过程中仅仅只把握到更高一级结构之次序的一个部分。因此局部结构看上去仿佛是在外部压力下显现的，而究其根本这是它自身的压力，因为被安置在更高一级的结构与局部结构之间有一种存在论上的同一性关系。只有通过以下情形，局部结构才成为一个部分－结构，即它没有在生命活动中将这种同一性体验为同一性。

结构—局部结构

> “现在我们将以下内容汇集起来，即是什么将一种简短而复杂的心理分析工作转化为对于此种病例的理解。其前提自然是，我们的清查已经以正确的方式实现了，在这里我不能使以下内容
> 111 屈从于这种清查得出的判断。第一：幻想不再是无意义的或者不可理解的东西，它是富有意义的，具有充分的理由，从属于一种

对于病症的情感体验的关联体。第二：它必然会被看作一个对于无意识灵魂过程的反应——这个过程是从另外的症状中猜测所得，它恰好还将此种关系归因于其幻想的特征、其对逻辑和实在的攻讦所做的抵抗。它自身就是某种被期待之物，安慰的一种形式。第三：通过致病背后的体验，以下这点被不含歧义地确定了，即这恰好成为一个充满嫉妒的幻想，而不是其他。"

西格蒙德·弗洛伊德，《普遍神经理论》，1917

（4）外在

结构并非从属于一门关于"某物是"（es ist）或者"某物存在"（es kommt vor，某物出现）的存在论。因此就有一个独立的、开放的现实性领域被预设。如果外在（现实性的空间）先于内在（个体性、自身本质），那么结构的可能性马上就被杜绝了。结构恰好是通过以下情形才能被定义，即结构是这样一种东西，其外在是在内在之中构建出来的。

然而这种构造过程也是不充分的，因为它设置了一个"内在"——从这个内在出发才有一个外在领域以一种神秘的方式产生出来。与此相反，对于其迄今为止的状态的分析显示出，人们不必从空间性出发去理解这种内在，而是必须从内在出发去理解空间性的意义。内在是一种含义多样性中关系性的某种形式——这种形式在修正过程中取得了独立性。内在并不是通过一个对于外在的排除过程而产生的，而是说，它是内在和外在的整全性。如果众多含义汇集到如下这样一种关系形式中，即它从修改过程自身中得出了关于修改的规定，那么这些含义就将"整体"构建为体验背景，就是说，先于自身发生的过程，它将成为"内在于"它自身。

如同已经被指出的，这种内在化过程具有不同的强化程度。总是
有不同的外在的强化程度与这些内在的强化程度相对应——外在是伴 112
随着内在构建被共同构建的。如果说那种处于与含义整体之可能性的回溯联系中的修改看上去仿佛是从这个整体中被取出的，那么这个含义整体看上去就是"先于"含义事件被给予的。含义事件"给出了"

含义，并且为其内容贴上“如此而非其他”的标签，将含义作为一个“被给予之物”、作为“数据”、作为“实在性”给出。因为不存在既成事实（Gegebenheit，被给予性）。存在着被给予之物，这一点就是既成事实。

“存在的类型”是“内在于”结构被构建的，这就是“存有”（es gibt）的类型。一个环节给出了另外一个。每个环节的具体内容乃是通过这种给出过程而被规定的，是一个“数据”。在这个关联体中现实性的含义无异于可能性，是在不同次序的过程中被找到的。现实性就是稳定性；现实之物就是稳定之物。给出过程（Gebung）意味着，个别之物只能在从其他个别之物出发的来源过程中被找到。存在类型的给出过程就将存在物还原到个别之物上。如果个别之物是“实证之物”，那么与结构存在论相符合的就是一种“实证主义”，而这种实证主义所关涉到的困难程度与人们日常所认识到的有所不同。

并没有一种现实性与结构“针锋相对”，而是说，结构是对一种现实性的清理形式——这种现实性是在众多次序中，并且是无穷地，以修正的方式回溯到自身的方式被经验到的。外在并不是以存在的方式“围绕着”内在，而是众多环节相互间的一种关系方式，并且与结构整体“针锋相对”。结构并不是一个“内在于”那个被给予它的现实性中的事件，而是说，它就是这种现实性本身的事件，是对于某一个位于自身中的现实性关联整体的处理形式。人的经验过程表明了（只是作为例子），这些关系是如此被表达的，即一个眺望远处的人能够如此观察到自身：仿佛他是在“这里”，而远处则是在“那里”。“这里”和“那里”预先显现为自身的存在和远处那个教堂尖顶的存
113 在。然而事实上，“这里”和“那里”乃是对同一个结构的经验质性，共同关联到同一个含义整体，并且只有也只能通过一个关联体系才能获得其“这里”和“那里”的含义——这个体系是在趋向合乎生命的背景中的活生生的流通过程中被造就、被变更，并且在一个以和谐性为方向的持续不断且无所不包的经验事件中被修正。

观察者的“经验”并非是在这里，教堂的尖顶也不是在那里，而是这种经验（作为此种经验的结构整体）就是观察者的“在这里存在”（Hiersein），它同时也是教堂尖顶的“在那里存在”（Dortsein）。

教堂尖顶在“那里”，确实如此，但是教堂尖顶的“在那里存在”并不在那里。教堂尖顶的这个“在那里存在”也不在这里，而是说，教堂尖顶的“在那里存在”就是观察者的“在这里存在”，并且“在那里存在”和“在这里存在”的这种同一性（一种结构的同一性，据此“那里”只有通过所有“这里”才能被规定，“这里”只有通过所有“那里”才能被规定）就是这个观察者的“经验”（结构整体）。

从属于某个观察者的“经验”的并不只有他者的“在那里存在”，而是也有其他观察者的可能的他者存在，连同着他们不同的“那里”和不同的“这里”，因此其他观察者作为他者从属于这个观察者的构建状态。其他人尽管是不同的人，但是他们的他者状态（Andersheit）就是这个观察者的在此状态（Diesheit）（可靠性）。

因此观察者的“经验”并不是“内在于”他，而是说，他“在自身之中”（具有我性、主体性），这种情形就是他经验的状况。只要“那里”不在那里，“这里”不在这里，他也就不是他的“我”。他的“我”是关于所有“围绕着他的”现实性的经验性索引，包括那些最茫远的现实性，还包括那些他一无所知的，以及他知道的现实性：他不知道，他对这些现实性一无所知。

观察者在“标准情况”中被经验到，这意味着，经验不是作为与其他“那里”针锋相对的“这里”，而是说，经验就是它的，以及其他的物的“这里”和“那里”。“这里”和“那里”总是处于变动之中，就像经验行为也总是在变迁。经验行为无非就是经验可能的结构 114
性变动的顺序。经验不是“内在于”我，毋宁说我是“内在于”我的经验行为之中。“主体性”或者“我”并非“内在于”我，而是说，我就是这种“内在于”本身——因此这种“内在于”就作为“我”被遭遇到。结构（“内在于”）既不是在这里也不是在那里，既不是我的结构也不是他者的结构，而是说，它就是某物的“在这里存在”和“在那里存在”，我的我存在和他者的他者存在于同一个存在之中，而没有一个置于其上的“被给予性”。

只要人们一直以静态的方式思考，以下这个现象就不会被理解：一个我在这里，其他的我在那里，与此相关的众多的我一个个分布在多种多样的过程之中，如生长、经验过程、自我反思。只有在恒久的自身修正的运行过程中，一个“我”和作为一个不可避免的对这个“我”进行否定的“世界”就被创造出来——世界的“现实性”和“坚定性”在“我”的“主体性”和“可变迁性”中再次拥有了其否定。肯定和否定并非某种程度上相互关联在一起，而是同一个东西，甚至也不是这同一个东西的两个“方面”，因为这个东西与它的各个“方面”并没有差别。但是现在从事实上看，“我”难道不是一个相对于其他“我”的不同者，并且不具有其他我之内在的内在被给予性？诚然如此，但是这种从他者那里的“抽离”就是我的“被给予性”——来自于我的“主体”经验过程的内在拘束就是我的“世界”所具有的客体性特征和无关联性特征。“我”并不是“内在于”这个世界，而是说，这个世界是“在”一个并非是此世界的“我”“之中的存在”(Drinnensein)；世界处于“我”的形式之中，处于自身之中。重叠。“我的形式”始终“仅仅是这个我的”形式，是“与其他我不同的”形式。

就像对于外在构建（对于世界）而言，“我”是必要的内在一样，对于内在构建（我的构建）而言，“世界”同样是必要的外在。什么东西“存在”于此，既不是一个“我”，也不是一个“世界”，也不是根本上的“某物”。所有这些构建物都引领着设定行为。它们顺着结构产生，而不是先于结构发生。结构，这是对一切东西的引领。引领的标
115 志就是结构符号。当某物在引领过程中被经验到时，它就是作为结构被经验到的。在引领中的经验活动就是意识。对于这种经验活动而言，更大规模的相互渗透乃是条件。更大规模的渗透是“游戏”的条件。当某物要求一种全面的自身修正准备的运动性时，“游戏”就发生了。

迪伦马特（《斯特林堡戏剧》）[①]

1. 斯特林堡《死魂舞》

斯特林堡的情形如下：男人和女人在家庭纠纷中扭打在一

① 斯特林堡（August Strindberg 1849—1912）是瑞典著名剧作家，被视为现代剧之父，《死魂舞》是他1901年完成的一部剧作。迪伦马特（Friedrich Dürrenmatt 1921—1990）是瑞士剧作家，他曾改写了斯特林堡的《死魂舞》。罗姆巴赫在这里比较了两个版本的《死魂舞》。——译者注

起，这是由于女人的恶毒和男人的自视过高引起的。这边是：不带有现实性的诗人。那边是：没有诗歌的现实性。这两种情况处于一种相即的关系中——这种关系只紧紧围绕着其自身，排除和排斥其他一切关系。监狱和囚禁的情形。孤岛。最小的和最狭隘的例外。与外部世界切断关系：电报取代了电话。所有其他人都仅仅是投射到一堵不透光的墙上的平面剪影。库尔特只可以被当作争吵的工具和游戏中的球，为了与他的对手扭打。但是库尔特是作为一个更高世界的代表出现的——就如诗人所期望的那样，尽管这个世界只有在扯断与女人的联系，以及在抛弃孩子的情况下才能达到。由于男人的卑鄙无耻（埃德加），库尔特一瞬间又转到了女人一边，被那种女人的恶毒之魔力所吸引，但是就如他所认识到的，他再一次弄清了，他只是与妻子针锋相对的示威对象，并且由此成为报仇的工具。在最后他向上漂浮，使二者都沉湎于他们冷酷的争斗之中。

2. 迪伦马特

迪伦马特并没有给出斯特林堡戏剧，而是一个反斯特林堡的角色。他经受了这种行为直至“孤独的晚餐”——这应该是嘲讽斯特林堡那个苍白的、无生命的且无力的世界。迪伦马特提出了一种与之针锋相对的富足的生活。迪伦马特的世界。堆满食物的碗碟。一切完全深不可测的可能性。由此，现在首先是“游戏”开始了；斯特林堡被揭示为一段滑稽插曲，因为在此缺少渗透。库尔特获得了生命和特征。现在他才通过欺骗事件进入游戏——埃德加认为他已发现了这个欺骗。埃里森的告发企图并没有在埃德加的真诚流露中被放弃——这就像在斯特林堡那里一样，而是通过他经由最上层的隐瞒手段而实现——这个最上层在斯特林堡 116
那里乃是最不容损害的正义性象征，这个告发企图同样陷入了这个充斥着欺骗行为的游戏，因此埃里森的毁坏目的倒转变成为提升的结果：埃德加成了上校。所有一切都被改良了、都提升了。埃德加的癫痫病严重化为瘫痪，这场刻板的争斗通过口舌之争被扩大化。微不足道的罪犯库尔特露出了真实身份，他是拥有商船队的富豪，由此孤岛被关联进了一个世界事件。然而也是在这里：无论如何向上的告别进入了“生活”——这种生活理应通过一个更广大的维度明确地显现出来。

3. 基本差别

对于斯特林堡来说，基本差别乃是居于善与恶、高贵与堕落、肯定与否定之间的差别。而对于迪伦马特而言，基本差别则只是一种数量上的差别：更多游戏，更多人生，更多差异性，更多财富。在某个确定的维度中，整体才是有价值的。库尔特：财富的架构，他既非必然要去实施这个小骗局，也不是必然不会去实施这个骗局：他的人生哲学“随遇而安”。对埃德加的病症进行重新解释，这被称为“对无穷性的望眼欲穿”，也就是形而上学和哲学。从这个病症而来引发了瘫痪；其结果是完全的喃喃自语。库尔特与形而上学的世界告别，进入了一个完全在此岸的缘在——它是从其自身的充溢出发获得生命的。生命与死亡针锋相对，与一个过去时代的“死魂舞”针锋相对——那个时代伴随着索尔维格的歌声沉没了。

4. 差异解释

然而这个妇人还处于苍白无力的状态；对库尔特进行敲诈勒索的尝试只是一个适当的复活行为。库尔特也处于苍白无力的状态，他的百万家财并没有对他有所补救；他只是谈到了这些钱，这些钱并没有进入游戏。游戏没有依照所有方面在一个完整的维度中渐渐停止，因此作者在结尾处（库尔特）必须与其自身的显示模式保持距离。这是与斯特林堡一样的结尾状态。很糟糕。库尔特的阐述，即他受到了生活的某些打击，他的游戏解释必定是重新从这种日常状态的中止，而不是苟延残喘中才再度被构建的（“我重整旗鼓了”），这种阐述与作者的趋势恰好相反：库尔特拯救了两个几乎已经死掉的人的“生命”，这里并不存在告别的理由。这一点如何在内容上能够实现，这就是戏剧化发现之事。尽
117 管还缺少告别的动机——这个动机对于诗人而言可能具有自我

解释的价值，但是这也会带来更多的误解而不是贴切的比喻。斯特林堡并没有被遗弃，而是在一种有些过于细致的方式中无意识地被拯救，而在这方面，依据迪伦马特的读本，人们则能够以完全不同的方式阅读到（看到）未作改变的斯特林堡的文本。迪伦马特写的不是游戏，而是一个教育剧本。迪伦马特也接近以下状态，他也“对无穷性望眼欲穿”。因此在结尾处，他也必须要一个中止，属于一个“完全不同的”维度的浪漫主义远景。如果他愿意严肃地相信游戏，那么他就必须坚持待在这个剧本的此岸。观众将会以哲学的方式接受在这个意义上的极端性。在其他情形下，他们会抱着怀疑离开剧院。斯特林堡超越了迪伦马特吗？死魂舞现在才变得阴郁可怕。

因此这个问题从来没有被解决。我们还未认识到“游戏”真正的规模。没有任何东西认识到游戏真正的规模。还缺一出迪伦马特戏剧（游戏）。

结构当然什么也不是。但是它只因为如下原因才什么也不是，因为它不“存在”（“是”）。在其内部也不“存在”什么。但是它有生命——并且一切都在它之中。只以修正的方式运动，内在、外在、我、我们、他者、它物，这些含义构建着自身。因此修正事件达到了经验的层面，在这个层面上视角性（我）的现象出现了，在其中结构处于自身之中——这种处于自身之中造就了千差万别的存在—意识形态（我，世界，他者）。此外，这些存在—意识形态是有理据的；它们只是不知道如何才有理据。它们能够通过巨大的力量捍卫和贯彻自身，这一点是由于它们所具有的真理——并且由于，这种真理并没有认识到自身。

5. 自我作为个体化的上升。一次先行把握

自我是位于重叠的某一个层次上的内在性。从一个很高程度的差异性出发，自我产生出来，当然不是作为结构一个新的基本过程，而是作为一个构建物的制定过程——这个构建物总是已经存在的。

118

（1）卷入（Eindrehung）

在自我之中结构先于自身出现。但是这种情形并非作为“客观的”被给予性。毋宁说，这种先于自身出现是在勾连表达运动的一个独特的基本进程中发生的——这个基本进程我们称之为“卷入”。

卷入来自于含义构造一直越来越严格的网络化过程——这个含义构造在自身中制定了结构。这些含义越是相互间协调一致，这些关系就变得更有说服力，它们也就越不能够离弃它们独特的后果。在这个上升事件中存在着一种无可避绕性。无可避绕性是一个自我相遇过程（Selbstbegegnung）中先于自身出现的一个否定表达——这个自我相遇过程位于实事本身之中，位于被经验的世界之中，位于被制定的生命构造之中。在这里结构不会产生出来被“看到”，不会“思考”自身；它合乎生命地在自身中增长，并且因此先于其自身的必然性而产生——就是说，先于自身作为必然性而产生。

在这里所关涉到的是一个过程，它在自身中按照如下构造而发生重叠：模糊的含义固定总是被带到一个回溯过程中，趋向更为精确的含义固定，指向日益强化的明确性。明确性和不可避绕性乃是情势的环节——在这个情势中有一个自我“先于自身”出现。按照“命运”的样式去思考不可避绕性，这是一个误解——毋宁说，命运必须得按照这种不可避绕性的样式被思考。当个别的含义被看作那种人们不可“避绕”的东西时，不可避绕性就会依据命运的样式被思考。这是一个渐次交替的过程。不可避绕性位于个别含义对于整体结构的内在后果的反馈之中——这个内在后果总是获得更大的和谐性，并且由此在其含义交织体中留下的空缺也总是越来越少。

只有在这个范围内——在其中勾连表达获得了一种精确性，这样自我才能显现，因为精确性所表达的无非就是整体与个体的同一性， 119
或者整体在个体中的出现，因此个体可以作为整体对于自身的考虑显现（反思，自我反思，自我）。

这个固定事件除了个别环节具有足够高的精确性之外，还接受了对于一个结构的完全的勾连表达，我们称之为卷入（Eindrehung）。它将自身固定地卷入自身之中，在这里这种被达到的“固定性”不能与存在层面上的无运动性混淆；它所意味的只是对意义内容的固定过程，依据这些意义内容结构的运动、关系方式和发展确定了方向。

与之相对的一个现象是脱离（Ausdrehung，卷出）：众多含义迷恋上精确性；个体变得更加“普遍”，结构迷恋上描绘和色彩。关系游戏变得更加单调苍白，这个过程容许了更多的可能性——而这些可能性作为任意性根本上并不是结构“自身”的“可能性”。随着进入这些“可能性”，结构自身根本不会“推进”；领域总是变得更大，但是结构的“领域”总是变得更小。结构在某种程度上迷失了，自身（Selbst）“逐渐消失”，“我”（Ich）却日益兴盛。

在人之自身的模型中，那样一个“脱离”的事件是在“无聊”的现象中显现出来的。在无聊中一切都是可能的，因此没有什么东西只具有一种可能性。无聊就是丧失自身，即便在消失的模式中还能被感觉到。无聊并不只是对关注区域简单的蒙蔽，它恰好可能通过更高的神经敏感性和关注性而发生。这种情形在某种意义上完全就是“在此”的，但是只是在预先被给予性中“在此”，最终自身还只是作为残留物被给予而在此。它在如下一种状况中显现出来——在其中它根本上并未显现；按照此种构成它本身会变得不可忍受。在无聊中并不是这种情形，而是“自身”本身不可忍受——并且这一点恰好是由于这种情形本身完全受到约束。随着越来越弱的卷入过程，自身越来越迷恋于具体化，并且变得“更加普遍化”。作为一个普遍之物，它仅仅只是“我”——每个人都是“我”，并且因此它不再是“我的”我。

120 结构有所松动，众多个体环节（体验、评价、设定等等）都包含了一个摇摆范围——这个范围最终导向“一切皆有可能”。因此它们就丧失它们作为“环节”的性质——并且由此结构也丧失了“结构”的性质；结构空乏自身，并且转为一种变化无常。人们已完整地注意到，在已经精确化的结构总个体也有可能作为“任意之物”，然而在这里这种任意性只作为一种性质很严格地被规定，并且在一个包含甚广的后果中具有其精确的位值。在必然性（不可避绕性）之下自身遭遇到它本身，这种必然性通过一个汇集众多开放可能性的宽广的游戏空间而变得平易近人，只是这个游戏空间被精确地加以限制规定，并且由此与纯粹的任意性尖锐地对立起来。

“自身”（Selbst）乃是“我”（Ich）的一个增强过程。“我”在其自身中已经被分成多个层面。关于我的一个完整的理论（唯我论）应当已经描述了这些反思层面。这些反思层面在批判的模式中相互发生关系。批判是一个结构范畴。如果一个人不将批判领会为存在论层面上的东西，那么他所谈的批判就极为幼稚。批判与幼稚性是一对既对立又互补的概念。它们共同造就了层次过程——结构的“生命”表明自身就是这种层次过程。所谓的“批判理论”就是结构思想的前层次。从结构存在论的可能性条件出发，对批判理论进行演绎，这就是对于批判的批判。如果批判自认为是不可被超越的，那么这种批判本身就又是幼稚的。结构存在论是不可超越的，就此而言它就是那种自认为不可被超越的思想。

结构存在论是对自身的超越。由此，它真正的自我阐述存在于将思想阐述为自身超越之历史的表述之中，就像我们反复强调的那样。[①]关于思想史的阐述无非就是对从历史中取得的理念的寻求，这种理念属于在此每每可超越自身的那个“某人”。对于思想中之“某人”的发掘乃是“伪经式的哲学史书写”，其方法不再位于“解释学” 121
的领域之中。[②]

此外，“我”的层次在个体人的发展过程中极为具体地展现出来。只有当他的经验行为达到了一定的厚度时，经验行为才缠绕成一个“我”。并不存在形式上的我，而是只有一个在质料上被定义的我。当心理学家谈及一个“发现我的过程”（在“否定性的阶段”中）时，他是将“这个我”设定在实体主义的方式中。我的层次就是缠绕和重叠过程的诸阶段。对于“自我”的发现（存在哲学）至少将其中的一个层次展现出来。对于这个发现过程的去意识形态化能够有助于自我的层次显露出来——有一种社会理论对这些层次也还颇为关注。然而这一切都是事后的工作，沿着一门自知处于运动之中的存在论之路线的从容的现象学。

（2）命运

自我的基本特征在基础存在论和生存哲学中得到了深入的探讨。如果人们正确地理解了这些哲学命题，也就是说，在存在论的视域中去理解它们，那么它们就是在一种结构分析的方式中把握人之缘在的尝试。但是因为它们至少在某种程度上还与“本质”有所瓜葛，即它们“在根本上”将缘在与其他存在论“状况”（Verfassung）区分开来，所以就留下了一种实体论的残余——这些残余阻碍了向着一种真正的结构分析迈进的步伐。由于它们并没有认识到结构状况，因此它们就不能掌握缘在与其他存在者的相似性与区别；由于它们没有掌握相似性与区别的这种关联，因此它们就不能掌握结构。我们无法通过某种扩展或者推进而达到结构存在论，而是只能通过一次“飞跃”（Sprung）——然而这次飞跃往回追溯也可以被表达为一个转变过程。

结构中的自我既不是作为理所当然的特征而被连同给出，也不能 122

① 参见《实体·体系·结构》，特别是第一卷第 45 页以下，以及第二卷第 512 页以下。
② 同上。

从自身出发谋求这种特征。它并不是在其生命领域的一个点上发现这种特征，而是只有作为位于结构整体中的一个整体事件而赢得这种特征。自身既不是特征，也不是“本真性”，而是结构与自身的关系——这种关系只有通过对其生命和世界结构的全面展开才得以出现，通过对一切决断性的含义统一体的精确表达，以及对其通往一种更为丰富的和谐状态的确定过程的精确表达才得以出现。

从这种已变得固定的生命结构出发，众多个体作为被染上“命运”色彩的东西而出现。它们的固定状态仿佛被经验为一种“事先安排”。命运的事先安排如此使结构面对自身：即结构先于自身，且因此作为“它自身”显现出来。

一个个体事实从来不可能是命中注定的。一个固定的过程只有通过以下情形才变成命中注定的：即对于一个个体的固定是从对于所有个体的固定中得出的，并且与后一种固定共同显现。因此人们无法将命运与命中注定之事置于“身后”，就如同人们也无法“避开”它一样。它并不是那种可以被呈现或者强加给一个人的东西。诸如此类的东西在任何时候都应当能够被转移、被悬置、被避免以及被否定，并且这种避开自身并非行为，而仅仅是某些行为的交换。然而完全不同的是，因为命运展开了以下这种形式的必然性，即这种形式作为一切个体中的同一种形式显现（所有个体都作为各自结构整体的代现），所以它是无可逃避的。

尽管这种无可逃避性出现在个体中，但是并不是作为个别情形。这个悖论具有一定的疑难和迷惑性，因此诸如绝望等态度就可能会产生。当绝望真的产生时，就会有一种不协调性呈现出来，据此那种被强迫的个体就要按照他者－状况的模式被接受，并且因此只能被看作强制力量，而无法同时被看作可能性。当缘在进入其独特的精确性时
123 （就此我们现在明白了，关于精确性的生存论之名就叫作“命运”），那种（存在的）不可能性自身就此显现为（存在论上的，结构上的）可能性。在结构关联体中只有可能之物；结构存在论就是关于使之成为可能之过程（Ermöglichung）的存在论。

因此这就表明了，对于一个结构的勾连表达总是对于这个结构之整体的勾连表达，即便这个勾连表达所处理的只是个体，并且暂时或

者永远地留出了大片空白区域。事实上，为这种留空行为的划定界限又是独特且完整意义上的精确化行为和勾连表达。

因此自我只能如此构建自身：一个尚未脱落的、由众多处于关系中的含义确定行为构成的事件过程枯竭了，在此一切含义都处于关于这些含义的法则之下。这里的这种和谐性完全不是普通意义上的和谐。对立越大、分歧越尖锐，整体也就越是具备精确性。然而，并不是所有对立状态都导致精确性。它必须是一种明显的对立状态，在其中对立方之一在一种严格的互补性中使另一方自身显现出来。依照这种方式，含义的同一性通常就是一种互补的、矛盾的、悖论的、辩证的同一性。从差异化展开过程的这种和其他形式出发，就产生出一个极为条分缕细的世界（含义结构），自我就是作为这个世界。

自我并不是内在于一个世界，而是对于一个世界的勾连表达的事件。这种在其中存在（Darinnensein）的性质是通过以下过程产生出来的：即在一个多层次结构化的含义关联体具有一个从一点到另一点相互延续的演进过程，只有在这个过程的具体化之中这种勾连表达事件才能进行。在这里恰好是这种对立性有助于使其保持在具体过程的延续之中，并且有助于只“内在于”具体某物才具有“整体”。这个“内在于”同时就是那个“内在于”——经由它结构命中注定地“内在于其世界之中”。如果这些勾连表达的过程变得更加普遍，那么这种“内在于世界之中”就会极为迅速地消失。一个“普遍的主体”根本就不是“内在于世界之中”的，而人们会极为坚决地将它固定在其中。

（3）原初性 124

并非每个人都将自己说成“我”，都是一个自我。自我性只有在一个意义世界的持续的动机阐明中才能被构建——这个意义世界是以一个相应于结构的方式被勾连表达的。在这个过程中没有其他任何东西能够被“接纳”，最终它应当超越一种获取（归化）行为，由此它达到了结构特有的精确性。

一个以此种方式向精确性发展的自我，将“自身”从其劳作之中收回。对于这种劳作活动而言，“自我”并不是前提，也并不为它奠基，而是首先在劳作活动中被构建出来。自我从其世界的意义秩序中收回自身，而且其他东西并不能成为自我。这个过程也可能失败。意义秩序没有成功，世界就拒绝接近。这种情形有一个很沉重的后果，即自我被忽略了。不存在一个“更高级的意义”，在其中无论自我勾连表达成功与否最终却无差异。那个从自身出发、从自身的世界和自身的社会结构构成过程中产生出来的自我乃是直接从生命的根源出发而生存的，因为结构过程与生命过程是同一的。那样一个自我就是他结构的根源：起源（origo）。由于这个原因，*原初性*和可靠性作为结构状况的构建部分，密不可分。

结构状况只能处于可靠性的形式之中。它既不能被接纳，也不能被复制，也不能被规划和操纵。然而这种可靠性并不是附着于“自我”，原初性也并非附着于“原初之物”。绝非如此。就像“原初之物”可能是一种时尚一样，一个完全日常的存在展开过程也可能真正是原初的。当结构的诸环节都通过“变迁”发生，并且遵循其精确性，从相互关联的构造整体中获得其全部含义时，结构就是原初的。诸环节从外部看有多么“普遍”，它们也就越可靠地是从内部、生命本身出发被设定。

一个体系在任何时候都可以从外部被规划，并且可以依据预先给
125 予的条件和期待被完成。而一个结构则有可能永远不能完成。它有可能始终只是处于“生成”之中，并且是从其自身中生成。即便它在事实上“被做成”、“被实施”、“被呈现出来”，情形仍是如此，举些例子，比如像一个艺术品、一次行动、一种社会秩序。因此很自然地，绝不可能有那样一个构成点，它能独立地、不从整体的自我构建出发而精确地生成。可靠性和独立性在存在论的层面上是密不可分的：缺一不可。自由不是被安装上去的；自由始终处于自我解放的过程之中。

精确性是自由形成的。体系关联体从来不可能处于完全的精确性之中。它们始终具有一种普遍之物的意义，在其中它们就其自身来说是不可修正的，终有一天因为这种不可修正性它们会粉身碎骨。

（4）创造力

与可靠性和原初性相应的是创造力。结构蕴含了具有创造性的构造过程，就此而言它必然会从自身出发设定个别的含义。

但是它的创造力并不是指向个别之物，而是指向一切构成物，每一个个别之物都处于它们确切所属的关联性之中。如果人们认为，当谈及一个“富有创造性”的自我时，所谈论的仅仅是个别的含义所指（比如说艺术品），那就犯了错误。处于孤立位置上的创造力是以整体中的创造力为前提的。然而这可能是一种外部观察者不可见的创造力。而从内部出发则有一个独特的观看方式，在其中个别的含义所指被规定在一种不可转换的方式之中。有一些人径直地连带创造出并通过以下途径理解了富有创造力的生活方式，为了在一个狭窄的领域内促成引人注目的含义提升，就必然要在一个宽广领域上实行最细微的含义；可能只有这样的人才能触及上述那种独特方式的精确性。如果缺少那样一种总体结构的和谐并且那些引人注目的诸多含义都处于相
互孤立的状态，那么肯定就可以说，它们不是出自那种原初状态，而 126
是一些显现可能性，这些可能性指向一个一直处于完全的普遍状态之中、但由此却得不出任何结果的缘在。

席勒描述圆柱

“然而渗透进美的境地，
而沉重之物连同它所统摄的材质，
重新落回尘埃之中。
不要痛苦地争取巨大之物，
纤细和轻盈，如同从虚无中一跃而出，
这幅图景呈现在令人神往的目光前。
一切怀疑、一切对抗都沉默
在更高确定性的胜利中，
它已然排除了人类贫瘠的每样见证。”

出自《理想与生活》，1795，V. 81–90

创造力要么就是完整的，要么就根本没有。然而，如果人们从“制作”出发去理解创造（creatio），并且在某物在直接的意义上“被造”这样去理解，认为无论如何只有这样才能期待和要求原初性，那么创造力的本质特征就被掩盖了。在原初性的条件中有所经验的艺术家告诉我们，这种理解会导致单纯的制作，既不会有单独的行为也不会有特殊的努力能够形成创造力。真正的创造力并不是在任何地点、任何时候都有可能闪现的天赋。它是一种劳作的成果。它源自对于一种生活和一种世界阐释的完整的勾连表达。

如果按照人的缘在的标准去寻找，人们就能够获得缘在的原初性和创造力的基本特征。它们是一种展开为结构的生活的标记，并因此符合以下要求，即它能够被安置在一个无条件且普遍意义上的人类缘在之上。然而这是有前提条件的，即人们要把这两者的基本特征从它们外部的含义中解放出来，去除掉它们那种惊世骇俗的特性。以前某些东西还不是特权，现在则成为对于每一个缘在的要求。这种情形是可能的，并且在其中存在着关于创造力和原初性的最质朴的人的形
127 式，这一定会展现为一门细致的结构人类学。这个结构化过程是一个普遍的标准，唯一的普遍标准，在其中可以看到如下要求，每个人的缘在完全有理由要求被置于社会之中：对缘在而言，那种位于原初性和创造力之中的“执行”成为可能。

在结构人类学中，创造力取代了“本真性”——在实存的人类学中本真性乃是缘在的标准。本真性意欲在以下方式中成为原初性：它要抓住一个任意的行为或者必然意义中的个别之物（“决断”）。然而这一点在结构的领域中却被表明为谬误。此外在实存中，任何时候都会得出以下后果：一个突然间被抓住的可能性决不会成为一个“独特的”可能性，后者也是“本真地”被抓住的。当一个生活步骤连同其所有的一致性和原本顺序，以结构的方式被纳入缘在的整体之后，它才成为“独特的”可能性。只有劳作（Arbeit）可以从可能性中制造出“可能性”，并且成为一种持续不断且自我纠正的生活劳作，它将一切细节都结构化，或者将那些非结构化之物作为那种结构之物置于结构化之中。因此只有“意义”获得成功，也就是对生活的内在领域的构建，以及被纳入到同样被结构化的历史的和社会的缘在的必

然性关联整体之中。唯有通过这个卷入的过程，缘在才变得“本真”和“严肃”，唯有在独特生存的精确化过程中生存才会变得独特。依据生存的分析，缘在应当通过“罪”来保持严肃。“成为有罪的”这个范畴根本上意味着原初性，并且尝试着通过以下方式去切中事实：关于“基础”的动机被置于缘在之中：“一种无效性的基础存在”。在对一个行为后果的否定性的承担过程中，缘在应当以生存的方式变成基础的。这里所指的是“一致性”，但是并未切中根本。基础从来不是通过单纯的决心成为缘在的，也不是通过对某个决断可能性后果中否定性的进行承担的决心——一个这样的设定每一次都可能显示为是错误的做法，并且是很难纠正的对自身的错失。“基础”就是那个纯 128
粹处于其行为“创造力”中，并且处于其行为后果的“一致性”中的缘在，也就说，处于其总体结构的精确化和具体化过程中。在众多个别环节组成的总体没有被作为结构来承担和达到之处，缘在就不是它所行为内容的“基础”，无论它的决心始终表现得有多么根本和源本（无来由）。一个无来由的行为从来不是“行为”，它应当是有意的。任意妄为和自由是对立的概念。

原初性和创造力是充满误解的范畴。作为结构之物原初性只意味着自主。但是“自主”同样是充满误解的，因为它诱发了一个“自我”，这个“自我”为了达到自主只需要思索自身。在这里被遗失的是，要涉及一个特性——这个特性只有通过劳作以及通过一个决无遗漏的修正过程被构造出来。自主不是被给予的，自主是争取来的。然而这个过程也不是内在于一个有所规划、有所计划的“学习过程”。它恰好就不是。只有在一条不受约束的关于自我表达的道路被找到之处，勾连表达才是自我的根源。因此，争取自主的斗争应当就是反对任何形式约束的斗争；但是，如果认为在这里需要做的只是排除障碍和约束，这就是一个谬误。反对约束的公开斗争很可能恰好导致了自主的终结。自主必须要有创造性，否则它就不能构建自身。因此，比排除约束更具有奠基性意义的就是指向一个无保留构造的任务领域的存在。如果对约束的排除发生在自我构建之前，那么很可能恰好是这个抵抗本身也会被排除，与之相反，自主才能被构建起来。

原初性表明了自主，而自主是通过可靠性得以标识的，也就是

内部的自主，自主使自我在任何时候、在其行为的任何一个点上都
129 在场。每一个可靠的行动都是自由的；而不可靠的行为就不会是自由的。

作为范畴的可靠性使人注意到以下这一点：在（存在论的）创造力中，至关重要的并不是“有创造天赋的”，而单只是自我的内部在场。很遗憾，在谈到的范畴中没有哪一个足够清晰地说明以下这点：那样一种在场状态并不是从一个虚构的“内部”出发的，而是从“劳作”的外部和最表面之处出发——劳作在完整的责任中重新接受了一切，将之完全置于独特的功能之上。

自由并不能在由此而可供支配的“自由空间”中变成现实。自由是一个突破过程，由此进入一个独特的自由空间。这个自由空间并不是把自身置于一个预先被给予的位置系统，而是要先于它的位置系统。这种创造力并不是造就这个或那个具体的东西，而是为可能已经存在的这个或那个具体的东西提供一个含义领域。现代艺术绝对就是这样的，尽管艺术中的“创造”可能只是已人所共知的对象，但新颖之处乃是在于艺术中的拼贴、聚合和布置。这并不是“美”，但是它使“美”变得清晰。

可靠性使我们注意到创造力和劳作，但是它不能“单独地”被取得。如同一切劳作活动，这种可靠性也指向一个意欲重新被开启的社会公共性的外部。这个社会的转向就是当代的哥白尼转向，它是对以下事实的把握：每个内部－构建只有作为外部－构建才是可能的。然而如果这个外部是作为预先被给予之物被接受，那么在其中构建就不能成功。动态的转换过程成了创造力的前提，创造力从迟钝的自主出发造就了可靠性，并且从盲目的可靠性出发造就了受约束的自主。自由是一个过程，是一个社会化现象的特征。

130

（5）各自状态的存在论

如果极端地考虑结构状况，那么它就是在其“秩序”中显现的。这就意味着，没有一个结构的（普遍）存在论是可能的。“秩序”并不仅仅是扩展了的结构，而意味着一个各自归属于其结构本身的存在

论维度，这个维度仅仅对于对应特定的结构有效。因此，结构的特殊性和个体性并不是内在于一般结构之存在论的构建之物，而是特殊性和个体化过程已经契合了存在论本身，它们被“先于”这个存在论被安置，而不是被附加进这个存在论。

缘在分析尝试着通过以下途径去解决这个问题：将“各自状态”（Jeweiligkeit）提升和解释为缘在状况的一个重要的存在论基本特征。这是一个针对“个体性”这个古典概念的进步，因为“个体性”只是在存在层面上理解个别化过程。相应地，个体的生存也必定停留在一个纯粹的外在状态上，与之相对的则是实事各自的本质内涵，而现实性作为个体化存在者的维度则扮演了一个最高程度上二手的，甚至是多余的，因此根本上非现实的角色。因此，古典的存在论仿佛调转枪头针对自身了。现实性变成了非现实，因此非现实之物变成了现实的。在此出现了一个“颠倒的世界”，尽管在其自身中是合乎逻辑的，但是没有现实性的力量。随着黑格尔哲学的“土崩瓦解”，这种颠倒在巨大的伤痛下回转到自身。那种作为对世界的匡正所提供的内容，即便是可解释的，首先其自身也只是误解。真正的现实性无法通过对形而上学的颠倒被达到，而只能是通过一个新的存在论的维度被达到；这个存在论的维度与传统并没有依赖的关系，也没有辩证的关系。

在结构状况中，各自状态并不是存在论的一个基本特征，而是说，存在论处境自身会成为一个各自状态。每个结构都有它自身的存在论，它自身的“秩序”。因此自然也会有它的语言，它的预定目的 131
的可能性。如果我们精神的敏感性没有注意到这一点，那么它就只得到了微弱的发展。

维特根斯坦

> “然而，存在着多少句子的种类呢？比如说，断言，提问和命令？——有**无数的**这类形式：我们称之为‘符号’、‘词’、‘句子’的那一些东西有无数种不同的用法。这种多样性并不是某种固定的、一成不变的被给予物；就像我们可以说的那样，新的语言种类、新的语言游戏会出现，而其他一些则会逐渐消失并被遗

> 忘。（数学的演变过程可以给我们提供一个关于这种情况的大致图景。）”
>
> 《哲学研究》，1935/45

每个结构都有它自身的必然性以及它自身的一致性，只有当人们认识到并遵循那种通过此结构的“秩序”确定的联结形式时，结构的一致性才会显现。

并不存在具有普遍结构的“结构”。与文艺复兴相比，浪漫主义处在另外一种方式的风格和时期之中。少年维特就被描写得与“无个性的人”完全不同。①这里所涉及的并不只是“两个人”，而是涉及人的存在两种基本形式，涉及有差异的“秩序”，甚至涉及不同的存在论，在其中一切都是不同的，不仅仅是内在的自我关系，还有“他者”的意义、“社会”的意义、“世界”的意义，还有“意义”自身的意义。这些意义各个不同，并且处于各不相同的位置上；它们不仅相互之间以不同的方式“打交道”，而且它们打交道的方式各自都有不同的风格和不同的尺度。两者是不同的结构，在这里“结构”意味着存在论的状态、“秩序”。对于维特和无个性的人来说，必须要有各自独特的“存在与时间”被描写。如果文学研究的阐释是真正的结构分析，那么这种阐释就是行动着的个体各自的“存在与时间”：对于人之存在独特的基本类型的阐明。因此这种阐明也就应当是当下分析，
132 是对当下的人的重要的理解助手，所面对的人自身、人的世界、自我分析、社会批判。那么，“结构存在论”根本上还意味着什么呢？一般而言，关于“结构”以及关于众多结构的“差异性”还能说什么呢？什么才是我们已进行的这些研究的基础？——这些问题伴随着总体的思考，并且一定要在不断更新的层面上去讨论。

结构存在论不是“存在论”；然而当它使用这个名称的时候，就只是为了摆脱那个幼稚的存在层面上的表述。如果一个人还没有迈出从存在学（Ontik）到存在论的这一步，那么他对从存在论到结构存在论的跨越也将无能为力。每一种存在论都使关于存在者的言说以及

---

① 这里指的是奥地利作家罗伯特·穆齐尔（Robert Musil，1880—1942）的小说《无个性的人》（*Mann ohne Eigenschaften*）。——译者注

关于存在论自身的言说成为可能——它就是一个领域内最为基础的规定理论。结构存在论不是这样。它不涉及“表述”，也不会进行“规定”——“表述”和“规定”是在一个单义的方式中被接受，并且可能导向一个确定无疑的理解。结构存在论的言说方式是不确定的、开放的；它有时涉及的内容较多，有时较少，不会以完全的精确性去限定，但是它如此宣称：每一个人，只要他有能力掌握某个意义层面的逻辑，就一定会得出同样的“结果”，并且能够衡量这里所做的说明是充分的还是不充分的。结构存在论的言说方式不是规定式的，而是激发式的，不是明确表述，而是潜在诱发，将读者引导到一个出发点位置上，由此出发将关系作为其自身置于读者眼前。最为适当的言说方式就是示范性地执行结构分析的方式，结构分析表明了，这里所涉及的不是存在的状况，而是存在论的凸显，它只要通过它自身，也就是说，从它的“世界”和“秩序”出发才能被理解——“世界”和“秩序”始终还是那么一种关乎人的存在、社会、科学和决断的东西。通过结构阐释，或许会发生个体之中的澄清，或者会揭示存在论诉求的不当之处。

关于结构的言说并未切中结构。从结构出发的言说，就要好一 133
点。澄清并不是一个外部的事件，澄清乃是结构发生过程自身。关系到人之缘在的结构，特别有意义的是，生活乃是唯一适当的缘在分析。人以生活的方式勾连表达了他的生活。关于此或者先于此的每一个言说都有失偏颇。当一个人的生活没有切中他的生活（没有达到精确化），那么关于此的言说就始终只能是一个尚未完全切中的言说；言说完全切中的东西，却恰好不再是结构了。

因此在这里不会发展出“关于结构的学说”。在此发展出的是一种看的方式，它只能通过它的表现自我证明。人们无法“转述”一种看的方式。

（6）可靠性

由于每个结构化过程都会得出“自我”，所以自我乃是外在于人的存在而出现的，但是却只出现在可靠性的普遍形式之中。这一点借由众多事实的一个部分就可以得到展示。当对话在其自身的道路中演进时，我们在对话中就可找到可靠性。当一个自然景观的和谐性在人的生活风格和行为风格上整全地打下印记的时候，我们在这个景观中就可找到可靠性。当一棵植物成为生命的“显露”，我们就在植物中找到可靠性。当一块岩石的面貌包含了如此丰富的内容：它的形成、扭曲、修正，那么可靠性本身就在这块岩石中。

设拉子（Schiras）[①]

可能我们走过一段长长的地毯，它彩色的图案展示的是一种有规则与无规则之间明显的任意变化。通过一些偶然情况我们注意到，在最经常重复出现的图案中可见的是树的符号，繁花盛开的树。在此中间夹杂着其他符号，花是主要的，还有另外一些各种各样的动物和鸟类，任意地起到间隔和简化的作用。错落有致的彩条将图案整体框在一个长方形之内，这可能意味着围墙，墙上爬满了丛生的植物，墙顶上则是削尖的或者有防御性的刺尖。因此这是一座花园；一座防御加固的花园。花园中有三个池塘，
134 在池塘中又有小岛。在中间的岛上有一个无法再辨认的符号；一个秘密。这个花园没有入口。在里面的东西，就在里面，在外面的东西，也就在外面。我们连续不停地辨认了这些符号，解开了这些提示，将这个图案整体置于一个含义统一体之中。因此，这个地毯对我们而言就是结构，作为这样的结构它表述出一些东西：孤独状态，专一性。封闭的花园（Hortus conclusus）——一个古老的象征。结构自身的基本特征被呈现出来。自我陈述。自我说出了自身。现在这个事物根本上先“说”了，而我们不再像忽视“任何东西”那样忽视它，而是以一种回答的意义指向此事物。我们不再仅仅是（对象化地）“使用”这个事物，我们“运用”它。

① 设拉子是伊朗的城市，出产波斯织毯。里尔克（Rainer Maria Rilke）在他的《致奥费斯的十四行诗》（Die Sonnete an Orpheus）中也提到设拉子和花园图案的波斯织毯。——译者注

我们仅仅是人类世界中的人。自我只有在与多不胜数的自我的相遇和对话中才被构建起来，人和物克服了作为自我的我们。

> **诺瓦利斯**
>
> “当我凝视山崖的时候，难道它不会成为一个独特的你吗？而当我忧伤地向下看着洪流的波涛、思想迷失在浪花奔腾中时，我与洪流又有何差别呢？”

单独的一个人并不是人。如果他不是在一个言说的环境中活动，那么他就不会拥有语言。如果他没有通过他所身处的世界中的众多自我被呼唤进他的自我之中，那么在他身上勾连表达的过程就不会形成。他只有通过一个世界形式的构造完成才能成为有个性的人——这个世界形式使他永远处于交流之中，因此对他而言，个别的含义所指在完整性和深度的不同程度上具有了自我相遇的意义。

可靠性并不是具有个性的人，但是具有个性的人是可靠性。在结构存在论中，人与事物的差别不再有效。人不再把自己理解为一个与其他一切事物“无关”的特殊之物，而是可能会把自己理解成一个位置，在这个位置上一切事物变得与一切事物相关，可能会把自己理解成一个“物”，通过这个物，众多物相互之间的交流得以实施，在这里世界自身被把握为一个自我。

人在相遇之中鲜活地生活着，通过相遇人总是一再地要对他自 135
身作出回应并且被逼回自身之中。但是这并不意味着，在一个普全的“人格主义”中一切都转变为一种均匀的存在论上的相处关系。实事依然是实事。但是事实性是成为自我的一个条件，同样地这也是从精确性的基本特征中出发得出的。事实性可以作为一种较弱的事实性在纯粹技术的层面上接受事物。但是，事实性也可以作为较强的事实性在事物和社会的世界中找到缘在的可能视角。在合适的深度中事实性把握了事物，在事物中它唤醒了如此众多的生命力（Lebendigkeit，鲜活状态）：所有的含义所指从自身出发汇集到一起，使世界展开为语言，并且使一种处于接受和筹划的转换过程中的生活成为可能。

如果没有普遍意义上的结构，那么人也就可能不是人。当一个人不仅仅经历自身，而是也以结构的方式经历到了其他人、经历到的群体化过程以及事物，那么他就进入到富有生命力的结交之中，这种结交乃是一种富有创造性的世界诠释和自我诠释的前提。作为可靠性的结构是一般的人（Mensch）转变成具有个性的人的客观条件。结构存在论将一般的人理解为一个世界的指数。它不会孤立地看待人的。它把一切都拉进人的可靠性之中，在所有可靠性的“争论”中把人看作一个环节，这个环节通过剧烈的修正推动力被证明为是特殊事件。就这样处身于社会化的周围世界中，处身于世界的历史和自然历史之中。

马克思

“如果实事是以人的方式与人发生关系，那么我在实践上也只能以人的方式与实事发生关系”。

《国民经济学与哲学》，1844

6. 结构的自身铺陈和自身行为 136

如果所有对立、特别是内—外的对立关系，被理解为是属于同一个实事的，被理解为实事的存在条件，那么一个包含这一切内容的集合就会被经验为结构。如果对立不再能够作为充满意义之物被体验或者被激活，那么结构也就被打碎了。然而具体地看它并没有被打碎；内在的结构特征保持着断裂。统一是自我铺陈（Selbstauslegung）的一种方式，断裂和差异则是另一种方式。只要一切关系都能够被回溯到统一与差异的基本形式之中，那么这一切关系就都能够被理解成一个结构的自我铺陈，其中也包括两个或者更多结构之间的关系。自我铺陈和自我行为只有在理智或者至少感知发生之处才显示出其可能性。然而如果人们极端地以存在论的方式思考这种关联，那么它就是一个结构组织中所有关联的代现。作为整体的代现，这个关联能够被把握成对于这个整体的自我铺陈。感知的或者有理智的自我铺陈只是自我铺陈和自我行为的一个局部现象。这两者都无可抗拒地从属于结构构建过程。

（1）诠释

结构就是它对自身的诠释。这一点与以下情形密不可分：只有众结构在劳作时，它们才存在。众结构的劳作是它们的自我修正。没有劳作的话，结构是不可想象的。

在修正的事件中，结构自我完善、达到更大的明晰性，或者将其由于位置联结的变化而看起来受到威胁的明晰性重新提出来。因此，内在的劳作就是最普遍意义上一个澄清的过程，但是是这样一个起源的过程：如果没有这个过程，那么不仅个别含义所指没有可能，而且含义所指的整体也不会有可能。如果人们在这里注意到，在此所关涉的不是“认识行为”，而是存在的进展过程，那么结构的自我澄清就可以被称为一种自我诠释。

137 当单个事实被置于事实关联整体中被理解时——而这个事实关联整体又可以通过退回到单个事实被理解，那么我们所谈的就是一种诠释。事实关联整体包含着单个事实的“意义”；但是这个意义只有从众多单个事实相互间的指引集合出发才能被开启。由于这个“解释学循环”映照出结构的关联整体，因此结构的事件发生就被理解成诠释。诠释造就了精神科学的整个研究过程。那么，精神科学和方法论上的诠释概念与存在论上的表述相符吗？并不完全相符。存在论的诠释概念并不是从方法论的诠释概念出发被规定的，而是相反。

在存在论的层面上看，诠释表达了一个规定转换的事件，它作为发生事件只有在以下情形中才开始发生：勾连表达的单面性通过其他的单面性得到回应。单个含义在其位置上的差异性只能被理解为勾连表达中各自的单面性，因为一个结构中的所有位置只拥有一个主题，即结构自身（自我）。而单面性只能从其他单面性出发才能被克服。如果从原点出发，单面性并不能被战胜；在此需要一个震荡的过程；在这个过程中，每个立足点都是通过与于另外一个相对的立足点之间的一个唯能论的平衡而被获得并且被确定的。从单面性中获得单面性的过程，就是“修正”。

诠释，就其作为澄清过程而言，绝对是被确立在过程化的特性之中的。如果“认识”作为单个行为能够与所保持的内容一道被思考，那么，当人们将“诠释”拉回到其存在论根基上时，“诠释”也就必须要在发展过程中被思考。一个诠释提供了某种“经由自身寻找”的方式，因此它仅仅开启了某些东西，面对一个认识活动已然准备就绪。一个诠释活动之中的命题只是一系列命题中的一个位值，使它从中脱离出来并且把它看作独立的，这都是带有误导性并且让人难以理解的。

与“认识”不同，一个诠释并不提供一个最终的成果，因为它的 138
结尾命题也只有在结尾处才是正确的。诠释与其自身断绝了联系。它所展示的内容，只有在它之中才是可见的。它并没有一个唯独它自身才能使用的空洞之物，究其根本，它应当属于一个全面诠释的宽广过程，因此它在其中被确立的位值就有了继续深化的功能。每一个诠释都属于一个宽广的过程，至少属于诠释者自身的过程。

诠释从单面性中产生出来，并且是由单面性所组成的。谁要是把诠释理解为认识，并且将之作为认识活动来推进，那么他就必定要应对以下情形：他仿佛是在“谬误”中运动，而这些谬误只有通过人在其中的运动才成为真理。

> 歌德：“箴言，矛盾之言”
> 你不必通过矛盾之言让我陷于混乱！
> 一旦人们开口说，他就已然开始迷失。

然而在这里至关重要的是运动，是运动的样式。一般的灵活性在这里并不意味着什么。重要的还有“谬误”，它们一定会聚合在一起，而最后更为困难的是，遇见那个真正的谬误将之作为真理。

> 布莱希特：“最好的辛劳”
> “您在劳作什么呢？”K先生这样被问道。K先生回答说：“我非常辛劳，我在准备我的下一次谬误。”

这种表达方式自身已经是单面化的。这么说应该更加均衡，即诠释超越了真理和谬误之间的差异。诠释之所以为真仅仅是因为，它们是可能的。它们的标准就是和谐性和一致性。因此对于一件事情会有很多诠释，但是涉及的是不同的价值。它们在多大程度上可以区分，并且具有多大的发展潜力，这会形成一个巨大的差异。具有更大发展潜力并且占据优势的诠释通过以下情形自我证明：它
139 支撑着并共同诠释了其他诠释。这个支撑就是关于诠释的最后标准，即便它还不是真理和谬误的标准。真理和谬误属于另外一种存在论。

笛卡尔在一个绝望的境地通过把认识形式的根本特征比作一封信，而使我们注意到了诠释。他构想了如下情形：一位收件人收到了一封用密码编写的信，他不知道解码。在经过多重尝试之后，他找出了规则提示，在使用了这个规则之后这封信透露出一条确凿无疑充满意义的消息。现在情形可能是这样的，就如笛卡尔所沉思的：这封信的作者是一个最为高明的人，他是这样撰写此信的：他在同样的情形下通过另一个解码获得了另外一条消息。收信人能够很有信心地公开这个问题；他的阅读方式产生并且始终具有意义，这就足够了。如果有人能够研究出另外一种始终具有的意义，也可以做成此事。因此这第一封信既没有被改变，也没有被取消。这个比喻揭示的是自然科学家与宇宙的关系，在这里对于科学家而言，至关重要只是找出一个可以贯通的关联整体，他并没有义务要重新给出所有可能的关联整体。笛卡尔在形而上学传统中思考的当然是下述意义中的情形，即这封信的作者（上帝）是一个至高无上的高明的神灵，他以不同的手迹赋予他的消息不仅是更多的，而且是无穷多的意义关联体和中转环节。因此，一位极为了不起的自然科学家作为天生的创造者，就必定要发展出不计其数的天文学、不计其数的力学、光学、医学等等，严格来说没有哪一个较之其他的具有优先性。

这种方法论上的考虑在诠释的存在论意义上投下了一道曙光：很明显这是一个结构，因为只有作为对它自身的诠释才有可能，在不同的方式中有可能。在基本状况中的这种关系乃是以下情形的前提：结

构能够相互重叠、相互渗透，事实上不会被阻碍，因此也就是说，结
构在完全不同的方式下履行了同一个位置集合中的各种关系义务。那 140
些以矫饰风格突出的信息可以诸如在艺术史层面上、社会史层面上、
精神史层面上被诠释。我们称之为现象的多维度性。

仅仅考虑多维度性的话，我们可以谈及众多结构的一种多元性，这些结构看起来是通过它们的“独一性”以如下方式被还原到自身之中：既没有比较，也没有哪怕只是形式上的多样性看起来是可能的。不考虑以下情形，即通过超级结构和次级结构之间的复杂化关系和包含关系，还存在着一种内在的关联，在此之外，这里还展示出一种存在论上的多元，它属于基本状况：维度性和多维度性。

最后还要注意，如果这里所涉及的结构而不是体系的话，那么一个结构的诸环节就等同于诠释的差异。一个结构中的每个环节都是对这个结构的一个诠释。只是因为对一个结构的多种诠释都是可能的，这样一个结构的多个环节才是可能的。一个结构的诸环节就是一个结构的诸视角。一个结构中的诸多位置就是结构从不同地点出发（它的秩序）的自我展示。

因此在方法论上看，这里不可能涉及以下内容，即获得一个唯一的（“真的”）诠释，而是只能说，获得那样一种关于众多诠释的多元性：唯一的结构显示为这些诠释可联结的原则。

一个好的诠释是从一个单面性出发的；但是它不固守这个单面
性，而是灵活地参与到其他诠释之中；因此它就在过渡中如其所是地
“经验”了关系原则。更好地表达：有更多的这样一些过渡以及更多
的对立诠释的可能性——这些诠释可能性各自把一个环节置于中心并
且相互分离；首先是在对这些过渡和对立诠释可能性的经验中，单个
的立足点变得精确——并且因此一致性原则也变得显而易见，这个原 141
则就可以被认为是结构。

然而以下情形是很罕见的，即在方法上成为那样一个精确表达的过程，在其中单个的诠释作为对于实事的视角成为转换的澄清。再有些多余地重复一次：当诠释开始运动的时候，接下来才可以谈及诠释之多样性的丰富成果。如果它们处在（固定不动的）立足点上，那么这样一些“诠释”的对立就一定会被阻止。

看一眼科学实践就会明白，我们距离一种富有成果的诠释交流还非常遥远。只要人们还固守在体系思想中（存在着无数能够且必须在体系思想中被解决的问题），那么“诠释”也就会一直受到矛盾律的支配。

（2）批判

批判是在认识层面上的修正事件。迄今为止范畴分析的成果的传承意味着，认识只有通过批判才能称为认识。

一个洞见，它应当要如此“深刻”或者“全面”，当它被直接给予我们的时候，它不会带给我们任何东西。只有当它被关联到一个业已开动的认识探求活动并且也要修正我们整个迄今为止的知识时，它才意味着认识。

更进一步，科学的这个“进步”并不是累加式的认识扩展，而是一系列的知识变革，这些变革促使我们以修正的方式接受迄今为止的状态。连诸如力学这样一种“自成一体的理论”也必须要通过核物理学的知识才能被确定边界并且被修正——尽管核物理学是在一个不同的“维度”中运作并且根本上对力学无所助益。

142 并不存在这样的经验，它不能够被更改，并且自身不是产生于对主观想象经验的一种更改。如果经验是一个修正的过程（而当人们将经验与灵感相混淆时，他可能会持一种相反的观点），那么人们就已承认，经验有能力进行进一步的修正，因为没有一个通过绝对之物的修正。

批判以构建的方式（并不仅仅是修正的方式）从属于科学和认识。这一点看上去如此理所当然，但是这个观点在诸科学中还几乎未得到贯彻。首先没有在精神科学中贯彻，在这里“批判”始终还是被理解为一个不必要的过程。但实际情况与此相反，以下情形都应是必要的：整体上的科学要被理解批判精神的运作过程，而科学的任务，即诠释，要被领会为批判的一种形式！那种科学内部的批判就应当是对于共同任务的诠释帮助，若非如此它就没有意义。很遗憾现在它几乎未起作用。当今在精神科学中境况是这样的：科学的处境要比科学批判的处境还要好一些。而这很糟糕。[①]

精神科学关系到人及其历史。如果它被理解为纯粹的查证科学，143 那么它就无法掌握，历史究竟意味着什么。如果它把自身理解为是从“进步的”当代的立场出发、对过去的一种批判性评价，那么它又无法掌握，历史意味着什么。在此所涉及不是查证，也不是评价，而是“诠释”。诠释意味着，以结构的方式去理解，在塑造有生活能力和生活价值的后果的过程中对历史的清理，以及由此对秩序和尺度的发现和勾连表达，在这些秩序和尺度下在历史中一个确定位置上生活、确切地说作为人的生活，才是可能的，同时由此会有对于秩序和尺度的反思，在这些秩序和尺度之下合乎人的方式的缘在才会在所有地方都成为可能的，秩序和尺度绝对不会是同一的，但它们处于一个可把握的历史一致性的关联整体之中。在这样一个（困难的且只能以科学的方式加以处理的）一致性之外，没有什么是可以把握的。

因此诠释就是批判，但是是历史的、发生性的批判。发生性的批判既不能被归为“内在的”批判，也不能被归为“外在的”批判。不是外在的，因为它不是从一个（臆想的）更高的立场出发去作判断，不是内在的，因为它没有分担那个用于评价的尺度。然而它提升到了在历史中进行诠释的位置，并且全身心地投入到相应的时代条件之中，因此它就变成“内在固有的”，但是它没有被局限在诠释的自我证明之中，而是塑造出其内在的（独特的，但是在根本上没有被意识到的）意向性，形成了一种劳作，关于其困难还要更加详尽地加以说明。

一种好的诠释就是“诠释分析”。它抓住了以下要点，从此出发

---

① 关于科学批判的在德国的处境以下的小插曲很能说明情况：1968 年一本哲学杂志发表了一篇关于一部哲学著作的书评，评论人叫 K. Exner，他的职业是工业化学家，业余时间搞点哲学。这篇“书评”的特别之处在于：它把世纪年代搞乱了，混淆了所谈论的哲学家，抄错了引文，并且几乎每一个引用都缺乏意义，荒谬可笑。在关于此事的谈话中，这本杂志的编者用以下理由进行辩护：专业内行的批评者在大部分情况下都不会赢得好感，而包括这个评论人在内的余下那些可以算作“评论家”的人，只有通过以下途径才可能立足：他们有权力进行随心所欲的争论，而编者则可以不“掺和”进去；此外，为了平衡，他将在下一本书中提供一场即时的和“肯定性的”讨论。下一次可能历史学著作会让农业机械师去评论，而数学著作会让古典语音学家评论，对于人跟人之间的相识是有好处的。

诠释行为的形成过程、它的“为何如此”可以被掌握。这个形成过程
144 有其独特的法则。问题在于，在多大程度上诠释行为能够领会遵循其发生的法则。然而由于诠释还缺少其所引领的一致性尺度的事实，因此它要追问它所能达到的自主的程度，它会成为“差异诠释”。精神科学只能作为差异诠释在与人和社会相关的层面上发挥效用。

我们在“发生的法则”这个说法下所能理解的东西，现在必须更加清晰地加以说明；这个法则在任何一个“点”上都不会敞开，但是在每个位置上都会在场呈现，这不是矛盾；结构分析（差异诠释）深知，这种法则只存在于自我授权过程（自主化过程）的具体踪迹之中。

对结构批判而言，最先要针对的就是对这种踪迹的偏离。它被理解为差异分析，对于差异分析而言偏离并不是“错误”，反而是最好的、可能也是唯一的指向发生性核心的预兆。这项极其麻烦，并且在任何地方都不会有明显的标准加以确保的工作，其意图在于延长历史的证明，使其超越它直接的视域，并且厘清在其中开放的历史可能性。历史的可能性就是自由的可能性。精神科学就是自由的科学。这是唯一的方式，就像自由能够以“批判”的方式被付诸实践，也就是说，并不是指向猜测或者个别人的良好意图。

诠释作为历史的批判将人类的证明解读出丰富的成果。当历史始终在一个肯定性的意义中发生时，也就是说，当历史作为人之可能性富有成果的延展发生时，它就是从“批判的”工作出发发生的，这种批判的工作我们称之为“修正”。如果这种发生在历史进程早期的修正是受那些有名著作的支配，那么今天它一定发生在科学的媒介之中。这种样式的批判并不比早前那种更好，但是它是现在唯一可能的样式，现在，因为那个“含义所指”的尺度不再是现成的或者被固定在一种理所当然的默契中的。

我们不允许科学被高估，也不允许它被低估。当我们将科学把握
145 为一种关于这是什么（就其自身而言）的查证活动（在所有时代都是如此）时，我们就高估了它；当我们将科学把握为关于人的（根本上通过“实践”发生的）实在性的（模糊）理论时，我们就低估了它。理论和实践之间有一种相对幼稚的区分。每一种值得一提的实践都是

澄清活动，在这里认知层面上可把握的东西只是实践的自我澄清活动的一个部分。每一种值得一提的理论，只要它造就了理解的形式——这些形式开启或重新开启了在特定方式下处理的世界，那么这种理论在其自身中就已经是实践了；因此它是这个处理过程的第一个动作。按照结构理解，实践和理论是这样聚拢到一起的：对于决定性的事件而言，作出这个决定是很困难（或者无关紧要的），即它们归属于哪一方面。[①]

科学并不是从外部面对历史的，而是承担了内在的寻找一致性的过程，这个过程对于历史的证明来说并不意味着一种外在性或者马后炮，而是其“本质”。如果我们以结构的方式去思考，那么历史（通过自由的历史）就会显现为一切证明（联合的）“本质”，这就是艺术的作品或者政治的作品，宗教的作品或者经济的作品，法律的作品或者教育的作品。

科学的批判就是对近代社会的“修正”一过程，不多也不少恰好就是。只有当我们从时代的基本特征、任务和位值出发去理解科学批判，我们才能找到去贯彻这种批判的地点。它是在所有科学的整体中获得它的位值的。任何一门科学都与人的历史有密切关联。社会科学和历史科学中某一个扩展只有在自然科学和形式科学中某一个扩展的前提下才是可能的。一个真正的批判性理论只熟悉唯一的人类兴趣，而不是多样的，也就是扩展的兴趣。扩展是一个结构范畴。只要知识 146
的结构关联整体还没有彻底地被理解，那么所谓“批判”也就只是批判的前阶段。

（3）经验

一个结构的所有环节都是诠释，位于其单面性的转换平衡中。单个地看诠释都是自由的，聚拢在一起它们就是确定的。它们的确定就是它们的“客观性”。在其中这些诠释在结构的“道路”上趋向自身的方式被“经验”。经验的客观性环节是在存在论层面上被论证的，

① 作者尝试着在一个关于实践的理论中处理这个问题，将之解读为“行动的哲学”，作为著作《哲学的当代》（1962，1988 年第三版）的基础。

而不是“在经验的层面上”。就认识论而言，不存在对于经验的经验性论证；这一点最晚是从笛卡尔梦的论证开始才众所周知。在存在论的层面上给出论证，而在这里“客观性”却获得了一种动态化的特征，这种特征恰好是它迄今一直断然拒绝的。

一种以结构存在论为根基的关于“经验”和“客观性”的动态理论要求一些思想上转变。

从外部我们看不到一个结构，因为它内部的那些关系仅仅是在相互关联中才能被掌握。如果有关于这些关系的某些内容显现，那么观察者自身就必须拥有一种结构内部的功能，并且在结构中选取一个立足点，除此之外他就无法获得关于这些关系的“经验”。这一点说明了：一个造就“经验”的本质，其自身在实在存在论层面上必须是它所经验的现实性的一个部分。一个超越了物的世界的“纯粹精神”，是不能够拥有“经验”的；在这一点上，它需要功能上的与“世界”的合作关系，比如说通过一个“身体”。“身体”是那个应当被经验到的结构的功能性组成部分。因此经验始终是现实性的内在领域。

一个结构只对一个*内在于*它的观察者来说才是清晰的。如果谁想要对结构有所经验，就必须参与造就结构。它从来不能以静态的方式作为整体被理解，而总是只在个别规定的传承中被理解为这些规定性
147 从未自我显现，且从未直接显现的一致性。单纯的直接观察看不到任何东西。结构要求一种具有生命力的看，一个有所作为的看，一个共同生活的看，这种看本身就是总体结构之生命中的一个功能或者行动。经验行为是被经验物中具有创造性的一个部分——如若不然，它就不是经验行为。认识论已经被一种主张自身孤立的再认知的奇谈怪论迷惑了太久了。现在应当领会到，客观性恰好不是外在于某物（以及从外部）被获得的。

严格地说，并不存在“某个结构”。存在的只有诸环节。总体上的关联整体并不“在”，它只是作为个别物精确化的来源而得到显示。对于总体上关联整体的理解尝试应当拒绝整体，而去关注相互传承的个别物的精确化过程。指向这样一条道路的认识，我们称之为“经验”。

一种符合经验的存在论基本意义的经验理论并不是从人的认识能

力出发去理解经验的，而是从实事的特征出发去理解，也就是从以下情形出发：它就是那种将自身定位于“面向实事”的认识行为的基本意义。经验行为就是认识行为，这种认识行为是通过对那种已经在实事本身中进行的精确化过程和澄净过程的勾连表达而发生的。进行认识的主观性仿佛是通过相应的实际操纵过程（实验）将自身置于现实关联的信息之间，而这种实际操纵过程并不仅仅是经验的前提，而是其自身已经成为经验的后果，自身还处于一个历史的经验结构之中。经验行为就是处于联系中的认识行为。因此总是还会有认识的延迟，更甚至于，“某些认识”原则上是无法获取的。如果把认识的临时性理解为它最终的规定，甚至于理解为它的标准和它的价值所在，那么经验就获得了某种构造，在其中它是不可取代的。

严格来讲，在其中还有一个东西：兴趣。被带到其中的经验基建于兴趣之中，这是兴趣的运动方式——只要在此之下的一个共同发生
是在结构自身中（在世界中、社会中、历史中）被理解的。兴趣的质 148
性参与决定了经验的质性。经验就是引起兴趣的认识行为。没有投入状态就不会有经验。

在其中有一个“主观的”环节，这可能会掩盖经验，因为经验是唯一的且独一的“从实事中”被引导出来的。但是它也能把以下情形搞得很清楚：“主观的”局限性乃是完善经验、推进经验以及确保经验的一个动机。在这里，“主观性”的含义与任意性是不同的。如果经验就是那个被推动的认识模式、其客观的理据是从它的被推动状态中得出的，那么主观的局限性就是经验客观价值的前提。这一点是经验充满矛盾的结构的一部分，经验的结构决不会据有那种直接性和单纯性——这二者将经验的结构捏造成为人类认识行为与经验之间的关联性的守护人。

其客观性所据有的经验是并且总是客观性的认识样式；这种经验并不是出自一种上天赋予的与实事之间的一致关系，而是从一种运动中才获得这种认识样式，这种运动具有两个方面：在其中它始终只能够从实事中得到一定程度的显示，同时它的关联性的前提也显示出来。对于主观性的澄清是对于客观性的澄清的条件。主观性和客观性共同属于一个（经验的）结构。

静止的经验是很糟糕的经验。只要经验处于运动之中，那么它们就是“客观的”。在保持静止的状态下，它们就会变得主观，对于那种始终成为其内容的东西具有误导性。一个固着不变的经验知识根本就不是经验知识，而是意识形态、教条主义、空想。一个认识行为表现得越是经验主义，它的经验价值也就越低。

经验总是个别的经验。个别经验总是在进行过程中的。只要认识行为是在进行过程中的，它就处于疑问之中。经验是一种将自身置于疑问中的知识，无论“实验”有没有被完成都是一样的。

149 个别经验是对个别经验的指示。它们并不属于一个经验（Erfahrung）的背景，而是属于一个经验行为（Erfahren）的背景。经验有很多，经验行为总是只有一个。一个经验行为被理解为一种对象性的主观相关性。在有很多事物之处，经验就还没有进入经验行为。

个别经验是精确化的认识。在精确化未被追求且未被达到之处，或者在被追求之物和被达到之物无法在一个精确化的构造中得以建构之处，所涉及的就不是经验。

经验是通过对一个经验总体的回溯关联而获得其精确化的，考虑到这个经验总体，每个内容、包括不清楚的内容都会获得一种在关联整体中特别的精确化。精确化总是在关联整体中特别的。孤立的精确化是不存在的，尽管它也能够假装孤立。精确化不是通过外在的标记被标识的，而是只有这样才能被把握：它就是这样一种样式和方式，说明了经验是如何与一个经验行为的总的整体关联牢牢联系在一切的。一个精确化的企图在建立紧密联系的可能性中具有其价值，这种紧密联系在经验运动的进程中使随之推进的精确化成为可能。永久实现精确化，或者看上去将要永久实现精确化的经验，就是经过掩饰的意识形态、教条主义。

教条主义总是被掩饰着。一种公开的教条主义应当是一种精确化的教条主义，一种精确化的教条主义就是一种经验。作为经验，它具有必然的认识上的价值，然而只是在以下情形中才是如此，即如果经验被理解成对于知识的增长所做的有条件的价值贡献，那么经验才具有必然的（无条件的）认识上的价值。

如果一种认识是如此被构造的：它冀望要从那些还要继续追随才

能获取的认识中得到合法性，那么这种认识就不是经验。如果经验是如此形成的：即有一些通过经验得以可能继续扩展的经验和经验延伸，通过这种扩展和延伸的后果，经验以追溯的方式期望获得一种限制，在此种形式下，经验就是真正的经验。在真的和假的经验之间只 150
能依据它们取消的形式进行区分。一种被取消了的认识形式作为经验的形式，这并不存在。

学习区分真的和假的经验，就是学会一门科学这个行为的过程。人们无法学会一门科学。对于一门科学的接受是在研究中发生的。研究就是认识的取消。研究就是被推动的认识行为。研究就是一种按如下构造自我限制的经验的事件发生：通过它被开启的经验传承显现为其内容的唯一合法的诠释者。研究就是一个经验行为，这个行为如此理解经验的内容：它是从经验一致性中出发才成为可确定的（精确的）。研究就是一种无内容的经验，或者就是，被经验之物成为经验的内容。研究就是在以下形式中认识行为的一贯构造：个别经验的精确化意味着唯一经验的统一体，即便唯一经验从来未被完成并且从未存在过。

每个经验都是对于整个迄今为止的经验知识的调整。经验的内容无非就是对迄今为止的经验知识的调整系数。知识是如此自处的：它意味着在整体中各自的变化，这就是科学。科学就是最不可靠的认识模式。这个认识模式的不可靠状态在以下情形中有其确定性：变化只是遵循一种严格的必然性发生。科学的认识行为的可靠性处于其自身变化的不可抗拒性之中，处于关于其自身变化的被定义的精确性之中。只有变化的过程才能承担确定性的指数，而不是由知识的内容来承担的。

如果每一个经验都是对于整个知识状态的调整，那么它在内容上就是普遍的，而按照其意向所指来看则是局部的。作为个别经验的经验乃是一个经验整体固定的可能性。

经验就是对诸经验的诠释。通过一个经验被开启的经验序列乃是
对于这个进行开启的经验所做的说明性诠释。说明性诠释就是调整， 151
即便可能只是在以下方式中的调整：即它经历了那些精确化的可能性。接下来的经验（经验的后果）作为诠释并非线型地继续往前，而

是起到加固作用的或者跨越性的诠释，因此就是反思。每个经验都是对于之前发生的经验的反思。就此而言，运动的形式是不断提升的，而不是不断扩大的。关于合乎经验的认识行为的认识过程就是反思性的提升过程。

经验的继承就是经验的超越。一个在这个意义上的超越论经验所要超越的就是它所面对的迄今为止的知识状态，因为它已经预备好了一种针对此状态的诠释可能性。

因此，那种合乎经验的知识的根本对象并不是一个客体，而是客体或者一种客观性的所在的一个维度。根本上，自然科学所指向的并不是自然内部的现象，而是指向处于其分层中的自然的区域形成状况。

经验的超越在原则上是无穷的。对客体或者所有可能的客体客观性进行的彻底研究，由于定义的行为被终结了。

使客体得以可能的形式就是客体自身建构（作为整体的自然的建构）的修正条件。如果说经验只是作为对于诸经验的修正才是可能的，那么经验的超越就描绘了结构状况中存在论的超越物。在结构状况中，主体的构建形式顺应了客体的构建形式。

“存在”与“认识行为”之间的这种一致性位于合乎经验的知识领域之内，也就是说，位于结构的领域之内，采取了以下形式：认识论的问题或者关于外部世界实在性的问题被揭示为与精神无关的现象问题。

经验就是修正形式，这种形式属于为自身铺设道路的经验行为。
152 作为修正形式，经验总是错的。经验不是对的，经验正在成为对的，即便它从未是对的。

在这里，真理从来都不是正确性，而始终只是作为对于假设的更正才是可能的。倘若真理就是一切经验运动和经验转向在更正过程中坚定地自我证明的来源，那么不仅仅是真的东西、甚至于真理本身也是“被经验到的”。在经验的形式中，研究者占据了真理，虽然他手中只有谬误，或者恰好是因为他手中只有谬误。经验行为的真理内在于这个过程中，它不会成为这个行为的对象。就像“生命”并不是结构的一个成分，而是处于其运动状态中的结构的整体，因此真理就是经验事件的整体，而不是个别部分的性质。真理就是经验的生命，经验就是真理的身体。

（4）科学

结构理论指向一场科学革命。它首先涉及的是精神科学和社会科学，其次才是自然科学。从经验理论中得出的推论可以简单明了地表述如下：

自身固有的规律性。科学变得封闭、自主。它们以独特的存在论为基础。科学的所有基础都是从实事中取得的；预先被给予的规律性只能被看作成见。

牵连状态。诸科学相互之间有很强的关联。它们构成了具有某些秩序的构造链条，而这些秩序本身已经是对实事的诠释。因此它们共同构成了一门科学。

同源性。诸科学相互之间互为条件，因为它们在趋向对象的形式中总是有共同之处。这种规律性是通过相应的转化在相互间产生作用。在精神科学和自然科学之间并不存在一个原则性的区别；自然科学把事物看作体系，精神科学把事物看作结构，很可能指的是同样的事物。

存在论。科学的运作没有预先的程序，既不是通过认识论，也不 153
是通过逻辑学，也不是通过存在理解。科学彻底地在其自身之中。在这种彻底性中诸科学总是达致变革。

方法差异。科学的构造就是结构的差异化过程。这个差异化过程也在单个学科中推进自身。方法的多重维度符合现象的多重维度。诸方法的运用得到了它们各自丰富的成果，即便是（从不同的层面）得出有差别的结果，它们相互间也并不矛盾。

实践。科学并不描摹，而是在人类生命意义的方向上一跃而出。它们是发生性的、创造性的、开启的。它们是动态的，不是以静态的结果为目标，而是为了人类的未来，将处于变革中的整个知识财富置于游戏之中。

批判。社会和历史的展开形式要求通过“批判”道路的自身中的

澄清。因此，科学是从事件本身的社会和历史的澄清形式中成长起来的，摆脱了教条化的空想。

科学的意识。科学并不是被固定在与某些对象性相对的某些行为形式上；在它说明人类展开形式的内在澄清之处，它总是在被实在化。所有人类的行为都具有了科学的方式，也就是说，具有修正的方式、发生性、批判性。因此，针对第二层次、第三层次、第四层次以及所有教育和信息领域内的科学，就需要一种扩展了的科学理论。

世界文明。科学会成为世界文明的知识形式；这种世界文明是以宽容为基础的，即使还有那样一些张力和差异。当科学面临要对大相径庭的结果进行诠释时，科学的自觉性就发挥作用了，它不会使之平均化：根本上科学才使一种基于自身基础和自主性的生活成为可能。

154 变革。新的科学所必然要引发的斗争，并不是针对非科学，而是针对旧的科学。

7. 显现（Erscheinen），开显（Aufscheinen），存在

结构存在之处，“现象”（Erscheinung）就取代了“存在”的位置。因此，结构思想不断向上发展的多变的历史就与现象学不断发展的多变历史牢牢联系在一起。

显现，就是由它者来看的存在。“就其自身而言”，一切都是一个虚无。“就其自身而言”，某物既不是物质，也不是存在，也不是存在者，也不是实体，也不是基础，也不是客体。一切应当在结构状况中被规定的东西，必须通过一种实在的关联被创立，并且只是这个关联本身。

> **魏泽克**（C. F. von Weizäcker）
>
> “究竟什么是物质呢？在原子物理学中，我们通过它对人类试验的可能反应，以及通过它所符合的数学的，还有精神的法则来对它进行定义。我们将物质定义为人类一种可能的对象。”
>
> 《自然的历史》，1948

诸环节只是为了诸环节而“存在”。一般看来，在紧邻的联系之外，就不“存在”诸环节。它们只有先于其他环节开显，并有此完全保持在“现象”中。“存在”并不适宜它们。但是“现象”是一个存在论的标题。

更确切地说：诸环节根本不是采取以下样式：它们能够适宜于或者根本不适宜“存在”。它们并不“缺少”不适宜。因此“现象”不具有任何否定的意义，这是一个现实性类型。为什么不同时也是“存在”的类型呢？因为“存在”属于一种存在论，这种存在论被确立在某些主要性质上（固有，本质，实体，主体，客体，诸如此类），而这些性质在我们的讨论范围内无法说明任何问题。

155 然而“现象”这个词的意义也是有误导性的，这个词义回溯地指向一个“某物”，这个某物在其中显现。在语言上，人们或许可以通过“生成”（Aufgehen）使这个误解的环节消失。生成所指向的是，某物通过以下途径获得现实性：某物对于它者具有意义。如果人们去掉这个它者，那么这个一也会消失。这一点就导致了，一个个别的被给予性在结构状况的意义上是不可能的。唯一的一种颜色就不是“颜色”。唯一的一个声调就不是“声调”。唯一的一个存在者就不是“存在的”。如果我们的耳朵是如此构造的：即它只能感知唯一的一种声响，那么它就什么也感知不到。

因此生成应该意味着，某物为了这样一些东西而被表达——这些东西自身又是为了这个某物以及为了它者而被表达，或者是为了处于以下情形中的某物：即它也是为了它者而被表达。因此，一个环节的生成意味着所有环节的生成，或者意味着它们的开显。但是所有环节的开显并不意味着作为诸环节总体的结构的开显。从外部看（开显总是向外的开显），一个结构既不“存在”，它也不开显。它不具有现实性的形式。如果它存在，它所占据的就不是实在性的位置；如果它不存在，它就不会留下任何空缺。无论它存在或者不存在，并不会有什么差别。在结构内部存在着从属于它的一切东西，但是却没“有”结构自身；如果应当“有”结构，那么它自身必定又是内在于一个更广大的结构中的环节，并且以某些形式关联到其他结构，将之作为相邻的环节。

“游戏”的范畴有助于我们阐明这一点。倘若戏剧是一个游戏，它就包含了开显过程中被提及的诸环节。从外部来看，这里所涉及的只是词语和虚构。那个戏剧是以言说和倾听的方式同步引出这些词语和虚构，但是这个戏剧纠缠它的实在性之中。现实性就是纠缠过程。

赫古芭的独白 156

可真是不可思议啊：看这个戏子
无非演一场虚构，做一场苦梦，
还能使灵魂都化入了想象的身份，
发挥了作用，直弄到脸色都发白了，
眼泪都出来了，神情都恍恍惚惚，
嗓门都抖抖擞擞，全身的精力
都配合意向！而且不为了什么！
为了赫古芭！
赫古芭对他或者他对赫古芭，
有什么值得他哭她呢？他会怎样呢，
如果他有了我这种悲愤的缘由？
他会让眼泪淹没了整个的舞台，
用大声疾呼震裂了听众的耳鼓，
使一切有罪者发狂，无罪者惊愕，
使无知无识者惊慌，真的是吓呆了
所有的眼睛和耳朵的全部机能。

莎士比亚，《哈姆雷特》，第二幕第二场[1]

（1）给出（Gebung）[2]

谁要是被裹挟其中，就陷于一个关联整体的给出样式之中；对于这个关联整体来说，“存有”一切属于环节传承的东西，即便是以一种完全不同的给出方式。“给出”意味着，不同之物只有在确定的关联整体的规律性中被给出。因此每一个东西总是只在涉及另外一个信息的时候，才被称之为信息（Datum）。“现实地看”，被给予之物仅

① 此处译文参照卞之琳译本。《莎士比亚悲剧四种》，卞之琳译，1989，第 76 页。——译者注

② Gebung 是动词 geben 的名词形式，geben 意为“给出”，德语中常用的“Es gibt”（gibt 是 geben 的第三人称单数形式）相当于英语中的“there is”，“存有”、“存在”。所以这里的 Gebung 同时包含了“给出”、“存有”的意义，这一节中会依据上下文将之翻译成“给出”或“存有”。——译者注

仅内在于它的给出过程；“现实地看”，一切都是环节，这些环节属于被给予之物的既成事实的条件。关于给出的存在名称并不是“那是”(es ist)，而是“存有……”(es gibt...)。这种存有始终只是关联到“具体之物”。这个“存有……”本身并不存在。既成事实并非本身是一种现实性，而是有赖于具体之物的具体化过程，与具体化过程一道生成，与它一道消失。

如果人们领会了实证主义的观点，即认为只有被给予之物才是现
157 实的，那么在结构状况和结构思想扩展所及之处，实证主义就会作为伴随现象出现。但是，实证主义也会以不规则的形式出现。这种不规则的实证主义没有注意到，具体化过程具有一个独特的意义，这个意义是从一门先天的存在论出发被确定的。这种实证主义根本上否认像“存在论”这样的东西，并且因此蜕变为一种未经检验的存在论，通常就是实体主义的存在论。这种“实证主义”恰好是通过以下途径被定义的：它将结构存在论的范畴置于一种对象存在论、物的存在论或者实事存在论的意义指示之下，然而经由此所获得的东西必定就是胡言乱语和充满矛盾，这些东西之所以未被注意到，只是因为它们没有细致地被考虑到。

“存有”始终只是相对的。结构提供的只是相对性，而且是严格的相对性。就此而言相对主义是一个容易理解的说明公式，但是就像实证主义一样，它也采用了一种充满误解的形式。其曲解存在于如下情形：环节之间的相关联性被关联到一种非关联性上。有此它就以偶然的方式显现，以非确定化的方式显现，以相对于一种更为本源的存在论基本状况更加高阶的形式显现。这种相对主义没有看到客观性的特殊形式，这种客观性是在一个以关联的方式被规定的结构整体中以存在论的方式和认知论的方式被构建。因此，我们也会谈及此种关联性，但不是诸规定的相对性。关联性意味着：对于每个信息组成部分而言，总有一个第三格从属于它，也就是被给出的存在是给谁的；如果实体存在论是一种第一格的存在论（主格存在论），那么结构存在论就是一种第三格的存在论。当既成事实被给予之物（那种主体性、环节、关联整体）伴随着这种存在论被定义时，在其中总是有一种规定被合乎存在理据和实事理据地随之被给出。一个认识的对象必须要

关联到它的第三格；必须要说明的是，关联到哪个整体以及从哪个立场出发才能获得或者能够获得这种认识。这个第三格是作为实事限制还是经验限制被接受，并没有什么差别。

如果总的关联整体就是一个个别信息组成部分的“意义”，那 158
么对于结构状况最为根本的现实性形式就是通过意义这个表达被切中的。

如果人们想在信息结合体内部寻找作为信息的意义（并且它应当是最高级的意义），那么就会犯错误。“意义”与“目标”并不相同；“目标”是一个被定义的关系环节，而“意义”在这里则意味着整体的风格，它是所有个别的被给予性作为一个统一个体开显的条件。因此，属于人的被给予性的一切东西都具有一个“人的意义”，肯定的或者否定的，在不同的方向贯穿着千差万别。这种意义几乎不能就其自身被定义，但是可以在相当的明晰性中被经验，在这里人们通过高度关注此领域内被给予性聚合的样式和方式，从而达到一种根本的相关性，这种相关性各自决定了，什么能够深入到整体关联性之中，而什么不能够。此外，这里的关注并不是指向一个持久的“本质”，不是指向某种仿佛可以自在地被把握、被引出且对于所有时代和既成事实都固定不变的东西，毋宁说，这种关注所寻找的是结构的恒量，这个恒量决定了个别的信息组成部分究竟是否从属于一个人类的、历史的、社会的关联整体的背景，但是在绝大多数情况下它指向诸过程的踪迹，在这些过程中这些处于变化中的“恒量”才被构造出来，因此它指向结构的一致性，这些一致性总是构建起一个“存有”，在其中一个为了所有可能之物的“存有”在这样一个“可能性”中被开启。

那种分享了这样一种一致性并且通过一致性成为可能的东西，参与了同样的“意义”。与此无关地，它也可以分享其他的一致性，并且由此参与另外一个意义。不同的意义可以通过某一个另外的意义被传达，或者通过“相即”紧密地相互间指引。弗朗西斯科·戈雅的组画《幻景》[①] 具有一种艺术的意义，同时具有一种政治的意义。但是
这个作品也具有文化史的、民俗学的、技术的和传记的意义。科学 159

① 《幻景》（*Los Caprichos*）是西班牙画家戈雅（Francesco Goya，1746—1828）创作的系列铜版画，共 80 幅。——译者注

的认识行为或者关联性的认识行为首先是通过以下途径被表明的：它知道将不同的意义相互间区别开来，一步步地对此情形作出说明：哪些意义通过哪些还原被纯粹地表达，不同的结构化的一致性是如何相互间澄清和显露出来的。通常情况下，为了保持正确，我们谈及所有社会现象的“相互依存关系”时，是不作区分的。如果这种依赖性被安置贯穿于千差万别的意义视域之中，那么它们就不会有科学上的价值，甚至成为科学上完全混乱的形式；如果它们经由意义飞跃的途径去看，在相互之间关系领域的显露之中，它们就是认识的一个源泉。

关于一个“意义”，人们不能“从外部”去处理；意义只能从一个关联多样性的关系事件出发而生成。一个人只有知晓如何将一个信息综合体以最大可能的精确性一步一步加以阐明，才能在其中“经验到”那个起引导作用的意义。这个意义只有通过以下途径才能证明自身：通过它一种逐步的阐明（也就是精确化）才有可能。意义的现实性是通过意义阐明的可能性被证明的。

意义是自身被给予性。在结构状况中，一切被给予性最终都是自身被给予性。只要人们将被给予之物相互关联在一起，那么被给予性就是一个仿佛陌生的环节，这个环节已经预先对此作出了决定：究竟是什么作为被给予之物显现。然而，如果说认识兴趣掌握了相关性本身（但是其内容并非是独立的，而是只能在对于序列的把握引导下发生），那么就不再仅仅是被给予物通过被给予性以受支配的方式被领会，而且这种被给予性（结构一致性，意义）被领会为被给予之物的所给出（Er-gebnis）。在这一瞬间，被给予性成为自身被给予性，因此一种存在上的序列也转化为一种存在论的结构。

160

（2）升现（Aufgang）

如果意义不再相对于被给予物“高高在上”，而是作为在被给予物自身中的被给予物显现，并且由此所有出自僵硬的环节状态的被给予物融化成一种结构上的明见性，那么意义就会成为自身被给予性。关于意义的表达并不只是有说服力，而且是有生命力的；生命力是一个标准。如果意义从被给予之物出发被确定，而被给予之物从意义出发被确定，那么一种自身被给予性就扩展开来，在整体上它只能被称为升现。并不是作为被给予之物的升现或者意义的升现，而是作为朝着这两个方面升现的升现过程本身。在这样一个情形中，我们不再能够在存在的和存在论的之间作出区分，结构既不是一个存在物，也不是一个存在论之物，而是一个根源的升现过程，这个过程先于存在和存在论之间的差别发生，它超越了这个差别。

被给予之物是最初的和最终的认识起源。当结构还处在从信息到信息的过渡中被经验的时候，被给予之物就是最初的认识起源；当一致性和意义自身就是被给予之物时，它就是最终的认识起源。自身被给予性。但是因为对被给予之物的掌握被称为“经验”，因此看上去我们召唤起了一种普遍的经验主义。如果经验主义意味着，人们只能信赖感官经验，并且一切超越空间时间信息的东西都是纯粹“思辨的”，那么这种经验主义就是一个不幸的误解。结构化的经验主义将经验的概念至于经验过程之上，并且从以下的基本假设出发：“经验”是由一个发展过程所决定的，因此进一步被获取的经验也就意味着进一步被获取的经验可能性，甚至于人的感知能力通过新的经验可能性的发展可能会得到无限的扩展。对于感受力的精致化并没有固化经验的内容，毋宁说，人们必须将对经验性的证明托付给、当然也是将之交出给每一个理智。对于结构化的经验主义而言，经验并不意味着将一切信息都还原到生理事实，而是将一切个别认识还原到关于一个确 161
定的意义背景的信息上，并由此将科学（和科学技术）的投入运用作为扩展经验可能性的手段。

很明显，以下情形属于升现的现实性意义：那个被涉及的（存在论上的）现实性类型（“意义”各自阐明了一个现实性类型）并不是立即被给出，而是从很多被给予之物的给出可能性中才产生出来。考虑到进行认识的人，这一点意味着：这个认识者总是重新学会新的现实性方面，而这些东西只能从新的现实性的现实之物出发才能发生。这是一个极其困难的“熟悉”和“入门”，而完全还停留在最底层开端处的“学习理论”则对此一无所知。但是，一个经由多条道路进行的经验行为则有足够的预见性，有能力把一个自身显示的意义把握为一个包含众多信息的新的可能的复杂形式。

现实性的类型必须从它自身的可能性出发被构造，就像对于某个经验形式的感受能力只能从经验行为中得出。

如果实在性采取了一个上升事件之结果的独特形式，在这个上升事件中，可能的关联整体之规定的意义基本架构越来越强，因此在这个状况中“实在性”成了一个被强化的概念。存在着实在性的程度，实在性的密度。实在性根本上有密度的意义，并且因此从一开始就具有超前或者落后的可能性。

就如同我们不再处于一个单薄的“缘在的意义”之下，而是有一个多层次的意义维度和意义关联整体的交织物不断地生成和转化，同样地，我们也不再拥有一个单薄的“实在性”，而是有一个多层次的实在性现象，在这个现象中以不同的灵活度运动。

在实在性的世界中也总是有运动和推延发生。实在性和意义关联
162 整体仿佛是缓缓流出，而其他的现实性领域则获得越来越大的密度，并且因此成为一般现实性的占统治地位的模型。这个过程说明了，我们生活在一个结构状况的世界中，在其中现实性不再作为“存在”封闭，而是在意义维度和实在的整体关联的早就过程中以开放的、多重意义的以及多重含义的方式显现。在某个意义上，我们得出的不仅仅是现实之物，而是还有还有现实性。这种得出并没有“做”的意义，就像意味着一种静止不动的技术意识形态以及还有一种相应的技术批判。

作为在意义上有差异的实在化区域中的基本事件，在强化实在性的意义中的现实性构建会随着以下情形出现：即当存在具有“升现”的意义。升现意味着，现实性意义从意义域本身的现实之物中形成。升现是显现最本己的意义。因此，升现的存在论首先是作为“现象学”出现的。从古典存在论到现象学的推进同样要求了从现象学到结构存在论的推进。

以下情形表明了现象学的临时性这一特征：现象学在朝向主体性的还原这种形式中看到了构建的问题。在这个构造中，构建意味着：现实性意义并不是从诸现实性中得出的，而是诸现实性来源于那个先于一切经验在主体中构建的现实性。现象和现象性意味着将体验保留在“承受的自我”之内，“对世界加括号”。然而如果人们前后一致地

思考“还原”，那么这种关于主体性和现象性的意义就会被扬弃。如果关于现实性的质朴意义失效了，那么关于主体性的质朴含义也就失效了。主体性所意味的不再是一个特殊存在者的内部状况，而是结构或者现实性的“内部”，在此之中根本上才会有主体和客体（以各自不同的方式）相互阐明，并进入一种相互间紧张的关系。因此，“还 163
原”不再意味着向着主体的回溯，而是向着前主体和前客体基础的返还过程，这个返还过程是所有客体－主体现实性的基础。更宽泛地说，只有在现实性被把握为构建（自身构建）之处，这种现实性基础才能被达到。而作为自身构建，它单单只能在结构动态中被把握。

因此（对现实性基本形式的）“结构分析”就取代了（对主体的）“意识分析”，并且“还原”回溯指向那个原初的预先被给予性，它意味着（完全不同的、不断重新对“主体”和“客体”进行不同分派的）升现过程。不管人们将那种纯粹的升现之物称为一种“实在性”或者一种“经验”，在存在论层面上都无关宏旨，因为“主体性”和“客体性”作为存在论的先入之见已经获得承认。

如果处于形成过程中的现实之物是从一个自身构建出发被掌握，也就是说，只有在自然被把握为开辟自身道路的可能性之处，只有在精神和历史被把握为自身承担的对自然的修正过程之处，还原才得以施展，并且本己意义上的现象学才得以实现。真正的科学就是对现实之物自我澄明过程之施行的帮助手段。

8. 体系和结构

可靠性和创造性的范畴已然在结构发生的复杂领域中被预先把握。由此结构的最根本之处就被触及，所以清晰地表达体系和结构之间的存在论差别就成为可能的。但是，当发生不仅作为结构的起源之处，而且也作为其他存在论状况的起源之处被讨论时，关联整体才能够不受限制地被描述。动态将体系和结构分离开来，而发生则使其他存在论从动态过程中产生出来成为可理解的。

（1）相似性和区别

体系和结构之间的相似性严重阻碍了结构存在论的出现，而这种相似性同时也意味着一种深层的区别。结构状况仿佛消失在体系状况之后。只要这个区别没有被看到，不仅结构，而且体系也不会被看到。究其根本，"体系理论"还是那些半吊子的实体主义。相比于从现代的体系构想过渡到结构构想，人们更容易从中世纪的实体构想过渡到体系构想。

从体系到结构的过渡有以下预设，根本上人们领会了去看和去分析存在形式。体系状况人们始终还能在存在层面上加以描述，而结构状况则不能，因为结构状况所意味的只能是纯粹的存在论性质本身。以此衡量，每一种其他的存在类型都是存在层面上的类型。因此，只有对迄今为止的各种存在论构想贯彻结构分析，这些构想才能够得到解释。

只有在“存在论差异”显露出来并在方法上被厘清之处，存在论的看才被开启。从存在论的冷漠到存在论的差异跨越的这一步是一个即便很少被满足、却必须要执行的前提。从存在论的差异到存在论的同一性跨越的这一步是在此基础上进一步构造的后果。但是，这个同一性不能被看作存在者的“奠基”，因此不是“存在论的”，因为它并不（以自然的方式或者以潜能的方式）先行于存在者，而是在存在者自身的某一个事件中才唯一地且单独地被“构形”。而这一点又不是作为“得出的结果”，而是作为过程本身。这个过程（更好的表达：升现）既不能在存在层面上，也不能在存在论层面上去思考，而是预设了通往结构思想的步骤（更好的表达：飞跃），就如它所应当被理解的那样。然而这一点对一种惯常的存在论思想而言几乎是难以想象的，因为这个飞跃看上去就像是回落到存在论差异之后。[1]但是当一 165
个人想踏上未来思想的地基时，他就必须冒险。

（2）体系与结构

历史地看，体系状况是结构状况的一个前形式。它是这样一种构造，在其中功能主义最先得以显示。体系的基本构造展示出诸环节在功能上互为条件，它们相互关联的确定性，由头至尾的关联整体，封闭的协调性，作为相互代现之前提的精确性，不依靠于“本质”，含义所指以及更多诸如此类东西的纯粹的内在固有。

体系使此状况的关联状态得以现实化；所以在此这（结构状况）第一个部分，它关系到结构的关联状态并且仿佛提供了作为前提的结构“静态”，它就是结构存在论的“体系部分”。然而，关联状态根本上意味着什么，以及它本身在存在论层面上是如何可能的，这些问题从结构动态出发才能弄清楚，就如同那种占据统治地位的灵活状态只

---

① 1967年1月3日收到海德格尔的友好邀请与他的对话，与他就结构存在论的基本思想，以及同时以一种在这里尚未阐释的方式与此密切关联的境象哲学的思想展开了争论。

有从结构发生学出发才是可论证的。

体系和结构密切相关。其中的一个是对另外一个的削弱。由此那种充满对抗的对立也得到了解释，即实在的体系（比如在社会领域内）对于结构化尝试的抗拒。因为这种削弱意指与自身起源相对立的来源性和盲目性来源，起源在这种盲目性中只是作为内在的不可靠过程在黑暗中起扰乱作用。

166 决定性的差别存在于以下情形之中：体系描述了不带有其动态的状况。然而结构根本上不会描述这种状况。只要体系思想还是处于一种固着的存在论统摄之下，它就还是属于实体的存在论。尽管依据内容它是对于结构的预先把握，但是依据形式则是朝着实体的倒退。

体系思想的不完备性在以下情形中已经被表露出来：在体系思想中关联状态是一个非独立的环节。体系中的关联构造被置于一种（始终如此的）质料之上；体系论需要多种多样的预先被给予之物，它们被带到体系“之下”，“进入”体系，并且“通过”体系被固定保持在某一个秩序之中。然而如果人们彻底地思考关联状态，那么关联物就是通过关联“出现”的，因此人们就达到了结构思想，作为前提人们注意到，完备的关联状态只有在一个发生的运动中才能被思考。然而，对于这一点的关注已然预设了结构思想。沿着关联状态的道路并不会赢得结构思想，因为关联总是还包含了“承载者”（关联物）。因此关联论只是某种状况的表达形式，而不是此状况的现实形式，它既造就了一条通往一致性理解的通道，也造成了障碍。

尽管我们今天还常常以相反的方式在体系和结构之间作出区别：“体系”是灵动的，“结构”是固定的。但是我们无须关心这样的区别，因为它是一种尚处于体系状况之内的区别，因此根本没有触及存在论的进步问题。我们的术语系统更加优越，这一点从思想的历史出发已经得到了证实。

固着状态把体系标识为纯粹的体系：固定的要素，固定的法则，固定的含义区域。尽管运动也可能属于一个体系，但是仅仅作为体系之中的运动，其状况是已经预设了的。在体系中，运动本身又包含了某些静止不动的东西，比如说在机械的体系中，在其中运动是一个不
167 断重复自身的要素，是整体中一个“静止不变的”要素。在技术中只

有运动的重复形式。技术是体系状况下一个优先领域，因为它几乎只是对预先被给予的质料、对“要素”进行加工。但是对于内在于体系之运动的无穷调整也是可能的（“电脑版画艺术”），然而却不是如此，即这个调整是从体系出发被规定，而是通过外部的侵犯（给计算机编程）或者通过偶然情况的外在之物。如果这个调整是通过体系自身被规定的（也就是并非通过偶然情况），却也不会返回到自身之中（重复），那么它就超越了时代、导向对体系的否定（也就是说，对奠基性结构的重新构建）。所有内在于体系之变化都可能返回自身，这是体系论本身的条件。

动态雕塑

考尔德[①]的动态雕塑最吸引人之处在于：一个体系展示出准－结构的姿态。偶然情况的影响通过材料的条件如此联系在一起：它几乎丧失了它的任意性，并且由此成为差不多是体系特有的东西。在其形成过程中，运动模仿了结构的创造性。其中就有动态雕塑的富有生命力之处——令人惊异的是，这恰好是在体系状况之中。

体系的法则就被固定在这一点上，因为只有这个法则才是体系的同一性条件。一个不同的法则就意味着一个不同的体系。然而体系论具有复杂的层次，基于此有一种（体系控制的）合法则性的变化也是可能的。但是这种合法则性的改动自身又是处于一种法则之下的。如果对于不同的合法则性没有一个统摄性的（静止的）法则，那么就会有不同的体系呈现。体系论所主张的是统一性和单义性，甚至是转换中的单义性。因此一个体系总是可以被理解为一种目的论。在目的论思想起奠基性作用之处，就会有一个体系呈现。它的规则就是体系的“目的”，或者体系“合目的性”的基础。因此，如果体系应当显 168
现为对一个目的论单义化的解释，那么它就必须要从外部接受要素，同样地，也必须要参与外部的意义给予。如果缺少了这种单义性，那

① 考尔德（Alexander Calder，1898—1976），美国雕塑家，“动态雕塑”的发明者。——译者注

么它就不是一个体系。只要一个科学是从体系构想出发被理解，那么它就与目的论的解释学原则密不可分；如果它承认这种解释学观点是不合适的，那么这就是一个信号，预示着它正走在通往结构构想的道路上。

因为体系预设了一种扩展性（空间的扩展性，时间的扩展性，价值的扩展性，强度的扩展性，重力的扩展性，能量的扩展性，感受的扩展性，意识的扩展性，诸如此类），其目的是沿着这种扩展进行对其含义的勾连表达，所以含义领域被固着于此。体系是集合的规定。对一种集合的规定而言，有一个区别的和规定的视域被预设。这个视域开启了一个空的区域，体系可以把它的特性放入这个区域（它的合法则性，它的目的论，它的原则）。在体系和体系视域之间存在着一个奠基性的区别。如果说体系可以从视域中被引出，或者说视域可以从体系中被引出，那么这里所涉及的就不是一个体系状况。一个体系的现实性与多个相同样式的（处于同一个含义区域的）体系的可能性具有同样的含义。

体系状况是基于原则上众差异的预先被给予性。在这些差异不能呈现之处，体系状况也就不能被建立。属于此种情形的有局部与整体之间的差异，可能性和现实性之间的差异，质料和形式之间的差异，前提和目标之间的差异，如此等等。

在我们看来，体系首先是从机械学和技术中为人所知的。第一个可以以纯粹的、体系化的方式加以描述的体系模型，是行星体系。由
169 于体系构想是现代意义上科学工作的前提，因此对于行星体系的规定作为一个体系，曾经是现代科学的开端：哥白尼转向。更进一步发展的基础的体系模型有光学、和声学、平衡理论、血液循环。在这些情形以及其他情形中可以历史地加以证明，将现象解释为体系现象，这与对现象的“科学化理解”是一致的。

首先，科学和体系思想是一致的。在此之后结构思想才得以贯彻。只要科学思想和体系思想还联系在一起，科学就一直会等同于“自然科学”。

现代的历史首先是一段体系状况的扩张史。延长人类缘在的人造工具与进步的、联合为始终为新的综合体的要求在体系上达成一致，

不仅如此，还有缘在的社会处境越来越陷入这种体系状况的统治之下。国家被看作变迁中的国家，政治被看作权力体系，经济被看作供养体系，运输工具被看作交通体系，所有这些都造成了新的可能性、但是也造成了新的束缚，并且也展示出一个导致最终具有支配性体系化过程的清晰趋向，这些体系化过程必定会成为普遍的技术统治。

人类社会不断进步的体系化过程以及对自然现象的体系化诠释还是具有一种内在的灵活性，它使一种极端化过程和深化过程遵循外部的扩张。深化过程同时意味着变迁；而变迁则指向结构。体系的发展方向不可能是别的任何东西，因为体系只是暂时性的，是一个尚未与自身重合的结构构想。

从体系到结构的过渡意味着对封闭形式的开启，对固化关系的动态化，对受制于他人的束缚状态的自主化，对简单事态的复杂化，对 170
局部性关联整体的普遍化。

从体系到结构的开启和过渡不仅仅作为历史的进步被经验（并且被追求），而是也被经验为自然关系的恢复。在一个解放的行为中（结构化过程始终是解放），结构化状况被经验为那种始终已在基础中被给出的，且始终已经被意指的原初状况。因此这个过程就是，它导向或者属于实事的“本性”(Natur)，并且因此根本上“本然地”发生。一个指向自然的被给予形式的解放同时就是实事本身摆脱了其异化的显露（解脱），这个解放始终具有“自动”的形式。这个过渡“自动”发生，但总是也意味着，它必须要被所涉及之物自身所处理。“自动”这个表达语言上的矛盾就有点像关于结构状况的逻辑预期。

结构“自动”发生和发展；体系终将被粉碎。体系的终结始终就是结构。在体系中的一个位置上某些意外的不断发生证明了，那里的体系并不符合隐蔽的结构（“交往之流”）。意外并不会修正体系，但是它赋予对体系可能之修正以动机和提示。修正是从体系到结构的量度过程。在相似的方式中，那个缓慢而进步的对于体系的自我扬弃也就是处于其下的结构的显露过程。比如说，机器的损耗就是如此。一个轴承偏移了，这就证明了：运动的结构与已被设计者预见到的运动的体系论是有不同的。“犯罪”的现象也与此相似，只有在涉及一个社会体系（法律体系）的时候它才有可能；侵犯财产权的不断发生显

示出财产体系已经不适合于奠基性的社会结构了。在结构化的理解
171 中，人们从来不会谈及“道德的衰落”，而是去谈缺少相即或者缺乏同步过程。(一个标准体系与为之奠基的结构在历史上并不同步)。如果人们把道德习俗理解为处于法律体系之下的结构，那么道德的衰落所指向的就不是一种道德的不合时宜，而是法律体系的不合时宜。当一个阶级或者一个群体要对抗统治的政治体系时，呈现并不是一种与此状况对立的“不服从”，而是这种状况与生命相对立的不合时宜性。但是这一点不能只导致一种简单的翻转技术，通过这个技术人们现在在法律中、在统治集团那里、在交通规则中、在诸如此类的东西中寻找罪责；“罪责”并不是结构的观点。这里所涉及的是实事性的修正过程，然而为了这个过程人们必须极为详尽地去认识实事的基础和发展方向，而这个方向总是从体系到结构，而不是从结构到体系。

“进步”和“退步”是这个转变事件中的基本范畴，但是它们并不是从一个固定的“历史目标”出发被规定，此外也不会通过某些伪形而上学的或者经验－社会学的预先给定的标准被规定，而是只有通过体系和结构的存在论关系被规定。另外，在此务必要注意的是：不仅是结构化过程意味着一个“进步”，有时体系化过程也是进步。但是进步的前提条件只能从结构的观点出发，而不是从体系的观点出发被给出。同样地，只有从已得出的结构理论出发以下标准才能得到说明，什么时候清理和自由化的过程真正意味着一个结构化过程，而什么时候它们只意味着消解。结构化过程看上去与消解过程很相似。消解过程也可能看上去与结构化过程很相似。这个区分属于当代社会批判中最困难的任务之一。

体系和结构的关系中最必要的内容可以在下列定理中得到表述：

172 所有体系都是从结构中产生的。

所有体系都存在于结构之内。

所有体系都以结构为目标。

所有体系都会蜕变为结构。

从体系到结构的过渡是依据结构法则调整自身的，但是却在体系现象中显现。

从结构到体系的过渡是依据结构法则调整自身的，并且显现为结构现象。

体系在根基上就是结构。

出于结构化的根基，体系可能必然要在结构之中。

体系状况必须要从结构状况出发被理解，而不是结构状况从体系状况出发被理解。

当然，不仅仅是体系的消解现象是对于奠基性结构的证明，而且体系的构造现象同样也是。体系的发展和构建最终只有从结构出发才能被思考。尽管存在着体系，这些体系又可以再构造体系（最简单的例子：机床，较为复杂的例子：教育事业），但是这些所涉及的体系最终都要回溯到结构的过程（经济的和社会的发展，人的决断，历史）。

再一次说明：以下情形完全不值得期望：即所有体系都转变成结构。一个更大的关联整体的结构化发展的条件应当是：局部作为体系被构造出来，或者自身保持为纯粹的要素。在这个模式中，与此相符的例子有树干生长的木质化过程，这个生长过程赋予树一种继续急切扩展的可能性，或者还有脊椎动物的骨骼等例子。然而这类模式也透露给我们，对某一个很难规定的点进行固化，这样的进步意味着结构的没落。

173 # 9. 历史上和当代的体系理论

关于体系理论还需要多说几句，首先，因为它在当代很流行，但是人们忽视了历史的关联整体，并且因此没有一些标准去解决其课题中的某些棘手之处。

（1）前史

库萨的尼古拉（Nikolaus Cusanus）在1447年提出了第一个关于体系的普遍理论。他对世界作了一个体系化的诠释，目的在于通过这个诠释解决一个神学的问题。因为体系理论被置于神学之中，但是神学以对为一切事件奠基的结构过程进行象征化说明为目标，所以库萨的体系理论就处于一种私下的状态，并且仿佛“自动”成为一种结构理论，即便还处于如此不充分的抽象性之中：即它完全还没有被哲学的历史书写所注意到。特别是专门的库萨研究也没有搞清楚结构理论的发展，即便他们通过以下途径可能已经得到了一个提示：第一个具体实施的体系模式（哥白尼）就是通过直接回溯关联到库萨才可能产生，并且只能如此。然而人们必须承认，恰好是对结构理论的这种预先把握（历史地看：储藏在神学思想之中）降低了体系理论的明晰性和可认识性，就如同反过来，体系思想的不显露会阻碍结构理论的完整实施，并且由此阻碍了找到一种独特的表达媒介。

乔尔达诺·布鲁诺（Giordano Bruno）是一位伟大的调和者，他把这种思想更多地还原到一种体系论上，他漂泊的一生和屡次引发丑闻的著作致力于将他的思想传播到整个西方世界。他关于世界多重性的学说使世界概念如此成为课题：这个概念被置于中心，并且作为思想和一切阐释的基础将实体和价值概念排除在外。这个诺拉人[1]的世界概念就是现代的体系概念。

自布鲁诺以降，就产生了这样的可能性，即通过术语的和方法论 174
的明晰性去发展具体的体系模式。因此，只有通过布鲁诺，哥白尼和伽利略的工作和发现才有可能。哥白尼将体系论理解为天文学事件的基本构造，伽利略则将之理解成一般自然事件的基本构造。根据对体系思想的这种具体化过程并且始终对之加以考虑，笛卡尔发展出第一个关于体系的详尽的术语体统和方法论（首先是“法则”）并且完成了一套完全以体系理论为根基的科学学说（普遍数学）。从此以后，体系理论根本上在科学论证中就取代了之前形而上学所据有的位置。但是恰好是由于追求完整明晰性和清晰逻辑这一目的，结构思想仍然更多地受到压制，并且受到体系理论的排挤。然而在笛卡尔那里，也还有结构构想的残余被保留下来，这个思想残余后来经由帕斯卡，成为新的结构思想的出发点——这一切在帕斯卡的维度学说中得到了呈现。[2]

将体系理论绝对化和全面化，并且因此将体系理论扩展为特定的形而上学，这是斯宾诺莎关心的事情。在此最大的困难如下：在一种纯粹实体形而上学的外衣下去认识体系思想；斯宾诺莎的术语体统是旧的（实体、属性、形式、神、心灵、灵魂，诸如此类），但他的思想是新的。这表明了，这种新的思想并没有拒绝那些形而上学的古老问题，而只是拒绝了对这些问题的解决方法。然而后来的诠释者才看到这一点，因为斯宾诺莎并没有充分意识到他思想中的新颖之处。体系思想的扩展与结构思想一样，都是下意识的。这种体系在黑格尔那里才被意识到、被看作体系。斯宾诺莎所提供的、接近现代意识之处在于，人们可以与他一道以绝对的方式在世界之内思考，却还可以思

① 乔尔达诺·布鲁诺出生于意大利那不勒斯的诺拉（Nola），因此他也自称“诺拉人”。——译者注

② 《实体·体系·结构》第一卷，第 355 页以下，特别是第 401 页以下。

175 考绝对之物本身。在库萨的神学沉思中这是一组后来的对立之物，但是斯宾诺莎对此并无所知。

莱布尼茨不仅接受了布鲁诺、笛卡尔和斯宾诺莎的体系理论，也接受了唯一的、即便只是以试验的方式被造就的结构理论（帕斯卡），而19世纪的伟大体系论者都熟知他们的莱布尼茨；由此，那些最后的体系也已经包含了结构思想的根本出发点。这一点首先在黑格尔和谢林那里得到展现。黑格尔思考了体系（如同斯宾诺莎），但是他是在“发展中”思考体系的。经由此，他迈出了朝向动态化的一步，后来者不会再放弃这一步，不管他们多么强烈地宣称要反对黑格尔。但是这种动态化并没有完全被达到，因为这个发展并不是自主地，而是以一种本质实现的方式（entelechial）被促成的。它造就了运动，但仅仅是“内在于”体系并且在规则“之下”的运动，这种规则从一开始就（“自在地”）存在并且保持不变，一直到它（“自在自为地”）出现进入到其规定的完整丰富性之中、进入到其自身的绝对知识之中。这种动态化仿佛保持着静态，在谢林那里有所不同，他在寻找一种生命力，结构原则（从库萨开始，经由雅各比[1]）中更多的部分进入到这种生命力之中。在这里，这种“发展”实际上首先是规则自身的发展，但却是以如下方式：即只有“展开过程”发生，因此这个过程在整体上可以被称为绝对之物的“自身显示”。以“根基”和“深渊”为动机，但是首先是以“潜能”为动机，结构思想存活了下来，尽管未被意识到，但已经处于一种它此前从未达到的差异性状态之中。

> 选自一封关于黑格尔的书信（1967年12月5日）
>
> 您问道，我是如何避开黑格尔主义而思考的。黑格尔在他的关于世界历史的哲学的第二份提纲中说道：‘**发展的**原则包含了更进一步的东西：一个内部的规定，一个**自在现**成的前提被至于基础之中，它被带入生存。这种形式上的规定是根本的；精神具有指向其发生地点、所有物以及它现实化区域的世界历史，这种
> 176 精神并不是那种在偶然性的外部游戏中游荡的东西，而毋宁说，

① 德国哲学家 Friedrich Heinrich Jacobi（1743—1819），反对理性主义，提倡感觉哲学和主观主义，对浪漫主义运动有重要影响。

它就其自身是绝对的规定者；它最根本的规定就是极为坚定地反对偶然性——它在平常使用和控制的那种偶然性。

因此有某些东西作为发展的前提："概念"，"本质"或者精神的那个"自在"：它们在自身中包含了一切，即便是在"不发展"的形式中；它们最后会扩展开来，"为了自身"，一开始它们就已经是"自在"的了。与此不同的是，结构在一开始是无。它没有规定，没有本质实现（Entelechie），不是本质或者概念或者诸如此类的东西。结构所说明的只是存在者的一种产生方式，而不是存在者的群体、"类属"或者样式。结构意味着处于此种方式中的所有东西：它首先是通过它的形成过程才成为将会在此的东西。因此这个形成过程既不是发展，也不是扩展，此外也不是一个"在"某个被给予物之上发生的事件。这个形成过程是从原点开始的，并且从还完全未被确定的事件中抽取出关于以下事物的最初迹象：可能"内在于"这个事件而发生之事。这个征兆并不足以去进一步构造一个某物，使之能够成为事件的"承担者"，而只是给出一个最初的、不确定的迹象去指示方向，它总是在实施过程中越来越多地经验到自身，并且从这种自我经验中出发规定内容，从这些内容规定中会得出关于方向和事件的较为严格的确定，因此，它根本上是什么，在此发生了什么，在事件的"结尾之处"才能固定下来。回顾来看，事件显现为对于一个实体的改造或者发生，但是这种回顾乃是摆脱了一个阶段的自我诠释——这个阶段不能纵览和说明作为整体的那个过程。

如同您将要回忆的那样，我推荐把艺术作品的产生看作这个过程的模型；艺术作品并不是从一个"自在"发展到一个"自在自为"，而是发展成它的"自在"，因此这个发展就是它的"自在自为"。也就是说，它从一种发展的经验出发把自身规定为它将要成为的东西。如果人们从这个不同的基本境象出发，就会看到，对于结构而言，不可能存在本质实现，也不会有"自在"和"发展"，首要的是它们也从来不会是"结果"，因为在它们具有充分意义的形成过程中、在这个过程的每个位置上它们都是"结束"，因为它们在相关的阶段内已经变成了那种迄今为止可以被

177 看作为形成过程奠基之物；它们不需要包含更多的东西，人们也无须更多的理解；在每个阶段它们都是从自身出发被解释。这造就了一种“完满”的特性，这种特性只有结构才能具有，这些结构通过每个阶段设定了发展的尺度，并且因此也总是完全符合这种尺度。由于结构在其发展中逐步达到“结束”，其扩展的时间空间和可能性空间才从它们自身中产生出来。黑格尔所考虑的“发展”则与此不同，他的“发展”具有其外在于自身的过程的游戏空间；因此它“必须”具有一般的发展，而这一点对于结构无效。

按照黑格尔的观点，还应该存在过程的必然性，这个过程只有如其所是地才能被正确地理解，并且对于此过程来说并没有不同的说明可能性。这与结构过程大相径庭。结构过程总是可以这样或者也可以那样被表述，因为它们也总是能够成为这个结构，或者也可能成为另外的结构，因为结构处在相互间的相即之中。并没有任何强制力，强迫一个结构的自我构建只能在唯一的方式中被依样画葫芦，而是说，众多单个环节和单个阶段的集合可以在不可忽视的多样性中被表达。尽管这些表达并非同样清晰，但却同样正确（但是有前提，即它们都能够找到关联整体的踪迹）。这一点就是以下情形的原因：我对于思想史的表达能够以一种完全不同的方式展开，而内容则没有被改变。我更愿意对结构思想的扩展采取每一种不一样的表达，我还准备好了对新的关联整体进行表达，这些关联整体经历了迄今为止所有呈现的内容，但是在结果上不会改变任何东西……

因此我是通过以下方式避免黑格尔主义的：我不宣称历史的必然性，并且因此也无须接受一个最终状态。我是在自由的范围内观察精神的过程，因为结构思想的端倪也可能会导向完全不同的后果，导向不同的后果也是在自由的范围内，因为发展的结果也可以通过其他关联整体和历史进程得以阐释（在这里我却想采用关于这个解释内容的一个不同的价值），因此最终还是在自由的范围内，因为现在我们的当下所是，在其中它是什么，还完全没有确定，而是首先通过从中会发生什么，将会在其包含的内容中被规定。

178 历史是开放的，并且总是保持开放，因为始终是未来对当下

（以及对过去）作出决断，在其中就有对人类自由最高的激励。

因为结构是体系的基础，并且从结构思想到体系思想的关系就是采纳、诠释和提高，但是由于当代结构思想的最初形式就是意味着对体系思想的粗暴中止，所以这种结构思想只能局部性地并且在论战式的单面性中被表达。因此在 19 世纪中期和晚期它在很多地方同时显现，但始终只是强调某一个特征化的环节，并且否定其他的环节。这样的情况出现在很多例子中，比如说关于优美的环节、关于悖论的环节、革命的环节、批判、历史性、相对性、虚无主义、创造力、经验、对话、相遇、希望、缘在，如此等等；有很多矛盾，其中很少是来自传统，毋宁说是它们相互间的矛盾，这是一种尚未协调一致的思想。

这种出于历史原因而衰落的思想导致了以下情形：最新的时代是一个矛盾的时代、是充满争议性原则的时代，这种情形前所未有。如果在任何时候对立看上去都无法协调、无法统一，那么这个时代就处于众多观点和看法的争论之中；这些观点和看法看起来不再处于最终基本真理的共同基地之上——就像西方历史上一直以来的情形那样，而是意味着基本真理之间的差异。

如果基本思想自身分裂了，那么，就像看上去那样，不再有共同的基地，并且超越界限的讨论也从本质上被排除了。每一个立场同时就是有意识且有意愿的排除，排除任何与其他立场的讨论。因此这些立场就是在其相互间不再能加以吸收的排斥关系中标识自身的，最终成为纯粹的“意识形态”，照本宣科，而且对这些意识形态的接受、交流或者拒绝最终根本上意味着同样的非思想之物。只有哲学所属的 179
唯一之物看上去尚有能力，这就是一种知识社会学或者一种批判的意识形态理论，它不属于活跃的历史主义。

同时需要理解的是，科学必须要寻找一个统一性的基础，只能在“体系”它才能够找到的这样一种基础，所有科学以及所有求知活动最终的共同出发点都显现为体系。因此就要去寻求一种“体系理论”——在“体系崩溃”后的一个世纪仍是如此。有四代人指明了通往结构状况的进路，但是徒劳无功。这种尝试“自动”地导向一种不可忽视的众多排他性基本立场的多重性——这些基本立场或者必须被统合在一起，或者就意味着精神的疏异。

体系理论看起来就是今天被要求之物，它们意味着对一种关于精神的长期劳作的放弃。它们是全方位的倒退，然而却具有关于这个特殊时代的真理。从体系理论出发才有思想经验的言说，人们无法脱离开它们。因此其成果是如此贫乏，但是这样它也是一个成果。每一个想要进一步推进的哲学尝试都必须要实现这种状况。任何一个不同的出发点都在与其比较中将自身定义为单纯的论题，并且由此在最开端处就处于时代历史之有效性之外。同样地，一种以历史的方式被理解的哲思活动必须接受这种向体系理论的倒退（以及与此紧密相连的心理主义和社会学主义的反思），并且接受在我们历史的过去阶段中关于结构思想论战式的自我表达的努力，而不是以历史的方式被理解的哲思活动就根本不算哲思。这一点是如何被关联到一起的呢？无外乎如此，即体系状况依据其内在的奠基关系，回溯到结构状况，并且与此同时也导向当代的体系兴趣，而对于思想的结构化努力则在体系崩溃之后得到了满足。

180 （2）控制论

在当代所提出的众多体系理论之中，特别引人注目的是“控制论”和“信息论”。它们在思想上的贫乏并不会使我们止步，而是敦促我们在其根源处探寻满足于此的认识兴趣。

控制论首先就是关于“控制环路”的学说，它被理解为“关于封闭体系的理论”[诺贝特·魏纳尔（Novert Wiener），1947]。这个封闭体系是最根本意义上的体系。

为了更清楚地看到这一点，我们可以简要地回顾控制环路理论中的几个基本事实。控制环路设备系统是处于顶层的体系，它们操控着处于下层的体系的有序运转。这两种系统的组合一般来说都配备了反馈（feed back）这个标志。这个术语所指称的是一种特殊的关联形式，通过这种关联形式这两种系统就被置于这样一种附属关系之中：其中一个系统的功能恰好是另一个系统功能化过程的整体。这一点通过以下情形才有可能：控制环路经由一个“感测装置”以如下方式与

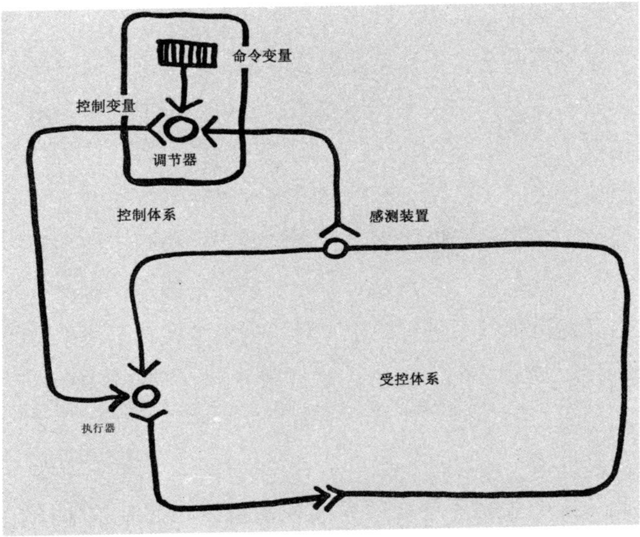

这个控制环路是一个不完整的解释尝试，因为它并没有对一些决定性的问题进行追问：命令变量的确定问题，命令变量与控制变量的关系问题，以及对控制此种关系之变化的那个常量的追问。

进行控制的体系关联在一起：通过这个过程一个特征化的变量被赋予一个“调节器”，调节器将这个变量与一个确定的“命令变量”相比较，并且依据比较的结果将一个加强或减弱意义上的“控制变量”进一步赋予一个“执行器”，这个执行器引发一种相应的变化，在进行控制的体系中减少被赋予的变量和命令变量之间的差异。

举一个例子[①]：人的血液温度通过神经通路被传达给中央神经体系的一个调节点，在这个调节点中通过与固定的命令变量（血液温度的标准值）的比较，就有一个控制脉冲被明确，这个控制脉冲开动了适合的设备系统（通过汗液分泌以实现冷却皮肤以及接近皮肤表 181
层的血管扩张），通过这个设备系统成功实现给血液降温，使之趋向标准值。与标准值的偏差越微小，减少干扰变量的变化命令也就越微弱，因此血液温度趋向标准值的一个缓慢的接近过程就成功实现了。

① 依据 B.Hassenstein：《生物控制论》，1967 年第二版。

如果这个控制的设备系统在以下方式中被干扰了：从控制变量到命令变量的关系不再符合整个体系的反应能力，那么这种情况就会导致体
182 系的毁坏（在体系状态中干扰性偏离的发生，标准值被颠倒，对命令变量的错误执行，诸如此类）。

因此就这表明了，这个控制环路根本上并不意味着对于一个体系的自我操控，更正确地说应当是：意味着对一个陌生地被操控体系的自我调校。也就是说，它需要对命令变量进行确定，对命令变量和执行设备之间的传导关系进行确定，对执行设备在整个体系中的反应方式进行确定，如此等等。这个控制环路并没有对这些确定进行解释，而是将之作为前提条件。它是一个向着自身回溯的定义体系，这个体系需要预先被给予的定义，至少是对它的三个要素的定义。

因此，这个控制不会使体系实现动态化，而是被保持在体系固定的局限性之中。它被证明为是运动体系的一个必要的、不可放弃的条件——这些运动的体系在其自身之内造成了运动或者变化的进程（“封闭的”体系）。据此，控制论所论及的是次级体系，这些体系不仅包含了要素，也包含了要素的运动；而控制环路就是一种关系类型——通过这种关系类型，在体系之内的一个变化过程和体系本身之间就有一种适合的关系被确定。一个体系在其功能之下也包含了诸多进程，它在功能上必须容纳多少变化进程，同样地也就需要那么多的反馈（控制环路）。一个体系中固定不变的要素就是通过变化的依附关系（功能）相互间联结在一起的；诸多变化的过程就是通过固定的要素或者体系中其他变化过程、经由控制环路，而联结在一起的。这个控制环路就是对体系中变化依附关系的一种变化依附关系；因此是“次级体系”。

根据其最普遍的概念，控制环路就是一个鉴于其变化的依附关系而向自身回溯的定义体系。关于这个定义本身它无可表达，所以每一种变化的依附关系就可以被诠释为一种控制设备。当处于某种依附关
183 系中的过程总是不断实现时，一种控制论的诠释就可以被运用；对于这点而言，这是一个纯粹的定义问题。可以举一个这样的例子：学校这一现象就可以被理解为这样一种控制环路，它处于一切教育理论问题之外，它与人的可能性本质状况无关——或许只有通过教育才能成

为人；通过这个控制环路，一个事实的社会将自身保持在自我操控的过程之中。培养要求取代了命令变量，一个“引导力”在质量一数量上的产出取代了控制变量，教育社会学和教育经济学等取代了感测装置。但是对于某些有自我证明之需求的人来说（教师），学校也可以被看作与控制环路一样好——对于这些人，可能一种优越感才是心理健康层面内在和谐的前提。当内在和谐受到干扰时，仿佛就表现得“更像个教师”；那种从中得出的“学生成绩”减少了教师对支配权的追求，直至个体有效需求的命令变量归零，如此等等。

这种控制论的模型可以无限制地被使用。人们只需注意：它所说明的只是某些关于那个被定义的相关体系的内容，但是关于在这个体系中出线的那些部分，却未作说明。遗憾的是存在着一个巨大的危险：人们并没有掌握控制环路的命名形式，却对运用了这个控制环路，对所有在其中发生的环节进行完整的解释。举例来说明：一种宗教越是强化、越是具有排他性地被传授，其在一个社会组织中的社会附属性也就越大，因此始终存在着如下的可能性，即宗教有可能被看作维持统治体系的控制设备。在一些情形下事实是这样的：诠释形成了。然而现在谁要是相信，由此可以把握宗教的本质，他就是被他自身的思考模式欺骗了。另外一些控制环路被构建起来，在其中又有宗
教的另外一些功能呈现出来，比如像生活的意义秩序，考虑到这一点 184
一位心理医生或许能够确定，这种意义秩序直接依附于宗教问题（荣格），如此等等。

生理学家理查德·瓦格纳第一个将自动控制的原则套用到生物学过程上。1925 年他就利用保罗·霍夫曼关于本体感受性反射的研究提出了如下假说：“在各种情况下产生的肌肉收缩是对于神经中运动刺激的一个反作用——收缩的程度取决于这种运动刺激，通过这个反作用，肌肉力量才能适应各种情况下被要求的内容……”（6/7）“1925 年和 1927 年，瓦格纳就已经对这些反作用的众多个别情形进行了极为详尽的说明，并且将这个过程称为‘反馈’。”（7）

瓦格纳有充分理据指出，通过这种方法“‘第一次舍弃了反

射学说，有一种在其身中封闭的反馈体系取代了其位置’（瓦格纳，1960 年，453 页）。‘反射学说是经由这样一些过程被把握的，这些过程只是处于被切断的反馈环路之中，并且这种学说没有关注体系对于自身的反作用。从对目前有效的控制理论的关注这个立足点出发，反射系统只是一条开放的信息链。但是带有反馈的体系所表述的则是一个在自身中成为环路的封闭的因果链条，而这个体系中的过程由此成为它们自身的前提。这一点是与反射学说相对的原则性差别。’”（7）

在罗拉赫尔（Hubert Rohracher）看来，控制环路只是对“自动控制”有效，这种“自动控制”始终是一种“保持常量的控制”。所有的控制体系都要被追溯到这种基本模式。“除了被描述的这种保持常量的控制（或者‘固定值控制’）之外，还有较为复杂的控制过程，但是这些过程在原则上同样是以简单的局部过程为基础的。因此一个控制环路就能够导致以下情形：当一个物理学的变量在体系中达到某个确定值的现成变量时，另外一个就在确定的方式中发生变化（‘后果控制’，比如说，为了防止蒸汽锅炉中压力过高的危险）；或者以下情形也可以通过控制实现：一个物理学状态在确定的间隔中接受确定的值（‘时间计划控制’，比如说，溶解过程）。”（5）罗拉赫尔举了通过“微幅
185 震荡”达到温度常量的情形作为例子。然后以下情形引起了他的重视：所有在心理上受到影响的操控过程都不是依据控制体系被解释的。“对于所有这些行为方式而言，都缺少‘自动化’的特征；它们并不是‘自动地’开启、通过反作用被开动，而是在对关联整体全面了解的情形下有目的且有意识地被施行。出于这个原因，只要咀嚼压力的控制是有意识地被支配的，那么它也不是控制环路。”（13）“总结起来说：真正的生物学上自动控制环路只有这样一些过程，在这些过程中控制变量无须启用有目的、有意识的行为方式，而是通过对它所依赖的能量输送的反作用被影响。如果在一个控制过程中总有一个意识的共同作用呈现出来，那么这种控制就是一种‘陌生控制’。”（15）很明显，罗拉赫尔并没有领会到，对于控制环路模式启用的问题，至关重要的是维

度变量的选择，并且由此通过意识和意愿的确定必定完全不会被理解成“陌生控制”。

胡伯特·罗拉赫尔（Hubert Rohracher）:《心理事件中的控制过程》，载于《奥地利科学院会议报告》，236 卷，第四篇，维也纳，1961

这种控制环路理论是一种体系理论；它首先在以下情形中得以体现：它不会给出对实事内在状况的洞见。它的认识价值取决于以下情形：控制环路的诠释通过控制环路的诠释被扬弃，并且原则上是在一种多重性中被构建，在这里人们看不到那样一种关于由此获得的结果的可靠性，并且也看不到可能的精确结果的一个关联整体。

（3）信息论

如果控制论应当作为体系理论发挥功能，那么至关重要的就是，尽可能在形式上去理解在其中被设定的关联。在控制论关系的完整形式化过程中，人们获得了信息的概念，在这里现在“信息”与消息的传播这一事实完全无关，通过这个概念才有那种在体系理论中具有价 186
值的普遍性被获得。

信息论来源于自动化学说的问题，通过自动化学说第二次工业和技术革命才得以展开。首先这里所关涉的是以如下方式去构建技术的系统：在其中不仅被控制的进程，而且还有被控制的进程变化都是可能的。对变化的固定是通过迄今人所共知的机械化要素才得以发生的（动力和传送）；对于进程变化的规定是通过“项目”实现的。这个项目就是被储存的信息；为了储存，信息需要被转换；据此，信息论根本上就是信息转换理论。然而，当转换是依据清晰的规则（代码）被达成时，一种转换仅仅也只是一种对于信息的转换。如果人们现在考虑到，规则造就了清晰的依赖关系（无异于通过规则就有了依赖性），那么就会得出：信息转换与“功能”是同义词，而且信息（转换）理论最终就是一种定位于技术依赖关系的体系理论。

“信息论”所使用的就是处理数据或者信息的体系（简称 IVS）。

如果转换过程造就了人们惯常称之为功能的东西，并且功能就是某种样式和方式，说明一个要素是如何被置入一个体系中的，那么，以下情形就是有效的：所有体系中的局部或者体系要素都可以被理解为IVS（信息处理体系）或者可以直接就被理解为“转换者”。

由此得出：在一个体系中不存在最后的部分。功能就是转换过程，这个过程关联着进一步的转换过程。一个绝对的被动接受体就意味着体系在存在论上的死亡。同时，对“信息”绝对的否定也是如此。只用来倾听的耳朵（并不是说，通过听来触发或者能够触发一种反应），无异于就是聋的耳朵；如果只是用于倾听的耳朵成为被给予
187 的信息体系的一个必要阶段，那么这就不应该是信息体系；耳聋以反作用的方式消除了功能，或许还消除了一个整体上的功能群。“信息”是与以下情形相关的功能：即它属于一个永无休止的循环。尽管信息概念不会给功能概念带来任何新东西，但是它挤压出了这样一个事实：体系就是那些被给予的依赖关系之间一种无中断的啮合。换句话说：用信息论的方式诠释的体系论表明了，体系通过转换与其他体系紧密关联在一起，这种啮合在原则上是没有界限的。

一个信息处理体系是一个被限制在纯粹关系中的被确定之物，它同时可以被看作一个体系的要素，并且被看作两个体系之间的联系部分。在这里，转换过程的样式和方式并不重要，也就是说，在信息处理体系中的内在事件并不重要（黑盒子理论）。如果一个组成要素只是在与其转换内容的关联中被观察（被看作黑盒子），那么这个关联整体（它之前可能是一个物的关联整体或者一个价值关联整体）就接受了体系的形式。因此，构造体系的技艺存在于对黑盒子的定义之中；然而这个定义将诸多定义相即性组成的一个完备的关联整体设为前提。

飞行员开始操纵他的飞机；检查发动机，这不用飞行员来做；监测仪表，这不用飞行员来做；清空跑道，这不用飞行员来做；约定起飞时间，这不用飞行员来做。天气预报已放在眼前，副驾驶员和领航员已经做好一切准备，最新的报纸被提供给机上乘客；一切都不需要飞行员来做。留给他做的只是起飞，遵循飞行路线，着陆。大部分工作根本上已经完成了，它是这样被完成的：它从周边入手定义了飞行

员所期望的内容。他的内容只有在这种包含周边的定义中才有可能。如果缺少了其中一个行动条件，他就会中止他的行动。他最根本的行动并不是他做了什么，而是开始或者停止这个做的过程。在其中就有功能的完满性和完整性（精确性）。他的行动并非自身就精确，而是 188
只有在联系到一个被定义的条件体系时才能精确。这些条件的整体定义了整个周边区域，在其中他的行动具有（充分的）精确性。

对人类可能性的功能化贯彻与“劳动分工”（比如依据马克思）有所不同。劳动分工是从人类行为根源的复杂性出发的，比如说，像农民同时要开垦和耕地，播种和收割，休养生息和预报天气。如果这种复杂性分散到更多的行为者下面，那么单个的劳动过程就只能退化了，无法再额外获得某些新的东西。播种者总还是能够或好或差地播种，或好或差地收割，也总还是能够准确或者谬误地预报天气，如此等等。而功能化和体系化则有所不同；它确定了，在哪些条件之下（在哪些界限之内）一个天气预报还是一个天气预报。在这个界限之内它可以无论如何都是好的，但是它不操心其他东西。整体的体系只计算那个（被定义的）最低的正确性，最高的正确性是无关紧要的附加物，甚至还可能是威胁。飞行机器是如此被建造的：在确定的可容忍范围之内它“容忍”了在天气预报上准确性的偏差，也就是说，能够将这种偏差作为其自身功能化过程的条件接受下来。据此，天气预报的精确性是从飞机的承受技术出发被规定的。得到定义的不准确性就是准确性。没有其他的准确性。在这种方式下，一个相对偶然的事物关联整体就被构成了一个精确的“体系”，一个纯粹的定义之事。分配相对而言并非根本。根本的是对“宽容”的定义，以及对“或多或少”、“或好或坏”完全的放弃。那种绝对的“是与非”（Sic et non）的方法取代了等级规定和可能性比较，这就是单纯的“是或者不是”，二进制原则；一旦体系化过程以信息论的方式被分类，那么所有这些过程都可以回溯到这种原则之上。

对于农民来说，天气预报可能应验或者也可能不应验，如果一个 189
农民相信并遵循这个天气预报，那么对于收获结果的担保就必须要接受可能发生的损失。天气预报的应验并非是在天气上被定义，而是在与担保风险的关系中被定义。

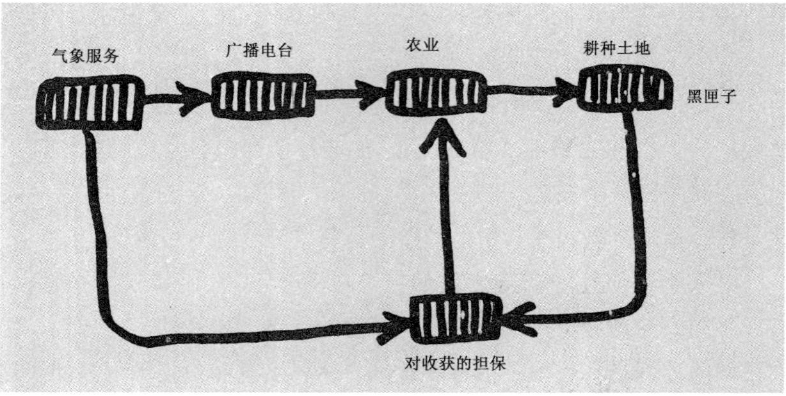

在一个体系之内，在所有地方都充斥着均匀的完整性。我们通过“精确性”这个关键词认识到对同一个实在性比重的均匀分配，这种均匀分配是通过这样一个过程被构建的：我们可以将这个过程称为关联性定义或者也可以称为“立法”。按照信息理论的方式，精确性不是通过对一个理想边界值的接近，而是通过对边界值的实在恪守而形成。边界值方法。对基于绝对问题的实在性进行重新诠释，这些问题完全可以在绝对的方式中被回答。

这个模式使我们看到信息的基本面貌，在信息论中我们知识的这个基本面貌还没有充分地被考虑到。如果我们将这些符号的全体称为“代码”——对于一个信息的转换它是现成可用的，那么以下情形就是有效的：一个预先被给予的可能性区域就必须被揭示。如果一条
190 信息被规定为“在可能性之间的决断”，那么它就还没有完全地被规定。毋宁说，当这些可能性成为一个有限的且完全被确定的可能性区域之后，对它们的决断才成为一条信息。只有当这些可能性成为可能性区域之后，它们才能与另外一个有限的且完全被确定的可能性区域中的可能性汇聚到一起，并且转换成信息。一个传达过程的信息特征和信息价值取决于可选择区域的有限性和选择可能性的确定状态。换句话说：只有在诸可能性构成一个体系之处，单个的数据才成为一条“信息”。

这种转换关系先于一切，它将一种信息论改造成一种体系论。在这个方面可以看到以下一系列基本原则：

信息就是位于完全清晰地被标识的可能性区域之中的一个被标识的决断。

信息就是信息转换或者对这样一种信息转换的预先规定。

信息转换也可以被理解为功能。

信息或者功能仅仅是那种在（任意多的）转换中可以继续被给予之物。

如果可能性是被定义的，那么它会成为信息。

信息就是具有组合能力的功能。

完全被定义的可能性区域就是代码。

任何一个代码都可以被改写为任意其他的代码。信息并不会因此有所不同，但是它们可能会由此变得更加差异化或者更少差异化。

代码的差异化尽管不会决定信息的内容，但是会决定信息的价值。

如果代码与信息所包含之物有所差异，那么就会产生“多义性”。

代码的这种差异性并没有设置界限。

这种差异性并不是与符号全体（信息承担者）关联在一起的，而是只与符号构成规则关联在一起。

出于这个原因，那种最为精确的二进制符号体系，对于差异 191
化过程的每个程度而言都是充分的，并且因此也最值得推荐。

以上就是这些原则，通过它们将会有一种（一般的）体系理论从（技术的）信息论中产生出来。

（4）一般体系论[①]

控制论和信息论对体系学说有多么有用，它们在这方面与结构的

---

① 这一节中“一般体系论”(Allgemeine Systemtheorie) 专指奥地利生物学家贝塔朗非(Karl Ludwig von Bertalanffy, 1901—1972) 的思想，习惯译作“一般系统论”。——译者注

裂痕也就越是尖锐。只要对决断可能性的定义还是体系的前提条件，那么体系就还固守在一个预先固定的状况之中。只有当对功能自身的边界价值的定义和构造还是体系的一项功能之时，这个体系才会转变成结构。

然而，这样一种转变的情形如何可能，它既不是从控制环路理论，也不是从转换及信息论出发被开创的。因此对于结构思想而言，这二者并没有开创性价值。在一个体系已经建立之处，它们就有理据持存，但是它们既不能澄清结构状况本身，也不能澄清从体系到结构的过渡过程以及从结构到体系的过渡过程。

关于这样一个过渡过程，可以举一个例子，就是从代码到语言的转换。语言并不是代码。代码的精确化产生于差异化的定义。语言的精要则绝非出自定义，而是出自言说活动本身的生命力。如果说代码的界限在于无法理解状态（比如说，“发出沙沙声”），那么语言的界限就在于误解。这种误解并不是信息论的基本概念；它与“干扰”并无干系。它也不是从外部被扬弃，或者说，它根本不可能从外部被造就，而是只能从内部出发。言说行为的内在性就是语言；精要就是精确化，这种精确化出自语言自身。言说者不再像他已经做过的那样能给出精确化，但是他能够从语言出发赢得一种精要，这种精要使言说
192 者自身及其思想超越自身。语言真正的社会功能并不在于信息或者交流，而是在于那个伸展到言说者之外的过程，通过这个过程语言才为理解的交互主体性奠定了基础（绝非将之作为前提）。

由贝塔朗非发展起来的“开放体系”的理论看起来与我们的问题极为切近。“如果没有组成要素‘从外部’钻入一个体系，并且也没有组成要素从体系中‘向外部’退出，那么这个体系就封闭了。而一个开放体系是这样的，在其中组成要素的流入、流出以及转换不断发生。”[①]而由此就已经明了，在这里“开放体系”与我们迄今为止考虑的并不相同。开放性在这里所表达的仅仅是如下含义：不只是一种能量交换，而且还有一种物质交换成功实施。“我们在生物组织的所有层次上都找到了一种恒久的交换。在细胞中，构造细胞的联结处于不

① 《论一般系统论》，载《普通生物学》(*Biologia generalis*)，XIX，1949。

断的分解之中，在其中它保持为整体。在多细胞有机体中，细胞不断地死去，又被新的细胞所取代；在这里有机体保持了总体构造。”[1] 因此在有机体中就不存在真正的平衡，而是只有一种“静止的状态”，贝塔朗非用“流动的平衡”这个表达来描述这个状态。[2]

因此，体系的开放性只是“朝向外部世界”而存在，就如贝塔朗非依据普里高津（1947）[3]所说的那样。为了能够这样说，他必须已经预设了有机体的“自我”作为前提，并且将有机体的内部构建理解为一个已完成的构建物、理解为一般的生命附属物。那么，在一个以这种样式被赋予个体之中一个“交换”－事件就成功实施了，在这个事件中个体保持在“稳定的状态”之中。这个事件并没有构建生命，而是以生命为前提，并且由此仅仅还是一个存在层面上的交换。这种平 193
衡的流动与平衡本身无关；但它“依然”保持着自身，因此这个静态的平衡也被称为“真的东西”。

这就表明了，贝塔朗非也完全固守在体系的构想之中，将所有固着之物作为基础，这些固着之物在体系思想中也被作为前提条件。真正的洞见潜在地处于以下情形之中：这种“流动”也可以被理解为一个存在论事件；在其中，依据所有个别含义相互间的修正过程，那种关联支配的特征被构建为那样一个“自我”，并且这个自我在根本上只能作为一个“平衡”才能出现和存在，因为它甚至只是那个在具体含义累积中形成的个体结构特征的反映，是在关系中被设定的关联整体中诸环节的功能化自身相遇——这个关联整体处于波动起伏的关系组织的无穷过程之中。这一点同时也必须如此被理解：“物质”并没有被“交换”，而是发生了“变迁”，也就是说，通过被吸收进这样一个富有特征的关系组织中，提升到一个可能只是为了细小之物而被修改的自身含义之中，然而只有在其中它才成为现实的。如果这种变迁不成功，那么物质就仍然是纯粹的物质，因此它就必须再次作为物质被摆脱。有机体的特征是最为严格的。它的特征就是它的生命。在这

① 《生物学的世界观》，1949。

② 《论一般系统论》。

③ 普里高津（Iiya Prigogine，1917—2003），比利时物理学家和化学家，非平衡态统计理论与耗散结构理论奠基人，1977 年诺贝尔化学奖获得者。——译者注

里，纯粹的体系背景并不足够；特征既不是体系中的一个要素，也不是体系整体。因此每一个体系理论，还有功能化最完满的体系理论，都被留在生命模式之后。

从中可以得出，像贝塔朗非所构想的“开放体系”是一个较为狭窄意义上的体系。据此，我们不能将他的“一般体系学说”真的看作“一般的”，即便对于一切存在物的基本状况进行扩展化解释的任务已经完全正确地被规定了。“对于真正的体系存在着一般的原则，无
194 论那些将它们整合在一起的要素以及存在于要素间的关系或者力量处于何种样式之中。”[①]这个说法表达了一种在根基上存在的存在论的诠释意图。贝塔朗非想给出一种在以下程度上的一般体系理论：它适合一切“存在者”；只有在这个方式下他才相信能实现一门“普遍数学”的要求——这门普遍数学应该能奠定和确保所有科学的统一。最后，他必须在此基础上扬弃“无生命的体系和有生命的体系之间的本质区别”。意图很明显，也有充分理据。但是，当人们将（存在论的）本质同化的要求扩展到精神科学、历史科学和社会科学时，这个意图几乎难以成功，也根本未曾成功过。然而，这种扩展在从体系思想到结构思想的变迁过程中成功了，它是这样成功的：就像我们看起来那样，原则的效用在那些体系类型的基本体系中被证明。

但仍然还存在着这样的领域，在其中无论体系理论或者结构理论被置于基础之中，产生的效果几乎相同。然而在其他层次上有些现象显露出来，它们只能通过结构思想，并且只能通过动态的和发生的结构思想被整理。现在如果证明，相应于体系的情形也能够通过结构思想被开启，并且可能是更加精确和完整地被开启，那么对于公理体系进行简化和统一化的原则就会合法地、甚至是必须成为普遍的结构理论构想。

（5）结构主义

最近以来，“结构主义”运动在法国引起了广泛的关注。这个运

---

① 《论一般系统论》。

动的根源——即便不能说是开端——是在费迪南德·德·索绪尔的普遍语言学之中，他在最为贴切的模型、即语言中发现了结构状况的基 195
本特征：极端的关系性。[①]

此前的语言学主要所从事的是语言史的研究，以及通过关注带有某种必然性的语音和含义的延异（Verschiebung）过程，必然得出一种实体主义的思想；那种自身“变化”了的东西，必然是已经预先被给予的，并且也必定固守在“基础中”、“在它的实体之中”。因此，语词包含了实体的含义——尽管这种含义自身也会变化、会发生变动、会与其他语词发生关联，但是作为事件过程的“承担者”是保持不变的。[②]

一旦人们掌握了，语言的要素并不是“同时给出”其含义，而是通过语言关联体中聚合过程（*Konstellation*）获得其含义，那么研究的领域马上随之改变。由此，研究兴趣也必然从纵向的观察（diachron）转到横向的观察（synchron）。那些（在横向观察中）起作用的含义之体系将各个含义固定在个体之中。取代“历史的”语言学的乃是“结构的”语言学，然而在这里那些谨慎的研究者总还是会“额外吸收”“历史的”视角。

然而问题在于，一个结构状况是否能够完全不涉及其发生过程而被理解为“结构之物”。它无法在关于结构发生的一连串问题中以最明确的方式展示自身。但是这一点并没有被认识到，其原因是，“结构的”领域乃是经由对语言学中一种“历史”研究形式的摆脱和回溯才产生出来的。因此看上去情形似乎是如此，即最大可能地保持距离 196
才能为这个独特的领域带来最大可能的纯粹性。

其次，这种摆脱的趋势也会在另一方向上产生反结构的效果。如果人们放弃语词作为含义承担者的看法，那么“语言材料”就会被还原到最后一种基本单元上，即一种只有在语音上可定义的，而在含义上不再可定义的基本单元：“音位”（Phonem）。音位乃是语言的原子

① 费迪南德·德·索绪尔：《普通语言学教程》，1916，德译本：《普通语言学的基本问题》，1931。

② “传统社会学以及传统语言学的谬误在于，它们所关注的是部分，而不是部分之间的关系。”克劳德·列维·斯特劳斯：《结构人类学》，1958，德译本，1967，第61页。

构成，它通过其聚合过程才成为含义的承担者。在从纵向观察到横向（被认为是“结构的”）观察的转化过程中，是不可能出现其他基础的。事实上，人们由此只获得了那些“要素”——这些要素所标识出的乃是与结构针锋相对的体系。

即使人们将这种要素化的原则转用到其他领域，这种情形（自我妨碍，即结构思想的自我妨碍）也不会有所改善。这个转用过程是由索绪尔的后继者民族学家克劳德·列维－斯特劳斯所实现的，在他的神话研究中，他将神话学的材料还原到基本单元“神话素”（Mytheme），并且只关注这些神话素的聚合过程。而如果人们考虑到，对一个神话的叙述，比如说一个童话，只能从世代继承的表述（从叙述）过渡为聚合式的表述（到分析），如果这一点被“横向地”掌握并且被置于最终的基本单元［义子（Semanteme，最小的词义单位），在这里就是神话素］，那么施特劳斯的方法就是可以理解的。这种方法是“可行的”。它无疑是对重要的人类现象（亲属关系、神话、仪轨、居住方式、语言等等）的一种合理的解释形式，但是很直接的问题就是，由此我们是否获得了可能性最大的那种阐释形式和最具效用的分析——也就是说，真正的“结构主义”，我们是否获得了关于这种人类科学的真正的人道主义。列维－施特劳斯的结构主义中的一种结构分析应当被检验，它与此问题的关系如何。

197 列维－施特劳斯在《巫师与巫术》[①]中分析了一个在结构意义上充满了启发的事件，这个事件是由研究者 M. C. 斯蒂文森叙述的[②]：一个十二岁的女孩，她是新墨西哥州祖尼人部落中的一员，当一个少年拉了她的手之后，这个女孩直接陷入了精神恐慌。这个少年被指控为以巫术犯罪，而被判处了死刑。在他部落的法庭上，面对着不可能性，为了否认女孩精神恐慌的现象与他的触摸有直接的关联，这个少年为此做了长篇累牍的陈述，他说道他是如何被传授了这种巫术并且获得了两种药，其中之一能使人精神错乱，而另外一种则能救治这种病症。他被勒令出示这种药丸，于是被押解着回家取回了两条树根，在一套复杂的仪式中他赋予这两条树根魔力，在这个过程中他吞下一

① 克劳德·列维－斯特劳斯：《结构人类学》，1958，德译本，1967，第 183 页以下。
② M. C. Stevenson：《印第安祖尼人》，华盛顿，1905。

颗药丸后假装陷入了神志恍惚的状态，而在吞下另一颗之后就装出恢复了正常状态。之后他把两种药给了病人，并且宣称她已经得救。然而医治过程要取得进展还需要其他的条件，这就迫使这个少年要一直做出一些很冒险的解释。这些解释宣称，他不仅会施行魔法，也会消除魔力。他将他的力量引回到一根羽毛上，而他称他在给他的茅屋筑墙的时候把这根羽毛藏进了屋子的外墙里。当他被强迫拆开墙壁并且做了一些不同的失败尝试之后，真的找到了一根羽毛，他的事情因此有了转机。这个部落的武士们被震惊和吸引了，因此他被无罪释放。

列维－施特劳斯对这个过程作了极有说服力的解释：对于部落来说，对一个（神秘）阐述体系中真理指示的关心必然要甚于对这个女孩个人的完整和公道进行修复，因为整个部落与这种真理指示息息相关。“审判者并不期待被告针对某一论点提出异议，更不期待他反驳事实。他们要求被告证明一个他们自己只了解某个片段的体系，并且 198
希望他以恰当的方式对缺失的部分做出补充。”被告迎合了这个需求。“借助于此，巫术以及与之相关的思想作为感觉和模糊想象的混乱集合体失去了其罪恶的性质，而凝聚成经验。作为见证人的被告最终让众人获得一种得知真情后的满足感，这远比将其处死所带来的那种正义获得伸张的满足感更加强烈和丰富。由于他巧妙的辩护——这个辩护使听众通过对于被告所陈述体系的核实，逐渐认识到这个体系生死攸关的特征，这位少年起初乃是对其所属群体之物理安全的一个威胁，而最后却成为群体思想之一致性的保障者。”

列维－斯特劳斯认识到，对这个少年本身来说，对“一致性”的获得同时也构成了一种说服力，即他自身的谎言所具有的说服力。“对于这个少年来说，体系内部的一致性以及为了建立这个体系而被指派的角色，两者的重要价值也绝不亚于他在这场奇遇中所冒的生命危险。于是我们看到，他狡诈与善意并用，逐步把人们强加给他的那个人物建构起来：他主要靠在知识和记忆里搜肠刮肚，也靠临时拼凑，而特别是通过扮演他的角色，并且在他所勾画的招数和七拼八凑的仪式当中寻找完成使命的经验，这种使命至少是每个人都有可能承担的。”（《结构人类学》，191 页）

结构化的过程由此被表述出来。以下这一点也被认识到，即结构化过程同时对个体（被告）和群体都具有构建上的重要性。但是发生性的结构以及由此得出的这两个过程的同一性并没有被掌握。对于这个少年而言，他的杜撰只有经由以下过程才变得可信，即它被公众所
199 信赖，并且通过其最后的无罪释放而得到了确证；而相反，只是由于他的叙述能够在个体中被表达，并且这一点始终与群体的赞同意愿有一种交互关系，因此群体才信任他的叙述。之后个体事实也能够直接得到证实（找到了羽毛、“拯救”了女孩），这一点对于位于同一个过程中的群体和个体中已经有所发展的信任生成具有巨大的确证价值。

列维－斯特劳斯由以下观点出发，即阐释体系是以客观的方式预先被给予的，而对主体而言每个人还有所变动，因此他得出了，客观体系作为其自身，它的事实所发生的变动不再能够被补充。因此他关联得出的并不是以下思想，即认为如果那些“过程”（或者某些与之相似的东西）不发生，那么就不会有客观的体系。这些过程并不仅仅是限制性的，而且是有创造性的。但是人们无论在何处，都几乎难以揭示这样一个过程——它以一种直接的方式从一开始（诗歌和最大规模的宗教创立过程是例外）就能够提供出那样一个客观的体系。但是这种较小的神话创立过程则基于现成的神话素、通过“修改”承担了一种起源的、发生性的功能，通过这一功能这个创立过程总是能又一次重新获得其“客观有效性”。如果它不能总是重新被更新，那么它必定在自身中瓦解。实际上，那个我们描述过的例子所展示的并不是一个“内在于”既成的阐释体系中的过程，而是这个阐释体系本身的形成过程，因为按照整体的瓦解趋势，局部过程（再生过程）作为整体总已是整体的形成过程。

因此这就表明了，列维－斯特劳斯所掌握的恰恰只是结构的动态方面，而没有掌握结构发生的方面。在他的观点中，结构的本质特征乃是不可见的。这一点在第二个例子中得到更为清楚的展示。

通过对弗兰茨·博厄斯[1]的追述，列维－斯特劳斯叙述了一个名
200 叫奎萨立德的萨满的生平。起初，这个人并不相信巫术的力量，而是认为一切都是诡计和骗术。而出于好奇心他接近了一些萨满，这些萨

① Franz Boas：《夸扣特尔人的宗教》（The religion of the Kwakiutl），纽约 1930。

满在不了解他目的的情况下向他展示了他们的技术："那是一种手势、戏法和经验性知识的奇特的混杂，其中融合着佯装昏厥和大发神经的技巧，学唱魔咒歌谣、自我诱发呕吐的技巧，有关听诊方法和接生术的相当准确的概念……"特别是他学会了一个萨满教派的"绝活"(ars magna)，将一撮绒毛放在口中，然后自己咬破舌头或者牙肉，使血浸透绒毛，在面对病人的适当时刻再将血吐出来。这撮绒毛看上去就像一条带血的蠕虫——这被当成是病痛的神秘核心而被遗弃。这种立竿见影并且使病人笃信不疑的方法确保他在治疗上取得了很大的成功，由于这些成功他击败了其他萨满。邻近的一些萨满在他们的部落中将会将疾病归于陌生之物并且最终归于精神疾病，而奎萨立德成功地在众目睽睽之下战胜了他们。他在萨满事业上取得了成功，在此过程中他将一切未获成功者都视为骗子，在此看上去他最终已经相信了自己："我只见过一个萨满用吸吮的方法治病，可是我从来没弄清他究竟是真正的萨满，还是冒牌货。只有一个理由可以使我相信他的确是萨满：他不让被治愈的人付给他酬金。而且，老实说，我一次也没见他笑过。"

列维－施特劳斯是如此解读这个例子的：奎萨立德看上去已经完全沉浸在他自身成功的自我欺骗中了。"直到这段故事的结尾，我们还是不明白。不过有一点十分清楚：他在自觉地从事他的行当，为自己取得的成就而骄傲，而且针对所有敌对教派积极地捍卫他那块带血绒毛，看来他已经彻底忘记了这种他起初极力嘲弄的技巧的欺骗 201
性质。"(196 页)

关于这种作为事实已无可争议的具有象征意义的治疗行为，列维－施特劳斯设定了"三个层面上的经验"：1. 在治疗行为的施展过程中，萨满自身感受到的"特殊状态，这是一种心身医学的性质"(所谓的忘我状态)；2. 病人的经验，他觉察到一种"好转"；3. "公众"的经验，这种经验从某种"被吸引状态"以及一种"理智和情感上的满足感"出发造就了一种"集体的信奉不疑"，"这种信奉不疑自身又标志着一个新循环的开始"(197 页)。

在这里，列维－斯特劳斯的"结构主义"思想在以下情形中显现，即他将"真正的治疗是否完成"这样的问题弃之不顾，而只关心以下问题：这个“萨满的总体”作为整体意味着什么？为了就此问题给出一个答案，列维－斯特劳斯使用了一个心理分析的范畴“心理宣泄”。“我们知道，在心理分析学上，心理宣泄作用是指治疗过程中的一个关键时刻：病人此时强烈地重新体验作为病患之源的最初情境，这是最终彻底克服心理失调的前奏。”很明显，首先是萨满自身参与并且关注了这个心理宣泄。列维－斯特劳斯将他看作一个经历了一场“危机”的“心理病态者”，由此他将这场危机解释为对于更高能力的“召唤”、首先是作为与超验之物进行精神交流的召唤。根据这个观点，每一个治疗行为都只是“对这个召唤的重复”并因此成为一种心理宣泄。（然而以下问题尚未解决，就是如何能够形成这种重复，而心理宣泄者应当在何处“永久地克服”对他的干扰。）

作为代表，萨满还完成了病人和公众的一种心理宣泄。“在这个意义上萨满是一个职业的心理疏导者。”因为那些“原始的”人口群体中的病人由于高度的生存恐惧，常常会换上精神性的病症，因此对
202 他们来说，那种具有代表性的心理宣泄同时就是治疗。同样地，一个部落中的“公众”通过这种治疗过程重新与自身达成和谐，因此这个基本过程对于他们来说也可以被称为心理宣泄。

作为对这种心理宣泄理论的补充，列维－斯特劳斯还提出了一种关于“正常思维与病态思维之关系”的理论。这种理论与前一种理论之间的关联并未被反思，以下这点也并未被弄清楚：在这里所涉及的两种理论并非必然相互包含。或许后一种理论能令那种关于社会心理宣泄的不太可信的现象变得更有说服力，并且同时在根本上解释了“疾病”这一现象。

关于“正常思维与病态思维之关系”的理论是从以下这点出发的：“正常的”思维“总是在重新寻求事物的意义”，然而（在缺乏科学的情形下）总是未找到这种意义。而“病态的”思维则承担了过度的诠释，但是对这些诠释而言还缺少一个基于现象的合适的理由。无论如何，“病态的”思维“充斥着各种诠释性和情绪化的回声，并且随时准备将它们的重荷追加到一种更为亏缺的现实之上”。这两种状态，“正常的”和“病态的”思维，并不构成对立关系，而是“互补的”。萨满是一个心理病态者，他被群体要求，“投入大量丰沛的情

感”并且由此在“供给与需求”之间建立一种平衡。

在这里人们可能会认为，由此萨满就会成为“诠释”的制造者——这些“诠释”使这个人类群体有可能拥有一种充满意义的生活。但是这一功能列维－斯特劳斯并没有进一步探究，因为他并没有就这种诠释体系的来源提问——在他看来，这种诠释体系的来源是与人的本性密切相关的。他对这一复杂情形的解释所得出的毋宁说是以下图式：一个生病的部落成员在自身中找到了某种他无法表达的东西（疾病），一个具有想象天赋的心理病态者（萨满）将自身定位为可供 203
使用的诠释供应者。在这二者之间就形成了一种“关于一个充溢着象征的世界的体验”，这些象征具有“心理宣泄”的基本形式，并且使在场的他人“从远处看到”这种基本形式；由此这些共同感受和共同体验者也都加入到心理宣泄的过程中。人们看到，这整个复杂情形处于此部落或类似群体的诠释传统之外。

如同我们已经看到的，这种情形的是孤立的，特别是在列维－斯特劳斯的这种阐释的进一步使用的过程中更加显出其孤立。他认为，“巫师－病人组成的结对关系”只是对一种普遍的“在每种思维中都有的对抗情形”的“具体化”，因此通过这种现象一般精神和意识的基本结构就被揭示出来。根据这个基本结构，疾病乃是由于某种“不可表述的东西”、由于某种在理智上不可解释的东西——这种东西作为“思维的病症”在每种思维活动中都存在。巫师则提供了一种“纯粹的主动性”，这种主动性赋予那些与世界相关的现象一种可表述性和勾连表达。“治疗过程把这两个对立的极点联系起来，保证了两极之间的过渡，并且在一种全面的经验中展示出心理世界的一致性，后者本身又是整个社会的一种投射。”

我们很容易看到，一种对结构化的巫师－病人之关系的换位尝试从一开始就被断定是要失败的，并且同时会引起自相矛盾。当列维－斯特劳斯最初认为，结构之物是“不可分离的”，那么他现在就会将结构之物理解为“过渡”，在其中所达到的状态使此过程的前提最终无效：“治疗”。在此方式下这整个过程能够很自然地被把握和被描述，但是接下来它却不能以结构的方式被把握。列维－斯特劳斯在这个问题本身的开端处还据有的决定性的收获，在这里被舍弃了。在开端处，这个情形是如此被关注到的：个体的治疗行为是为了“整体的情形”，在其中巫师和病人总是反复出现并且必不可少。按照结构理
204 论，以下这点是最为根本的：一个（或者可能是每一个）社会需要这个治疗的过程，因此病人和治疗者的功能总是不断地出于自身被要求和被创造。但是在转瞬之间，这位分析者又舍弃了这种思想在结构理论上的收获，在这一刻他将治疗行为看作“根本之物”，而将病患看作不幸的偶然事件。换句话说：萨满教是那样一种社会形式，在其中病患和治疗行为以结构的方式相互构建，也就是说，在这种社会形式中，对人之存在的一般诠释和规定了生命和生存秩序的巫术力量通过一种（病患和治疗行为之中的）魔法召唤的过程而被经验。

在此可以看出，列维－斯特劳斯丧失了结构的观点；参照系从社会退缩到个体，因此治疗行为仅仅是消除一种不愉快因素的过程，是一个不属于整体事件的意外变故。由此，他将“技术文明”的观点作为他本人的观点，并且恰好在此陷入那种危险之中——为了抵抗这种危险他本人表达了一种方法论上的认可，我们自身的范畴叠加于其他文化现象之上。这么看来，萨满教自然就是一场胡闹，即使在我们的文化中也是如此。他完全正确地指出了，心理分析就处于成为一种现代萨满教的危险之中，也有理有据地谴责了这种弊病。然而由此他转变成为一个重视证实的文化批判者，但是却停止了成为一个真正的“结构主义者”。

这种内在的不确定性的根源来自于以下情形，列维－斯特劳斯在结构状况和结构动态之间选取了一个摇摆不定的立场。在一些地方他似乎认为，结构只有在修正过程中才能够保持扩张的状态（能够保持！）；然而在另外一些地方，他则认为结构处于完全的静态之中，因此“过程”只是事后的、相对非本质的事件。同样地，在有些地方，不同结构过程之间的同一性被非常明确地表达出来，而在另一些地方
205 所采取的策略则又是完全“心理学式的”，并且谈及的是一种个体的事件过程和群体的事件过程之间纯粹的“平行状态”。

最为重要的是，在此缺少一种对于结构发生最为基础的洞见。如果具有了这种洞见，那么比如说，列维－斯特劳斯就会将萨满的“危机”理解为“突破”，并且将他的“先验经验”理解为“显露过程”。

在其中以下这点也应该同时得到了澄清：为什么萨满就像列维－斯特劳斯多次描述的那样，既同时“相信”他们的经验，并且同时又“不”相信这种经验。在忘我状态中他们相信，而在清醒状态下他们不相信。因此萨满不仅仅是他们狂热崇拜的最忠诚的信徒，也是最强烈的怀疑者和质疑者，因为他们作为这种忘我状态最终的承担者也感受到了最深刻的“清醒”。他们的忘我状态乃是一种代表性的忘我状态，这种状态在仪轨上随着群体同步展开——这一点至少列维－斯特劳斯没有忽视。

对于这种突破的“重演”(Wiederholung)，就像列维－斯特劳斯在对此现象的扭曲中所认为的那样，并不会在萨满自身的角度发生，而是在病人的角度发生；现在这种突破（Durchbruch）表达的是“渗入”(Einbruch)，萨满通过一种共同的忘我状态的过程推动这种渗入成为“突破”，并且因此成为发生性的重新构建（Regeneration，重新生成）。由于原始的文化带来一种更强烈的人性的切近，因此一种位于我们－同一性中的共同的忘我状态的生成就可能比在疏离的文化中要容易得多。在此基础上，巫师－病人的双重关系得以构成，这种双重关系形成了一种共同的发生性基础——这个基础本身可能就是一个社会的秩序原则。萨满文化就是这种基于巫师－病人的双重关系而构成的社会结构。这当然设定了空间上的界限。这个社会只能够保持以下规模而不能变得更大，即在其中它恰好还能够在直接的观看和共同体验活动中参与忘我状态。如果人们想在此类文化中添置电视，那么这个忘我状态的过程也将被大大扩展、超过一切数量上的界限；并且事实上，在一个电视社会中，一种新的萨满教（比如追星行为）才突发生成，这种萨满教意味着一种向史前时代的引人关注的回返（净化 206
内心的足球比赛体验，按照一定仪式进行的“商讨活动”，创建普遍的日常解释，诸如此类)。

列维－斯特劳斯遭遇了自身的矛盾。只要他一直按照结构主义的方式去解释，他就显示出一种很强烈的倾向，在由三部分组成的经验中将中间的、亦即“病人的经验”（治疗）看作次要之事，“这一点并非主要的，因为它隶属于另外两点”。然而在最后他看到了其中的危险，“体系的价值有可能……不再奠基于只能使少数个人获益的现实治疗行为，而是奠基于群体的安全感——这种安全感是以处于根基位置的治疗神话和已知的体系为基础的，在这个基础之上群体的世界被重建起来”。这种放弃“现实治疗行为”的事件，在他看来是在心理分析成为新的巫术时发生的，“在这里心理分析不断地扩大其病人的范围，这些被贴上不正常标签的病人逐渐成为整个集体的写照”。

但是即便是当他清晰地表述其结构观点之处，他的这种思想总还是带有疑问的，因为在其中“病人的经验”很自然地必定与“医生”的经验和“公众”的经验同等重要。因为只有包含一切组成要素和事件的结构关联体才能提供那个他意欲分析的“巫术－社会体系”的整体结构。在这个位置上他按照结构的方式将治疗行为处理为无足轻重的东西，为了对这一点进行辩护，他说道：“奎萨立德并非因为他治疗了病人，因而成为一个大巫师，而是说，因为他已经是一个大巫师，所以他才治疗了他的病人。”这当然是错误的；这两个因果推断都是有效的。因为奎萨立德治疗了病人，所以他成为一个大巫师，并且因为他成了一个大巫师，所以他治疗了病人。这个整体是一个由不断加强的含义指称所组成的循环过程，这些含义指称同时也已成为对一个文化共同体的自我确证、自我修正和重构过程。

由于列维－斯特劳斯最后并没有将这个关联体理解为关联体，因
207 此他必定会在一个不同的结构层次上（心理分析的层次上）表达这种关于一个社会结构的事件过程，并且希望由此出发去获得那些联系和统一原则（心理宣泄）——这一点他在社会－结构的方式下并未达到。因此就像他错失了关于无意识的结构那样，很可能他也错过了发现社会的结构。对此一个很明显的标志就是结构观点本身的堕落，他没有关注结构观点本身，而是将之转化为一个完全不同的关于“治疗”的概念，没有将之置于他所做的社会学分析的基础之处。

因此他没有获得结构视角的一种确定性，因为他没有在结构动态的构建性和创造性的含义中领会这种结构动态，也就是说，他没有领会到，结构只有通过一种确定的发生形式才能成为结构。他通过结构去表达，最终获得的却只有体系，为了对这些体系进行解释他又需要其他体系。尽管这个方法始终具有一个正确的开端——因此它看上去就像一个真正的方法，但是根本上它只是对一种尚不充分的思想进行

重复的形式。

为了检验这个批判，我们可以审视一个更进一步的分析，即对萨满的一长段“咒语唱词”的分析。[①]作者的主要兴趣在于，指明萨满的治疗方法和心理分析的治疗方法之间的重合性，并且将二者回溯到某种关于“象征功能”的理论。“根据这个假设……萨满的治疗过程和心理分析的治疗过程高度相似”。在列维－斯特劳斯看来，二者“唯一的差别”在于神秘幻想（神话）的起源，这种幻想在一种情况下作为“个人的宝藏”被使用，而在另一种情况下则作为“集体的传统”被接受下来。

结构的“机械论”在于那种“归纳的特征”之中，通过位于丰富的神秘幻想中的某一个秩序过程就有一个相应的位于心理学领域的秩 208
序过程被唤起，因为这里所涉及的是“形式上－同源的结构”。

这个命题的前提是，在精神病患者或者心理病态者的神经细胞中可以证明发生了“生理学的或者甚至是生物化学的”变化，并且病人的回忆并不是作为那种治疗过程生效，而是仅仅作为“个体的神秘幻想”。

这种情形的基础提出了一种关于潜意识和无意识的独特理论。“潜意识”无非就是“在每一个生活进程中积累的回忆和图像的存储器”；但是因此除了汇集记忆之名，它还承担了另一个名头，因为“回忆尽管始终是现成的，但是并不是任何时候都可把握的”。与此相反，“无意识”则始终是空洞的。它仅限于“象征的功能”中，而这种“象征的功能”则存在于以下情形之中，即“已经穷尽其现实性的结构法则被强加给由外部而来的、不可清楚表达的成分之中——比如像欲望、情绪、表象、回忆等”。“因此人们可以说，潜意识是一部个人的词典，我们每个人都从中积累起自身历史的词汇，不过，对我们自己和其他人而言，只有当无意识根据它的法则把这些词汇组织起来，并把它们变成一套话语的时候，这些词汇才获得意义。”

在列维－斯特劳斯看来，这一点与萨满的方法完全重合。在萨满那里，怪物和疾病之间的关系乃是“一种象征与被象征之物之间的关

---

① “象征的效力”，《结构人类学》，第 204 页以下。

系，或者借用语言学家的话来说，是能指与所指的关系。萨满为他的病人提供了一种语言，在其中那些原本无法表述的或用其他方式难以表述的种种状态能够被直接表达出来。这个朝向语言表达形式的过渡过程（这种语言表达形式同时也使人能够以有序的和可以理喻的形式亲历一次此种经验；无此，这种经验就会混乱无序、难以表达）形成了对于生理过程的一个解决方案。”因此在这里至关重要的只是，
209 针对心理病态者身陷其中的“错误的神秘幻想”，提出一种正确的神秘幻想。“在心理病态者那里，一切心理活动和一切后期经验都是在初始幻想的催化作用下，围绕着一个唯一的或者主导的结构组织起来的”。

所以最为关键的就是，将那些“对所有个体和质料而言都相同”并且也“为数不多”的结构理解成和描述成普遍的法则，其目的是掌握正确的治疗手段。这种结构的法则是“无时间的”，并且被“约减为少数几个简单的类型”。同样地，消除疾病的“复合手段”、“那些个体的神秘幻想（神话）”也都被还原到几个简单的类型上，因此人们能够将“其效力的机械论”变成完整的“操纵”。

与此相反，首先要提出的反对意见是，即在这种形式中疾病与健康之间的差别丧失了。为什么一种类型（神话）相对于其他类型会受到歧视？如果在这里所涉及的是“基本功能”和“无时间的法则”，那么所有类型都是有理据的，并且在此至关重要的并不是这个类型是否适合于人类，而是人需要合乎此类型地被安置，因而被带入如此境地：即人能够与他“私人的神话”共同生活。治疗将会被“适应”所取代，后者事实上也是现代社会学力求实现的一个过程，即便社会学家们对此还毫无意识。

因此，如果健康与疾病之间的差别尚能保持，那么列维－斯特劳斯将疾病说成是受到干扰或者被破坏的结构，并且由此得出了对于“神话”和“符号”的一种全新的规定可能性。那些被视为完整的（完好的）结构被宣称仅仅切合了经验的那种健康形式。那么至关重要的就只能是以下这点：为了寻求治疗的范式，将神话和符号作如是解释。

列维－斯特劳斯的第二个错误如下：他声称“结构法则”是无时

间和普遍的，并且将“个体的”环节看作是唯一的且单独存在于“词 210
汇表”中——而这种词汇表是无足轻重的。因此他既丧失了解释致病情形的可能性，也失去了理解治疗的可能性，因为在这里他没有洞见到，是什么将个体与符号联系在一起，并且是如此直接的联系：符号过程能够“引起”生理过程。在这里所涉及的是一种（与符号体系）的认同，而这种认同从来无法从一种个体性与普遍性之间的关系出发得到解释。为什么一个个体恰好应当认同一个神话的此种形式，而不是认同另一种形式？如果个体已经认同过一次，为什么它接下来却要再一次认同一种将之视为普遍之物的另一个结构法则？可能它越是对此有所期待，对它而言这一点就越难以通过一种纯粹的意志努力实现，因为当一般的过程以结构的方式被设定时，甚至这种意志努力本身也连同着属于结构过程。

个体之物是“由外部”而来的，在列维－斯特劳斯看来这一点是确定无疑的。我们再次引用他的原话：“作为一种特殊功能的器官，（无意识）仅仅局限于，将结构法则强加给由外部而来的、不可清楚表达的成分之中——比如像欲望、情绪、表象、回忆等。”

比如说，到底是“无意识”作出如下决断，哪些结构法则是被强加的，还是有意识的个体作出这个决断？在前一种情形中，“治疗行为”是无法成功的，因为恰好是这种无意识受到了阻碍，在后一种情形中疾病不可能出现，因为不会有人在有意识的情况下屈从于错误的法则和形成阻碍者。

结构思想的决定性部分在于那种同一性（Identität）之中。普遍性和个体性之间的差别必须被放弃：关键之点乃是那个复合之物。但是这就意味着，“潜意识”与“无意识”之间的差别必须被放弃。按
照我们的结构理论，这就是说，“个体的神话”从一开始就必定以如 211
下方式限制和指引着一切结构环节：它们各自（作为个体）完全“以多变的方式”接受这个个体的同一性，并且由此事实上只能由此出发而不是以其他方式被发现。神话的每一个转变也都意味着神话之结构法则的一个转变。因此，每个个体的神话恰好就是相应的一个结构法则——这一点造就了这种结构法则的力量，形成了暂时无法突破的强制力：即一切经验都是在某一个神话的意义上被经验的。这个“认同

过程”恰好造就了精神病患者和精神失常者的特征（在成功展开的自然经验的结构化过程中情形也相同），这个过程被解释成出自法则和个体形式间的同一性——这种同一性在其他任何方式下都无法形成，只能通过发生过程而形成。

生病的人并没有一种特殊的神话，而是说他拥有一种标准的神话，然而这种神话却带有断裂、矛盾和对立。可能他还拥有两种甚至更多的神话，这些神话的过程大抵相当，但是在某些地方并不一致而且在他自身中还有分歧。这就造成了那些错误的内容，因为修正过程并不是从始至终地发生，而协调性也可能是无法达到的。“治疗”发生于以下情形中，即修正过程获得协助并且完整地被贯彻。在这里，至关重要的并不是这个修正过程经由哪种媒介、在哪种“语言”中（在哪个“神话”中）被贯彻。因为个体在每一种媒介中、通过每种质料、在每种语言中都使其结构具有生命，因此“修正”无时无刻不是“治疗”。

主要的问题存在于以下疑问之中，是否结构化过程的某些“类型”确实没有摆脱出来，没有找到合乎法则的方面。如果情形真的是这样，那么一种“修正”也就完全没有可能，无论如何不会获得“协助”，因为协助者无论从何出发都必须具有对一个被歪曲的结构进行纠正的标准。

212 接受关于一个结构中内容正确性的普遍标准，这是一个错误的前提条件；列维－斯特劳斯就是从这个前提出发的，并且这个前提将他引向他的错误结论。每个结构都是一个结构法则。这就是说，每个结构与质料无涉（纯粹含义的结构）并且据此在每一种质料中实现自身。因此，这种“合法则性”并不存在于结构的普遍性之中，而是存在于它与特殊质料的可分离性之中。一个人总是具有同样的经验基本形式，可能是在运动或者职业中，在语言或者业余爱好中，在社会关系或者宗教态度中。因此我们并不会谈及“神话”，也不会通过“符号体系”工作，这是一种方法，我们只能让真正的萨满才有资格去践行它。可以肯定的是，当病人有一个弱点并且对于象征符号有一种感知的时候，对他而言，这就可能是一种名副其实的经验质料，因此我们就会毫不犹豫地在一个神话分析中（形象地）展开治疗过程。但是如果情形不是如此，那么我们就会将这个治疗过程迁移到上述的这种媒介中，在其中治疗过程能够以最轻易的方式运转（艺术、宗教、性别或者无论什么）。至关重要的只能是，找到最清晰的结构化形式，并且在其中展开修正过程（比如说，在艺术的构造中）——这个修正过程要通过足够的重复和磨砺、必定要在一切其他领域中被贯彻，并且由此形成一种充分和谐的（健康的）结构化过程。

在这里，这个协助者又是从哪里取得他的和谐性标准呢？他“不是从任何地方”取得这些标准——根本上，是从结构本身中取得的。甚至疾病也恰好存在于以下情形之中，结构在某些位置上并不是从自身出发构建自身的。如果分析者尝试着，按照一种普遍的法则去调整——对于结构而言这种普遍法则始终是一种陌生的法则，那么他恰恰只是加重了疾病。治疗者无非就是疾病者自身最内在的声音，自身一致性的看护人。这种一致性就是标准——并且除此之外别无其他。

因此，在这里亟须对不同经验结构中较为长远的何去何从的进行 213
分析，直至这个结构的内在明见性被找到，它的“光亮”——这种光亮就是存在于结构中一切个别含义可通达的“产生过程”之中。无论分析者以何种形式，只要他是“从外部”进入和言说，那么他所做到的就只是加剧疾病，而不是消除疾病。

当他根本上无所作为的时候，他的“协助”究竟存在于何处？这种协助存在于对疾病的强制力之中，强制表达和区分疾病的经验结构。它造成了那种间离的效果，根本上超越这种间离，一种自身境遇（以及由此而来的勾连表达）才有可能。因此，医生不仅仅协助修正结构，而且协助结构化过程本身（因为这种结构化也是一种自身行为）。最终——并且是最重要的，医生协助去“寻找”，在这里他恰好使结构原则不是简单而直接地从自身出发形成，而是在对那些不可忽视的个别含义之多样性的极为敏锐的追查中，从这些含义自身出发，令结构原则面对疾病。只有这样，这位医生才从自身出发并面对自身，而这就是“实现自身”（Zu-sich-selber-Kommen）的唯一形式。所以，医生的功绩仅仅在于敏锐化的过程以及阻止一个“简化的结论”——通过这个简化结论结构总是会在一个最为简单的形式（并非“舒缓”）中再次落回自身——在这里不是“实现”，而是“落回”

(Zurückfällt)。这个简化的结论仿佛就是这种“下落”，病人总是并且以一种绝对的不可避免的姿态投身于这种下落。医生提供了一种“伸延”(Ausgriff)；他强迫实现这种伸延。没有间离，一个结构范畴就不会有伸延。

这么看来，“治疗过程”并不是一个自足的过程，不会终结在蒸馏瓶中。治疗过程只有在鲜活的生命中并且作为生命过程才能展开——或者更确切地说：它就是向生命的鲜活性进行回溯的过程。甚至可以说，“疾病”只存在于以下情形中：生命已丧失了它的鲜活性，并且在其自身中成为“死亡”，因为同样的这个图式作为不可避免之
214 物会在一切经验领域中使一切经验行为带上它的色彩，就是说，每一种“改善”或者甚至是“显露”都被禁止了。

因此人们看到，“结构主义者”所犯的错误与心理治疗学家是一样的，(后者错误地将自身看作“医生”，将其行为过程看作“治疗过程”)因为这二者都退回到某些“机械论”——尽管这些机械论恰好就是“疾病”的不幸根源，但是人们却将一切救治都寄望于此。

顺便提一句，弗洛伊德认为，一切结构过程都可以在性的领域得到转述，这种思想并不坏，因为有一种特殊的生命强度（鲜活性）存在于这个领域之内；但是他的谬误在于某种神话，即将这个领域提升为唯一的解释领域，然而在这里一个最为单调的领域常常就足够了。这样一种机械论，比如说在弗洛伊德那里就是向“力比多”的回溯，或者在荣格那里就是向“原型”的回溯，或者是向其他任何一个结构领域的回溯，诸如阿德勒的“有效性”(Geltung)领域①，此类机械论只能在一小部分病人中取得成功——对于这小部分人而言，力比多或者象征符号或者有效性实际上是决定性的解释领域。对于其他病人，不仅仅难以取得成功，甚至还会导致疾病的恶化。

心理分析中一个特别的谬误乃是关于“觉知”(Bewusstmachung)的机械论。按照结构理论，只有在特殊情形下才需要涉及“觉知”，一般而言必须要涉及的是“澄清”(Erhellung)。“澄清”意味着“升现”(Aufgang)，位于个体经验领域中的简单的“可行”(es geht,

① 阿尔弗雷德·阿德勒（Alfred Adler，1870—1937)，奥地利心理学家，个体心理学的创立者。——译者注

进行）。因此“治疗”就是质朴却和谐的生命展开过程本身。最具特征的治疗手段只存在于以下情形之中：生命媒介极为齐整地相互间保持距离，其中之一作为最为适合的且在自身中最为清晰的（同时作为那种病人与之发生最为紧密的认同的东西）成为生命过程本身的一个“试验场”。样本式的生命展开过程，但是并不是在蒸馏瓶中，也不是在沙发上，而是在生命本身之中。因此，一个存在意义上的协助也完全可能属于治疗过程——这种协助能够将一个决定性的生命领域“带入有序的状态”。所以，只有当协助不是“从外部”而来，并且不是 215
作为一种外在的纠正被经验，而是只有将它作为结构本身内在“修正”的前提条件去体验，我们才能比任何一种“分析”做得更多。

各种机械论必须要在结构化过程中被废除。这一点只有通过以下途径才能成功：放弃“普遍的结构法则”。唯一的“结构法则”就是结构发生过程本身。谁认识到这种发生的规则性，手上就有了一个“标准”，但是却是这样一种标准，它使我们有可能找到废除各种普遍形式的形式、对各种普遍标准的批判、关于自身规则性的法则。这样就会有诸如如下情形发生：对于一个得到协助实现结构化的人来说，他一定最先被协助实现了突破，甚至最先实现的是崩塌。至关重要的并不是，旋即从他的困难出发去协助他，而是首先以正确的方式进入这些困难之内去协助他。更进一步，他必须要领会到，只有当那种在困难中体现的特殊的“不可能性”未被“弃之不理”，而是恰好被理解为一种自身上升的生命之原则的时候，这种“突破”才有可能取得成功。在此，我们所谈的恰好不是在困难“背后”达到一个“标准”生命的领域，而是在困难之中看到和找到关于特性（自我性）的最为关键的谜语。这一点当然众所周知地是与“治疗”的现象相矛盾的，因为只要按照病人－健康者、医生－病人以及异常状态－正常状态（普遍性）的模式来理解心理治疗的话，那么每一种心理治疗都会始终留存一个矛盾。

因此，结构的规则性并不是一个普遍的法则，而是一个包含矛盾的准则指引，就像人们获得一种个体法则那样。这种包含矛盾的、辩证的法则规定了某些条件，这些条件“促进”了整个过程，在其中这些条件在某些尚需进行描述的方式中使整个过程复杂化。这些“条件”仅仅是诱发，它们并不产生实效，并不引发后果，它们并不“协助”。它们是如此远离那些“机械论”，实际上它们恰好就是针对机械
216 论的相反条件。因此，尽管这些条件导致“治疗”，但是因为疾病恰好是在某种“机械论”中被寻找的，因此看起来在这里所把握的既非心理治疗，也不是“结构主义”。

到底这里的“困难”指的是什么？为什么这些困难在一个过程中会出现，而在另一个过程中则不出现呢？为什么有的东西在一个过程中作为困难出现，而在其他过程中或许根本上只是其兴趣的条件？其原因在于，在这里所涉及的是处于通往个体法则之进程中的人。并不是所有人都处于通往个体法则的进程之中，但是他们都在进入情势——在其中那些“普遍性”、“规范性”与“合法则性”乃是最具危害的。因为人们必定只朝向自身特性，他们一定会坚持将那种难以理解的东西与转向健康的过程对立起来，这是由于这些东西甚至就应是对可靠性的丧失——对于人们来说，这种可靠性就意味着“健康”和“平安”，即便可能对医生来说并非如此。精神疾病中的那些困难乃是自我形成中的困难，卡尔·古斯塔夫·荣格就是如此认识这些它们（“个体化”）。那些在发生的危机关键点上出现的（渗入和突破，寻找，蜷缩和涌现）就是典型的困难。因此，人们对它们的协助并不是将它们引入某些既成状态，而是在根本上协助它们实现结构化过程。对它们的“治疗”并不存在于规范性（正常性）的领域中，而是存在于自身特性的领域中，这个领域超越了正常和异常之间的差别。他们恰好是想要超越健康和疾病、正常和异常之间的这种辩证法，并且在此基础上、按照结构存在论的方式领先于他们的“医生”——医生常常出于自身保存的原因而执着于这种区别。所以“医生”常常在结构上是自相矛盾的，是“有病的”。医生和病人构成了一“对”，这一对通过一种缺陷被扭缠在一起。“治疗行为”就是对这种扭缠关系的消解。

10. 众结构和众体系

相对于体系，结构宣称自身更为基础、更为广泛，这一点首先是在诸如疾病、蜕变、事故、失败和破碎等现象中得到了展现。这些可显现的否定性现象实际上在某种程度上完全是肯定性的。它们显现出来。那个被遗忘的根基呈现出来。并不是作为这个东西或者那个东西，而是作为这个东西或那个东西的根基。这个根基做出了拒绝的姿态。它的拒绝同时又是一种提示。人们顺从这种拒绝是极为容易的，并且他们也看不到，在其中有一种上前呈现。一般的哲学始终没有严肃地研究否定性之物中的肯定性一面。

如果我们不是简单地顺从这种提示，而是回溯到其根源，那么一个自身独有形式中的“根基”就显现出来。并不是那种奠基的或者适合于奠基的根基，而是那样一种根基，它才开启了众多奠基可能性的区域。因此，对于堕落、毁坏、破碎和诸如此类的现象“并没有根基”。以前人们将这种现象单纯追溯到物质，并且将之规定为近乎虚无之物。那种自身“展现”为虚无的东西，事实上决不能在实体思想或者体系思想的区域内被掌握。

固有的存在论尽管未考虑诸如危害、解除、否弃等现象，但是因此却考虑和关注了诸如生成、成长、发展等现象，这一点标志着更大的且无可负疚的幼稚性。如果这种没落是“有限性”的记号，那么“升现”又是什么？只有对那种被强制限定在某个界限之内的生活而言，并且只有在这种生活最直接的视线中，终结才是比开端更为丰富的“终结”。建造、筹划、生成，这些肯定性的现象所展示的内容是否比那些否定性的现象更丰富且有所差异？它们展示的东西是同样的，但是需要如下情形作为前提，即视角要放得足够宽泛，其目的是为了看到和关注到所有这些现象最为本真的相关性：每一个构造过程的创造性都是以众多构造过程之间的一种指引关联共同体为基础的。同样地，解构过程的创造性也是以这种指引关联共同体为基础的，这
218 个共同体将解构过程与每一个相应的构造性现象联系在一起。人们不能孤立地看待一个干扰过程，而是必须将这个过程与一个精确估量的解构整体关联在一起，这样它才作为“修正措施”而变得具有创造性。

对于构造性现象，情形也一样。添加某些东西，这并不一定就是创造性的。在有些情况下，有可能破坏某些东西才更具创造性。构造过程或者解构过程是否具有创造性，仅仅取决于这个关联整体，但并不是取决于体系的关联整体，而是取决于结构的关联整体。当结构引发解构过程时，体系却可能确立构造过程。那么，遵循这个构造过程就意味着明显的表面创造性，这是一个比解构过程更具否定性的现象。因此，当结构思想与体系意识针锋相对地得到贯彻的时候，解构的兴趣就会常常凸显出来。这一点在当今显露出来，尽管此过程还是充满了误解。“吸引人之处”并不是按部就班的建构，而是瞬间爆破，不是综合命题，而是轰然一动。当然，最强烈的等级下降也是与之关联在一起的。对此有所抱怨，这并没有错，但是如果只是抱怨，那就太空洞了。那些否定性所具有的肯定性只有按照结构原理去理解，而不是按照体系原理去理解。因此看上去似乎所有一切都导致了结构。但并非如此。体系有可能必然地位于结构之中。

航空交通的模式显示了，构造体系的技艺并不存在于构造唯一一个体系的过程中。至关重要的是一个定义的关联体，这个关联体在容限范围内确立了一个游戏空间，并且任凭在此空间中发生的过程依据其问题领域的自身规律展开。空中交通管制并不关心飞机的引擎，飞机的引擎与旅游服务毫无关系，旅游服务与航线导航也无关，诸如此类。这些体系中的每一个都仅仅传递着对于其定义过程必需的功能以

及其可能性的条件。这些传递被称之为理论意义上的“信息”。旅客的舒适感对于领航员而言并不是信息，但是对新闻服务机构来说却是信息。一盏航行灯的缺失对于旅游服务而言并不是信息，但是对于 219
空中交通管制来说却是信息。信息只是边界价值的问题。这些问题关系到那些对于一个体系向另一个体系转化所必需的东西。因此构造体系的技艺其实就是构造多个体系的过程，这种信息理论最终就是体系理论。

如果我们看到了眼前众多体系组成的一个体系，我们就能够谈及第三层次上的体系。这个体系由以下情形中产生，即一个体系的条件和内容（边界价值）通过对其他补充体系的条件和内容的相应定义而被满足。当那样一个众多体系的混合体转变成一个超级体系时，却不会赢得什么，反而失去了很多。在超级体系中，那些信息理论的边界被取消了，重要的功能直接生效。这意味着更高的稳定性，但是也意味着更低的可预期性。如果这一点保持不变，那么就需要一种灵活的连接，在这个连接过程中一个位置上的边界价值的变化能够导向所有位置上的边界价值的变化。就像我们所能指出的那些第三层次上的体系一样，那样一个“动态体系”已经与结构很接近了。这在某种程度上就是技术的最高可能性，只要技术在此是限于在体系构造的范围被谈论。

第三层次上的体系某种形式或者方式，描述了一个体系构成如何能够在结构动态的标准下发生。很明显，如果只有结构无处不在，而没有体系的话，这就完全不是在结构的意义上说的。体系化过程是必需的，至少从以下事实出发已是如此，即这些过程只占很小的部分，它们以结构的方式作出反应，并能够以此被构造。但是很可能从结构自身出发也是如此。这很可能属于一个结构的正常状态，即在体系中勾连表达自身。而后发生了一种间离。这也可能继续发展，但是必须处在结构的掌握之内。

结构意识在体系之中通过修正的范围被表达出来。修正的范围也就是修正的可能性。在体系中，修正的可能性“根本上”是被排除在外的，这些可能性在第三层次的体系中在达到某种程度之后是可能 220
的。在其中修正的过程尽管很缓慢并且充满了张力，但也由此这个过程是可达到的，并且作为定义转变的过程在任何时候都处于控制之下。这种控制具有结构的尺度，它也可能是对修正的修正。在此过程中，结构意识本真的最高峰处于一种充满生命力的技术之中。

还有一个问题：结构的体系化过程对于其自身是否是必需的？结构很可能会与其自身中众多单个环节的体系性质发生延展与分离。或许结构只在对体系僵化进行重新制造（重构）的过程中才有可能，或者作为那种始终保持的清除体系倾向的可能性才有可能。这个问题总是在那里，无论何时都可以看出，体系和结构的关系并不是单一意义、可以体系化的。

III 结构发生

1. 发生升现的条件

结构状况是以结构动态为条件的；只有在某种运动发生之处，结构才会发生。而结构动态本身又是需要条件的，它以结构发生为条件。只有在动态以不可替换的方式开始，并且以不可替换的方式结束之处，结构才进入其运转形式，我们将这种形式理解为结构的动态。只有当发生被理解之处，结构才被理解。只有发生首先被表明为“开端”，在这里“结构存在论”的设想方可实现。结构状况（“体系理论”）以及结构动态（“结构主义”），确切地说，这二者都只是对结构的误解。

（1）开端

结构是一种运动的构造。只有当整体上的结构间隙“自始至终”都被关注到时，它才作为运动构造被看到。这个在结构中被包含的间隙自始至终都意味着一种独特的时间性。它将自身“时机化”，它创造出时间的形式，对于结构动态的形式而言，这种时间形式是与之相切合的演进区域。

如果一个结构自始至终没有连同其间隙被看到，那么它就仅仅只是在其动态中被看到；发生的角度没有被注意到，运动状态并没有在其独特的起源形式中显现。如果结构间隙还要不断被拉长，并且运动状态接近于零，那么这种构建动态同样不会被关注到，并且结构看上去就是一个由众多固定不变关系所组成的“体系”。粗略地看，这就
222 是体系思想的产生过程。当体系的基本状况被设定为唯一的存在论基本形式时，人们就会在不自知的情况下将“僵死”物质长期的（可能通过数十亿年才能达到的）结构间隙作为方向。当“生命”的基本状况在存在论的层面上被设定的时候，人们就会将中期的结构过程作为方向，这些结构过程在其开端和终结处看上去并不是构建性的，因此也只留下结构动态。如果人们使之成为一种短期过程，即结构间隙在开端和终结处就几乎已经被耗尽，那么就会有机会将结构真正看作“结构”。而在这里，只要人们仍然将“精神”和“历史”称之为特殊事物，那么这个现象就不是存在论层面上的，也就是说，这个现象没有被阐释为结构。

结构状况——结构动态——结构发生；处于第一层次的（可能是）数学家、物理学家和化学家，处于第二层次的是生物学家，处于第三层次的是精神科学家。这三个层次必然已经包含了结构的边界，然而人们必须在存在论层面上的观察中看到，这第三个层次并不是“更高的层次”，而是“更基础的层次”，因为这个层次才展现出结构的整个状态，其他两个层次只有作为其变体才是可阐明的。但是人们首先必须看到的是，这三个层次中的任何一个都不能“独立自在”地存在，并且任何一个层次都没有权力单独去谈论不同的存在者或者不同的存在者“层面”或者“方式”。在自然科学家那里尚能允许谈论的东西，在存在论者那里未见得能在更大程度上得到允许，因为在自然科学家的视域中，他是否将实在物独一无二的基本构造置于基础地位，还是将一个存在论层面上已发生变迁的构造置于基础，这根本不会有任何区别；而在存在论者那里，最重要的是以充分的精确度说出什么是关于实在物的“普遍”，什么是“特殊”以及什么是“个别”。一种存在论层面上的多元主义是不可想象的；为了能够将多种存在论的差异性至少作为差异性或者他者性来要求，人们甚至必须再度具有一种（最终的）存在论。这些“层次”中没有哪个是“精神”，既没有“最高的”精神，也没有“最基础的”精神，一切都只是唯一一种
223 基本状况的变式。这一点是解构存在论的主要开端。

关于术语的注释：按照结构存在论意义上的矫正，如果“体系”能够作为针对其第一层次上的基本状况之概念被允许使用的话，那么按照结构存在论意义上的矫正，更严格意义上的“结构”就必须被限定在第二个层次上——并且表明，寻找一个针对第三层次的（得到纠正）概念是必需的。在这个困境之中，人们或许才有可能发现“自由”，而在这里人们必定是在一个包含一切自由构成活动的意向中发现“自由”的。那么，“体系”、“结构”、“自由”在术语上就应该与结构状况、结构动态和结构发生相对应。但是，由于我们很难将自由现象看作纯粹的存在论话题，并且也由于将结构状况、结构动态和结构发生作为“层次”来接受（存在、生活、历史），这本身就是一种明显的误解，因此我们更想放弃这套术语。但无论如何，关于结构思想三分的这种启示本身就是一种思想上的推动。除此之外还需注意的是，本书所呈现的内容构架并没有严格遵循这三个步骤。

（2）突破（Durchbruch）

自身构建的动态并不是偶然的。它具有一个确定的开端，这个开端被看成此动态过程必不可少的条件。并不是每一个开端都是这个运动过程的开端，就像并不是每一个运动过程就是这个运动过程。因为某种方式下的运动体现出一般运动的基本意义，因此也可以猜测，这个开端也就体现出一般开端性的极端意义。

如果有一个“一般化的开端”，那么结构就要服从于一个外部的标准。但是它并非如此。这样来看，结构的开端一定是来自于结构自身。它的开端只可能是这样：结构自身条件的相互构建。作为问题来表达：结构动态既不是“从外部”，也不是“从其自身”出发开始 224
的；其开端既不是他者的意愿，也不是自身的意愿；这个开端也不是“必然”成功。结构动态是在突破（Durchbruch）的形式中开始的。这个突破就是某事物的开端，它开始了，成为其自身。突破并不是一条不断延伸的发展路线的起点，而是说，它是一个在自身中且基于自身的回转式的铺展过程的开端；它是某事物的开端，只有当此事物终结时，它才开始了某些东西。

突破并不是在某事物持续发展的过程中发生的，而是当它不再持续发展之时发生；突破发生的位置恰好不是那些不断延伸的发展过程的开启点。突破发生的位置并不是预先可见的；它并不是通过某物去揭示那个隐藏在自身之后重新开启的领域。因此，一个结构发展过程开始的位置必定要在一个得到强调的否定（Non）之处显现。这个否定是开始的条件。所以，这个否定不能被排除，而是必须作为否定被提升。如果突破是可能的：处于不可能性之中的可能性，那么开端就不会变得“更轻”，一定是变得“更重”。

田纳西·威廉斯（Tennessee Williams）：**《热铁皮屋顶上的猫》**[①]

话题：突破和飞跃；问题：具体化以及向发生的温和形式的过渡。

老爹已经通过努力从一个领班变成了“密西西比河岸地区最富有的人”。对他来说，财富只是一个符号，关于绝对之物的符号。他的绝对之物就是独立的、占优的、无穷尽的。这个解释的谬误随着一个“诊断结果”（不治之症）而土崩瓦解。死亡的经验作为生存的不可能性。“没有人能给自己买来生命”。老爹没有克服死亡，而是被它所折服。

他的儿子布里克也是一样，是一个具有绝对化要求的人；他处在一种友谊的形式之中——作为一种“纯粹的”友谊。这个解释随着一声“呼唤”而土崩瓦解（公开这种友谊不洁净的背景）。
225 以酗酒来逃避，但是这种酗酒本身还是作为对摆脱、高度和迷醉的解释。然后遭受了挫折——在此很形象的是，在尝试与世隔绝时折了腿。

一场争吵成为突破的象征，两个人都以自身的方式完成了突破。父亲接受了死亡，在此过程中变得无懈可击，处于“解脱”的形式之中。僵硬的形式转变成了温和的形式。那个“柔和的生日”，境象：由“最柔软的羊绒”制成的大衣。对于周围环境、对于妇女的新的关系。

---

① 田纳西·威廉斯（Tennessee Williams 1911—1983）是美国著名剧作家，《热铁皮屋顶上的猫》是他的代表戏剧之一，该剧获得了1955年的普利策戏剧奖。——译者注

儿子的“解脱”是在以下认识中发生的：他的太太麦基也属于“必须之人”。她通过跳离发热的铁皮屋顶、通过孩子的谎言融入其中。为了获得可能之物，她承担了不可能之物。由此，必然的热衷运动的僵硬形式就转化成婚姻的温和形式。这里的境象：孩子。

所有其他的演员都是否定性的衬托背景，特别是那位精打细算的兄弟。他们并没有禁受这场争吵，而是保护了他们的凯迪拉克；没有像切割机一样纵贯生活。纯粹的累赘；相应的境象就是：无数的孩子。

在这表面下所隐藏的神话：该隐与亚伯；绝对性状态；滋生出的差异；日与夜。

不同的解释：作者思考了一个由高要求、伟大的内容和脱离自身状态组成的更高尚的世界。这种外在的唯一性将发生的过程本身置于一个危险的境地。因此就有朝向“解脱”的转变，但是这种解脱并不是被理解为具体化，而是仅仅被看作“放松过程”或者根本就是“松弛状态”。这只猫虽然跳跃起来（进了不可能性的深渊），但是它却没有达到生活的地面。

《十二月对话》67

从不可能性向可能性的转变并不是这样发生的，即“接下来”有一种可能性产生，而是如此：这种不可能性在其自身之中并且作为其自身变成了可能性。属于突破的不仅仅是疏离，而是还有一种更为深刻的转变——为了有助理解，我们将这种转变称为极端的他者。克尔凯郭尔将这种转变设为目标，他所凭借的是“悖论”的不可思议性和对“荒谬性”的热切期待，这种期待出自基督宗教的古老信条。海德格尔放弃了这一背景，他将不可能性的“不”领会成在“畏”的状态下所经历的一切可能性的缺席。这种看法也并不十分切合这个现象，因为不可能性作为“整体存在者的脱落”，以其可认识的方式成为一种确定的可支配之物：缘在能够使自身对于“畏”“有所准备”， 226
由此与之密切相关的是，它是否达成突破。所以“本真性”就是关于人之存在的一种假设，并且因此缘在分析获得了一种根底上的伦理（应然状态的）特质。如果每个具体的可能性都能够转变成极端的不可能性，情况就会有所不同，那样的话，可能性消失的地点、时间和具体情形就会处于完全不可认识和不可见的状态。那样的话，人们还能够就一个他者说点什么呢？它恰好就会与其他所有的他者毫无二致！——一个那样的他者，一个极端的他者，乃是突破的前提。这种突破之所以还未发生，恰好是由于这种他者性还在兴师动众地被寻找——它在最为日常的形式下被接近。

“怯场”

> 一个演员的角色乃是先于其自身的一种可能性。他能够扮演这个角色，他认识到这个角色。然而在他登场的一瞬间，这种可能性的视域在一种极端的方式中变得晦暗了——这种方式不仅使客体领域变得黑暗，而且也使体验过程的主体领域瓦解。而如果这一步被付诸实施，从外部遭遇到的东西就比从内部所接受的要多，因此就蹦出了第一个语词，通过这第一个就有了第二个词，通过第二个有了第三个词，接下来都是如此，也就是说，其中的一个总是从另一个中**生成的**。那些单个的环节并不是从某个角色的整体出发形成的，而是它们各自独立地产生，每一个对于另外一个而言都是整体的视域——因而主体是从众多行为中生成的，而不是众多行为从主体中生成的。通过这种方式，并且只有通过这种方式，主体才与它所行为的内容同一，主体才完全在“此”。

只有当这条道路超越了一个极端－他者的虚无性，才会有发生性产生，一个行为就意味着行为者的诞生。只有这个行为者才是这样诞
227 生的。这个诞生乃是出自绝对否定的后果。这个绝对否定乃是作为他者之中的极端他者显露的，并且也作为唯一可能性的抽离，作为面对死亡的严肃态度，作为面对荒谬之事的忍俊不禁，作为面对衰竭境况的无可期待，或者对于永恒之物的疑虑重重。这个极端－他者的极端之处在于一种不可支配性，在于并非这个他者存在（死亡，上帝，畏，拒绝）。人们无法投身到这些情势之中；作为这些情势，它们又不是这些情势。

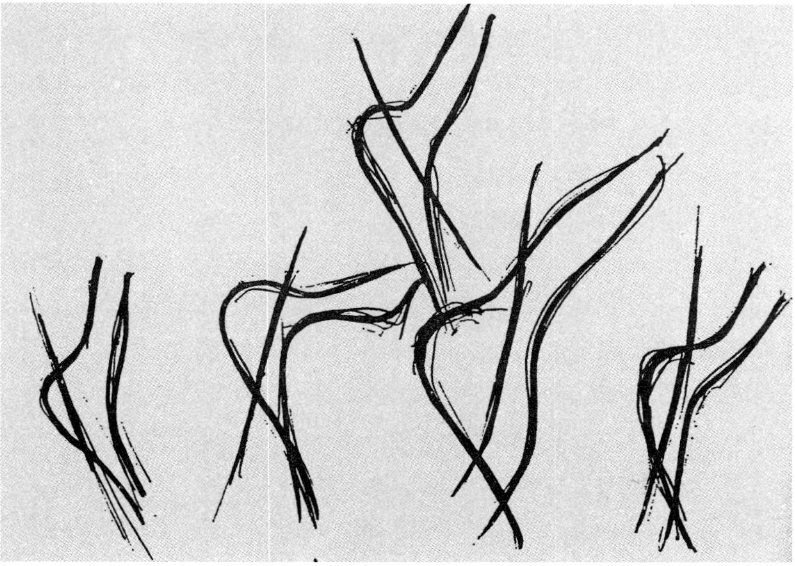

依据史前的刻痕符号（出土于法国小镇 La Roche）

无头的女性形象，被一些线条划掉。有可能是萨满教的某些提示线索［米尔恰·伊利亚德（Mircea Eliade）］；通过对符号的毁灭仪式化地进入一种忘我的基本经验。作为开端的突破。

如果人们更详细地关注这个现象，那么就可以在其中区分出“渗 228
入”和“突破”这两个环节。一个结构向下冲破它所习以为常的关联。这个结构的一切都崩塌了，不只是外部可能性的晕圈，还有我自身的核心点。这种隐藏在渗入过程中的突破，关于它最有力且最准确的描述，我们可以在卡夫卡那里找到。这一现象属于缘在基础的经验状况。然而如果结构发生继续推进，那么渗入就会转变为突破，一条道路的开端就此被开启，当然并不是说，这种突破是从否定中“引出”的，而是说，从这种不可能性的否定出发，那种新的可能性的核心就被造就出来了。“拯救”并不是从外部而来，而是出自危险本身内部。其震动仿佛被维持在运动之中。新的可能性是从不可能性的材料中被造就的，就是经过改造的不可能性。这种不可能性通过以下情形就不会变得“更加可能”：某物首先作为“可能性”被预备好，在这个层面上不可能性并未退却。不可能性处于一种不可执行的状态中，并且恰好是从这种不可执行的状态出发取得其超越震动的成功。只有在这条道路上才会有可能性形成，它包含了生活的整个实在性。

被这样要求的可能性既不是一种已完成之物，也不可归因于某物。它也不是这二者“混合”。一个步骤的充分性必须要从这个步骤被实施的过程本身出发被领会，并且，每一个接下来的步骤必须要从之前被完成的步骤出发才能形成，由此进行过程自身才得推进。这就是“某事进行”（es geht）的意思，这个发展过程自身以此来自我命名。

“某事进行”这个表达式根源上所意味的是从自身出发形成的发展过程。在这个表达式中“某事”（es）和“进行”（geht）都很重要，并且二者指的是同一件事。其中之一指称的是被动状态，另一个指称的是主动状态，而这个表达式所指的是两种状态的同一状态。进行过程承担自身，而它承担自身这种情况，又必须被执行和被承担。“我”和“某事”仿佛是通过同一只手来行动的。并且它们能够这样，因为
229 根本上它们并不是不同的东西。对于自我的经验同时也是关于超越自我的经验。超越自我是无穷尽的，但是它绝不会离弃自我的周边域。

在“某事进行”的根源的发展过程中，主体和客体、内在和外在是不可分的。这个根源并不位于人们最先寻找它的地方——既不是在“时代的开端”，也不在消除时间的过程中，而是在每一个“某事进行”的尚十分日常的发展过程之中，处于被掩盖和被遗忘的状态下；那么它是如何被主体回忆起来，“接下来”主体性是从何处才产生出来的呢？

（3）维度

我们如此解释：那些新的可能性，它们在极端－他者“之后”开启自身，并非显现为这个或者那个可能性，而是显现为一般可能性的新区域，显现为维度。不会记起原先习惯之物的周边域；新的区域是一个为其自身的“秩序”，这个秩序不能在已熟知的秩序之内被定位和描述。这里没有过渡，只有“飞跃”，跳离了否定，跃向一个由此才可见到的区域。“飞跃”是那些最先被看到的结构范畴之一，并且开启了大量的现象——这些现象人们在一门单一领域的存在论中是无

法理解的。

飞跃被置于经验之上。一个人如果不具备飞跃的经验，那他就无法掌握经由此飞跃所陈述的内容。然而我们几乎不会认为，某人不具备这种经验，因为他毕竟生活着并且作为生活者已然以各种方式“飞跃”了；比如说在生活历史的阶段中，在发展的层面上，在一个工作进程的某些时期中，在对愉快的体验过程中。在有结构之处，就有飞跃，在有飞跃之处，就有结构。因此诗歌就是一个语言的飞跃；与此相同的是，我们称之为“精神”的东西，乃是一个认识的飞跃，“爱”的现象乃是一种经验的飞跃。就像能量可以被理解为一种物质的飞跃，我们也将个体性理解为一种生命的飞跃，在生育和诞生过程中显示自身。

世界具有多重飞跃。命运、生活造成了飞跃。这些飞跃并不是 230
从一个“区域”导向另外一个区域。虽然它们飞跃了，但它们根本没有“导向”。之前所是的东西，恰好是要被否弃的，就如同以“之前”（Zuvor）为立足点的话，“之后”（Danach）就是极端不可能的。尽管“之前”在之后仍然在“此”，但是是以另一种形式。一种结构发生的开端也始终是“实在性的毁灭”。实在性毁灭的众“要素”在所有预先被给予的含义完全脱落之后，才成为结构化过程的“环节”。这种脱落与“变迁”合二为一地发生，它或者转变成诗歌，或者只在简单的质料转换中发生。

> **戈特弗里德·本**
>
> “抒情诗式的自我是一种被突破了的自我，一个网中之我，体验流逝，沉浸于悲伤。他总是在期待一个能够有片刻自我温暖的时刻，期待带有‘激动值’也就是‘迷醉值’的南方的结合，在这种迷醉状态中对关联体的突破能够发生，这就被称为实在性的毁灭，自由被提供给诗歌——通过语词。”
>
> 《抒情诗的问题》，1951

“维度”有可能被误解。在这里所涉及的并不是一个生成众多可能性的开放区域；一种可能性，而不是一个维度生成。实事和区域是同一的。人们并不能在一种确定的“秩序”中去做这件事或者那件事，而是这个“做”本身就是“秩序”。自我是通过以下方式与这种可能性纠结在一起的：他成了这种可能性本身，与此相同，维度也是通过以下方式与这种可能性纠结在一起：它就是这种可能性。据此，可能性在其自身中自我澄明，它提供出一个空间——在其中它就是自身。可能性仿佛是从内部被经验的。但是恰好就是因此而不是狭隘地，而是在一个无限宽广的方式下被拓展，因为在此之外别无其他。

231 **恩斯特·巴尔拉赫（E. Barlach）：“我找到了自由的轨道”**

（雕塑家在一派风景中掌握了它的构造原则：突破。）“当我们经过华沙去往别的火车站，横跨外克塞河（die Weichsel）的时候，在那种神圣幸福感中成长的人所具有的喜悦就已经震动了我，尽管他们还没有忘记艰辛死亡的痛苦——我看到了，这个场域对我而言必将具有丰富层面的。

我想：看，外在与内在相当，对于一切而言这总归是真实的。并且除了狂热激情和永无休止的阋墙之争，我就像一头幼兽或者一群飞蝗一样，把一切城市和草原的显现吞进一个填不饱的食袋之中，在另外一种狂热激情的炽热状态中、这种状态的传染并不是通过气氛，而是出自不可挽回的衰亡状态——面对这个衰亡状态我最终会陷入无法抵抗。

没有什么是陌生的或者令人惊愕的——对我来说，一切都像长期以来习以为常的习惯，坦率接受，奉献其中，以乐意的姿态毫无阻碍地投入其中并且喜欢上它。”

《自我阐述的生活》，1928

有一种独特的“个别化过程”之基础存在于其中，这种“个别化”乃是众结构的特征。这种个别化（孤立化）尽管生生地割离开来，但并不是划出一条界线，因为这里所涉及的是一个纯粹的此处，不涉及彼处、不涉及外部。

飞跃总是导致独一性。独一之物可能作为同一之物悄悄地重复两次，但每一次它总是独一之物。它与数量和重复毫无关系。

“飞跃”导致了“萌芽”。在其中被开启的可能性并不是超越自身而伸展出来的。从其中得出的一切都完全处于其“开端性”之中。而且无论跨越的道路有多远，道路本身总是“处于开端之中”，因为它从未离开不可能性这个点，在这个点上并且通过这个点它才开始延伸。道路的开端性赋予道路经验一种开放性和解脱性。零点经验总是存留在那里。不可预见的丰硕成果。在飞跃中飞跃成了起源。起源就是人们从未离开过的那个开端。

（4）基本体验 232

在其开端状态中一跃而出的萌芽乃是针对一种行为的开放可能性，也是针对一种自身行为本身的不可能性。在起源中它自己一跃而出。这样它将自身作为一般的初生之物、作为“重生”之物来接受。

如此深入自身之物乃是从中间点出发生存的，因为它根本上拥有一个中间点。从中间点而来的生活将自身体验为出自于根基的生活——通过这个根基这种生活成为全新的、不可重复的并且是不可预先被取得的。

从根底上看，“自我”意味着不可预先被取得的状态、意味着独一性和不可重复性，作为这样的自我，我们将自身保持在生活的飞跃之中，以多重方式重复在生活飞跃之中。从起源上看，这个自我并不是那个“关于我思的表象，一切其他表象一定是伴随着它的”，这是一种事后的并且和缓化的重述。构建的过程是在飞跃中发生的，一切都回溯到这个飞跃之中，并且它在一切之中都被涉及。自我并不是“伴随着”一切表象，而是这些表象是自我的表象，在此这些表象以发生的方式从自身出发生成，由此才带出“自身”(sich)，“自我”是那个自身的一个微弱的映像。

我们的“自我”看上去理所当然，它是从一个飞跃事件中得出的，而这个事件可能已经被遗忘了，可能已经遗失和被放弃了，但是对我们的存在而言，它是如此根源，以至于我们始终不能远离它。我们对这个飞跃越是念念不忘，自我也就越是强烈。如果这个飞跃缺失了，那么自我也就迷失了。

即便不能重复，飞跃的更新也是可能的，因此我们的生活总是“基于飞跃之上”，指向根源处的体验形式，尽管这些形式在错误的短视观点中可能显现为缘在一种纯粹的奢侈状况。

只要飞跃总是能够被经验到，并且其自身只是作为对一个不可提前获取的维度的经验过程，那么就有一种原初经验为一切生活奠基：基本经验。每个人即便遗忘了，也都会拥有他对于缘在的基本经验，无论对他而言这一点有多么模糊，无论他主观上多么不想努力，这种
233 基本经验总会大白于天下。缘在看上去并不是基于生活规划的完成的结构，而是源自于一种基本经验，通过这种基本经验一般缘在作为其自身的生活域（Lebensfeld）才成为一个开启过程，也就是说，其实在性的整体作为一种呈贡向缘在显现。

一般而言，基本经验是滞后、晦暗且不确定的。因此其主体方面的特征构造得就相对较弱，无论对其自身还是对他者都是难以觉察的。然而有时候对生活的开启过程作为根源在我们眼前上演。在此过程发生之处，基本经验就被经验为一个顶点，从此出发，缘在乃至其中最小的个别部分都被确定下来：可能的唯一性，这种可能性与整体的同一性，所有缘起生成与这种可能性的同一性。

> 尼采
>
> “——在 19 世纪末，是否每个人都对那种被全盛时代的诗人称为‘灵感’的东西有一个清晰的概念？我想对之进行一种不同的描述。在几乎不带自身偏见的情形下，事实上人们会知道，那些表象，比如纯粹的肉身化、纯粹的喉舌、纯粹的媒介，占有压倒性的力量，是几乎不可抗拒的。‘启示’这个概念在以下意义上只是描述了一种事实情形，即突然之间，有种东西以无法名状的确定性和精细性变得可以看见、可以听见，这种东西在最深的程度上震慑和震撼了一个人。是谁在此造成了此种情形，人们并未寻找，但是却听到，并未追问，但是却了解；就像一道闪电照亮了思想，带有一种必然性，以毫不犹豫的形式——我从来就没有过选择。有一种忘我状态，其巨大的紧张感有时会在泪如泉涌中消散，在这种状态下其步骤不自觉地时而迅猛、时而缓慢；一

个完整的外于自身的存在带有一种最清晰的意识，意识到一种不可计数的精细的敬畏感，从头到脚，有一种深层的幸运，在其中最疼痛之处和最晦暗之处并不是作为对立者生效，而是具有条件关系、作为相互引发、作为内在于一种光的流溢中的必然具有的颜色；一种和谐关系的本能覆盖了这些形式的宽广空间——长度，对一种极为紧张的节奏的需求几乎就是灵感力量的范围，针 234
对压力和紧张的一种形式的平衡……这一切都不由自主地在最高的程度中发生，但是就像是在自由感知、必然存在、权力、神性的风暴中发生……这个境象、这个比喻的非自主状态是最引人注目的；人们不再有一个概念，去说明什么是境象、什么是比喻，所有的一切都将自身呈现为最切近、最准确、最简单的表达。它看上去是真实的，只是为了回忆起查拉图斯特拉的一个语词，仿佛事物自身靠近并且将投身于比喻……这就是我对于灵感的经验；我毫不怀疑，人们必须追溯回千年之前，以便去找到某个人，他可以对我说‘这也是我的经验’。”

《瞧，这个人》(Ecce Homo)，1889

如果人们追寻结构思想的历史，就会注意到，结构思想的所有代表人物：笛卡尔、勒卢阿（Regius）[1]、斯宾诺莎、莱布尼茨、帕斯卡、谢林、尼采，以及之前的库萨的尼古拉、布鲁诺、开普勒，他们曾有过一种标志性的且极为引人注目的秘传体验，他们将这种体验视为“秘密”来保守，并且将之视为一种不可再传的原初经验。然而他们的代表作仍然源自这种基本经验，这是对结构思想之发展的一种贡献。最为著名的就是帕斯卡的原初体验，他把这种体验记录在“羊皮记事纸”上并缝在外套中，这是为了让羊皮纸的沙沙作响在每时每刻都提醒他不要忘记这种体验。[2]本源状态被体验为一种责任和对一个与此紧密相关的维度的开启，体验为生活的意义，这种意义是由意义

① 勒卢阿是按法文名 Henri le Roy 翻译，拉丁文名 Henricus Regius（1598—1679），荷兰哲学家。——译者注

② 帕斯卡在 1654 年 11 月 23 日夜间，帕斯卡有两小时的神秘宗教体验，他把这种体验记录在羊皮纸上并缝在外套衬里，从不离身。去世后才被人发现。——译者注

的根源直接赋予个体珍藏的。与此种方式一致地，这会形成“个人”和“自我”。可能对很多只拥有一个名字的人，这是很痛苦的，只有通过以下途径才能减轻此痛苦，即每个结构都具有其基本经验以及其投身奉献——这一点总是被遗忘了。

> 谢林
>
> “如果人们想对一位哲学家表达敬意，就必须在这位哲学家尚未得出结论之处去理解他，在他的基本思想中去理解他；因为在进一步的发展中，他有可能会误解偏离他自身的观点……一位
> 235 哲学家真正的思想仅仅只是他由之出发的基本思想。”
>
> 《启示哲学引论》，1820

“原初体验”并不是一个很好的词。一种“体验”给人的印象是一种具有误导性的印象。人们必须密切注视实事。在实事发生之处，能够涉及的仅仅是再次唤醒那种开端体验；相对于融入体验过程的后来生发之物，那种开端体验必然意味着这个世界的光芒。在此“诞生”，并且在此“再生”。

（5）创造

在飞跃和原初飞跃的方式下的那种起源，就是创造。创造是这样一个纯粹的“升现”：可能性的游戏空间也一道产生出来。从无创造(Creatio ex *nihilo*)。尽管这个“创造”的概念仅仅与上帝相关，但是经院哲学对此概念的规定在决定性的点上、在无这点上，切中了结构发生。不带前提的产生过程。对关于结构思想的一种宽泛的历史研究而言，这是一个重要的课题，因为从中可以看到，尽管所有最重要的结构规定都已被考虑到了，但只有这一点尚孤立在外。那种神学表述下的创造中的无，在某种程度上是以对象的方式被接受的，一种宇宙的无，上帝一定要把空间、时间和存在倾注进这个无之中，这样才能保持游戏空间，创造才能够被置入这个游戏空间之中。在结构现象中，无的当下情形完全不同，在这里它绝不是“可表象的”、“可预

先认识的”、“可思想的”或者仅仅是简单地“可能的”。它也不“持存”，也不会在这种或者那种情形下“保持同一”，也不会分离成为单数或者复数形式的“情形”。因此，即便这种无与每个宇宙的无都无与伦比的接近，但是它又与后者“远之又远”，它更加虚无。它赢得了一种精确性，同时失去了（存在上）可规定性的特性，仔细看的话，这种特性只是一种疏远无的方式。

席勒 236
慵懒地来到诗人之国
诸神之乡，虚玄的世界
它从襁褓中成长起来
居于独特的漂浮之中

出自《希腊诸神》，1788 年第一版

一个发生出自于突破，并且在其根源性中得到表达，这就是创造。并且是处于以下形式中的创造：那种根源的产生之物既是创造者、又是被创造物。艺术的制作过程是对这种经验的一个证明，这个过程作为这样一种产生过程而发生：在这个产生过程中并且通过这个产生过程这个产生者自身（作为一个自我）产生出来。艺术家只有在制作过程中才是艺术家。他并非在所有地方都是艺术家；在任意的其他地方他可以是任何人。他的自我的形成过程只发生在作品的形成过程中。作品孕育了他。倘若他先于作品、将自身放到“作品之中”，那么作品就只能是对一种与兴趣背道而驰的偶然主体性的肖像。兴趣索然。波西米亚艺术[①]是与艺术的一种错误关系，是对创造性的一种错误理解；波西米亚人在所有地方都是“艺术家”。这已然预设了一个对于艺术很深的误解，就像波西米亚人那样，将一个主体主义之物、实体主义之物作为文化现象产生出来。

新的艺术要被理解为艺术在其根源的创造力中的重生。它是一种取消，不仅取消了“艺术家”，也取消了“作品”，并且最后还取消了

① 法语词 Bohémien 也有“不受拘束的艺术家”、“过着浪漫生活的艺术家”之意。——译者注

“艺术”本身。由此它在更大程度上成为“艺术”，成为对于一般结构化过程的更加根源的证明，然而这样它也丧失了保护性空间，这种保护性空间是一种普遍的可理解性。艺术恰好是在观赏者转回自身的过程中，作为对单纯“艺术观赏”的否弃和在每个艺术品中创造力的重新构建而出现。最新艺术的“美学”是出自结构状况的一种严格的一
237 致性，它是一个尝试，让艺术在纯净的状态中，并且作为一般生命的模型发挥效用。但是一种有效的结构化美学尚未被写出。

> 保罗·克利[①]
>
> “艺术并非再度给出可见之物，而是造就可见。版画的本质很容易并且也有理由被诱骗到抽象化上。虚构特征的虚幻状态和神奇状态被给出，同时以巨大的精确性被表达。版画家的工作越是纯粹，也就是说，越是把重心放在那种为版画的表达奠基的形式要素之上，那种针对可见之物的现实主义表达的装备也就越缺乏。”
>
> 《创造的忏悔》，1920

“创造”这个结构概念并不意味着对一种预先被给予的质料的形式化，中世纪（神学的）创造概念就已经看到了这种质料。同样地，
238 它也不意味着那种预先不存在之物的产生过程；人们必须要摆脱手工式的产生过程的模式。在这里，所指的从来不是一种在关于存在状态的存在论意义上的产生过程，因为对此应当有一个开放的视域被预设，而这个视域在结构状况中是被长期划除的。在艺术理论的层面上，至关重要的并不是去“添置”某物，而是给出一个过程，这个过程自身就是被意指的东西。但是并不是说，首先必须要有某物“现成存在”，因此在这里就会有一个发生性的过程逐渐变得清晰。毋宁说，发生恰好是在对现成存在之物的接替中产生的，但是在这里还没有弄清楚的是，这种接替转化成“什么”。这种纯粹基于发生学自我勾画的艺术将会成为一般生命的模式和意义给予者，并且仿佛只能被还原到生命的强度形式，别无其他。

---

① 保罗·克利（Paul Klee，1879—1940），德国籍瑞士裔画家。——译者注

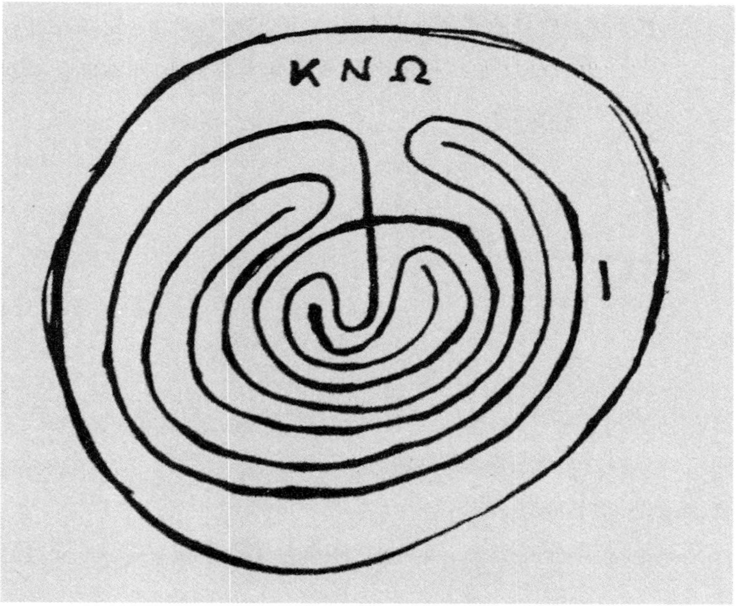

弥诺陶洛斯的迷宫[1]；图案出自公元前 67 年的一枚硬币

在这个“迷宫”中关于“起源”的经验被表达出来：一个被取消了支配作用的内核点，并没有被放置在可理解世界的层次上，而只是处于向着可到达的出发点的返回之中，寻找，从此出发一切都有可能。这个“迷宫”是对于朝向发生的缘在的一个境象式的当下化：迷失自我（不可能性）作为逆转和获得自我（可能性）的条件。缘在总是隐蔽地知晓：自我只有在根本的寻求活动中才能被获得。

发生是通过以下情形获得其价值的——这个价值并非处于预先被给予的标准之下：总是在发生得以施行之处，它才表达了一种同一性的展开过程，在其中自身展开与绝对之物共同发展。绝对之物并不是预先就“有”，它只“在”发生的过程之中。因此由一种基本经验出发者就被经验为绝对之物的一个条件。

① 弥诺陶洛斯（Minotauros）是希腊神话中半人半牛的怪物，饲养于克里特岛的迷宫中。——译者注

安格鲁斯·塞利修斯[①]

我知道，没有我上帝随即也就不能生存；

如果我被否弃，他必定也会被迫放弃精神。

《天使般的漫游者》I/8，1657

① 安格鲁斯·塞利休斯（Angelus Silesius, 1624—1677），意为“西里西亚的天使”，原名为Johannes Scheffler，德国诗人、神学家、医生、神秘主义者，以创作两行诗著名。——译者注

2. 发生的扩展过程

就如同结构发生具有一个极为确定的开端、突破和创造一样，它
也有一个确定的进程。这个进程的形式用语言表达就是：上升。然
而，上升这个结构范畴并不能在最为基础的形式中被分析，它还需要
解释和特别说明。还必须要确定的是：这种上升能够并且应当达到何 239
种程度？何种标准以及何种时机为他奠基？

（1）忘我（Ekstase）[①]

与确定的开端、突破相应的，有一个确定的进程，即忘我。忘我只有在突破之后才有可能，在一次突破之后只有忘我可以随之发生。

在这里我们是一般地，以存在论的方式理解忘我，而不是固着于忘我体验提升的心理现象，这种现象仅仅是真实忘我状态的一种微弱的反照，一种市民化的替代物；迷狂式的忘我是无价值的空泛形式。真正的忘我不具有在分类上确定的体验质性；它的运动展开过程更多的是在实事质性中得以表达，意指对对象之精要性不可预先达到的提升，这个过程位于劳动和游戏之中、认识和行动之中、共同生活和自我规定之中。常常识别不到它者，也识别不到结构自身；大部分时候

---

① Ekstase 原意为迷狂状态、心醉神迷，这里意为“忘我”、“脱离自身”，在海德格尔翻译中也习惯取其引申义，译作“绽出”。——译者注

都不可识别，并且当不可识别时，就是最好的。以下情形对于忘我这个概念来说是不利的：人们依据惯常的概念，在忘我中只看到铺陈，但是没有看到获取，只看到轰动，但是没看到富有成果。如果接下来要谈及忘我，那么就应该运用一种尽可能抛弃偏见的理解。

结构发生使自身成为发生过程的主体，吸收了预先被给予的体验主体——这个主体极有可能已经被理解为“我”，并且因此才使根本上的主体性得以自由。

对于现象学家而言至关重要的是，去除那些位于强调状态和过分热情状态下的偶然环节，仅仅基于对同一性事件的证明去看——这个同一性事件也是在最冷静的形式中发生的。发生过程的主要性质就是将行动安置到其行动中心之中，通过行动事件本身的优势去辨别，只
240 能如此、不可能是其他情形的事件所具有的必然性。在这种“如此这般而不能是其他情形”中，在可能性中继续生存的不可能性表明了自身。“可以”，完全如此甚至是非常好，但是每一步都至关重要；如果仅有一个步骤被做错了，那么对于接下来的步骤它就无创造性可言。从它自身的可能性中产生出来的东西，“必然”处于一个存在论的意义之中，而不是处于以下意义之中：在“不同的”过程之中有一个成为“不可避免的”。

诗人将存在论的必然性感受为“口述者”，而艺术家则将之感受为“在诸神怀抱中的一次成长”或者总是如此。当然，以下情形也是错误的：即在存在层面上将存在论的力量实体化，同样应被归于谬误的是，简单地否认存在论力量，或者将之称为忘我体验过程中的自我欺骗。它已然超越了这两种情形，其本身所是应当如此被显示：不可把握的力量。就如同虚无同时既是近的又是远的，我们是在一种晦暗的存在论中思考虚无的，“绝对之物”的情形也是如此。既不能在一种客观性哲学中，也不能在一种主体性哲学中去把握它。他最根源的证明意义只有在现象学中得以显现，现象学让绝对之物从其自身出发相遇。一门绝对的现象学——就是结构分析，它同时也就是一门关于绝对之物的现象学。如果没看到这一点，也就意味着没有领会在这里被描述的发生。

路德维希·费尔巴哈

“谁没有经验过音调之动人心弦的威力？可是，音调的威力，不正是感情的威力吗？音乐是感情的语言，音调是有声的感情，是表达出来的感情。谁没有经验过爱的威力？至少，总听到过吧？爱和个人，哪一个更强一些呢？是人占有爱呢，还是爱占有人呢？当爱驱使人甘愿为所爱者赴死时，这个战胜死亡的力量，到底是他自己个体的力量呢，还是爱的力量呢？真正思维着的人，难道会没有体验过思维的威力、体验过那种静穆无哗的思维威力吗？当你忘记了你自己和你周围的一切陷入沉思时，究竟是你支配理性呢，还是理性支配和吞噬了你呢？科学上的灵感，不就是理性征服你的一次最出色的胜仗吗？求知欲的威力，难道不是完全不可违抗的、征服一切的威力吗？当你压制某种激情，革除某种习惯的时候，总之，当你经过一番努力而战胜了你自己的时候，这种战无不克的力量，难道会是你单独一个人的力量吗？或者，说得更确切一些，这种战无不克的力量，难道不正是意志力、不正是暴力地管辖着你、使你对你自己和你个体的弱点满怀愤慨的那种道德心的威力吗？” 241

注释：“就跟一切抽象词语一样，个体也是一个最不确定、有歧义、易误解的词；个体与爱、理性、意志之间的这种区别，到底是不是基于本性的区别（意思是：实事的），这对本书的论题完全无关紧要……”

《基督教的本质》，1841[①]

不会“有”绝对之物，因为这个“有”就是潜在之物的存在方式。据此，说“没有”绝对之物，也是错误的。这个区别并没有被切中。至少基督教的神秘主义知晓了这一点。

“这个”绝对之物，这种说法同样是错误的。将它把握为一种与其他规定有所区别的被规定之物，这是要排除的。在结构思想的历史上，绝对之物被思考为“非它之物”(Non-aliud)，这意味着，它也

① 译文参考了费尔巴哈：《基督教的本质》，荣震华译，北京：商务印书馆，1984，第31—32页。稍有改动。——译者注

有可能与这个或者那个同一，但是并非必定同一。这种思想导致一种同一性，当潜在之物以某种确定的方式（精确化）与自身同一时，这种同一性就恰好被达到。不带有“绝对之物”也就几乎不会“有”这个自我，同样地不带有这样的“自我”，也就不会有绝对之物。绝对之物事实上只是作为显露。只要这种显露不是“在时间之中”发生（但是也不是在时间“之外”），只要同一性不是意味着依附性，那么绝对之物的形而上学就是有道理的，即便是在一个引申（指向结构存在论）的意义之中。

选自托马斯·曼的“与撒旦的对话”

我：“因此您想要卖给我时间？”

242 他：“时间？仅仅是这个时间？不，我的朋友，这是小小的魔鬼商品。因为终结是属于我们，因此我们所赚的并非价钱。这是什么样的一种时间啊，如此重要！伟大的时间，昂贵的时间，魔幻的时间，在其中人生节节攀高——当然也会不断有一些痛苦，甚至是深层的痛苦，我并不仅仅承认它，我甚至于要带着骄傲强调它，因为它是如此正确且合理，而也是艺术家的样式和本性。众所周知，它总是在两个方面都趋向恣意放纵，在完全正常的情形下会有点激进。因为钟摆总是在井井有条和忧郁低沉之间来回摆动，因此与我们所提供的东西相比，一般来说，它的样式说起来还更具符合市民习惯。因为我们在以下方向上提供了最表面的东西：我们提供了生机蓬勃和恍然大悟，提供了解除和释放的经验，自由的经验，安全，无忧无虑，力量感以及成功的感觉，我们的男人并不信赖他的感官——还要包括对于已经历之事的巨大赞赏，这种赞赏的使他很容易放弃每一个陌生的、外在之物——自我崇拜的颤抖，甚至是面对自身的精细恐惧，在这种状况下他看上去就像一个被赐予的嘴套，像一个神性的怪兽……”

《浮士德博士》，1947

很明显，这种忘我是沿着一种独特的迂回路线推进的。紧接着突破，是迟疑不决的开端，接下来是一个飞速上升的阶段，在其中不仅是一步步的形成过程被经验到和被确证，还有在其中那个在此发生的事件显示为是对一个不可表象的维度的开启过程。这些步骤还是遵循着对位于实事本身之中的可能性的仔细倾听展开的，但是在这些步骤中显示出来的必然性也越来越广为人知，因此这些步骤总是变得更加清楚且不言而喻，最终的那些步骤已经是最外部的必然性和不可回避的严格性。然而这个结尾并不是终结。因为每个步骤在事后兑现之中都重新意指（be-deutet）了迄今完成的众多步骤的整体，并且由此将这个整体保持在自身之中，整体过程也在这些封闭步骤中发出声响，并且在其开端就保持了生命力。这个过程的终结也属于这个过程。它所表达的并不是它的界限，而是一个阶段，并且完全不是决定性的阶 243
段，由此出发整体可以在其创造力中以发生的方式被重演。这个终结是以回溯的方式基于开端而终止。这个开端作为起源，在终结处才是站得住脚的。因为人们在共同的展开过程中在终结处才达到开端，因此这个过程总是富有创造力的，应归于它“不死”的作品，就像我们在描述对艺术作品的质朴的共通感觉时不可避免地所称呼的那样。

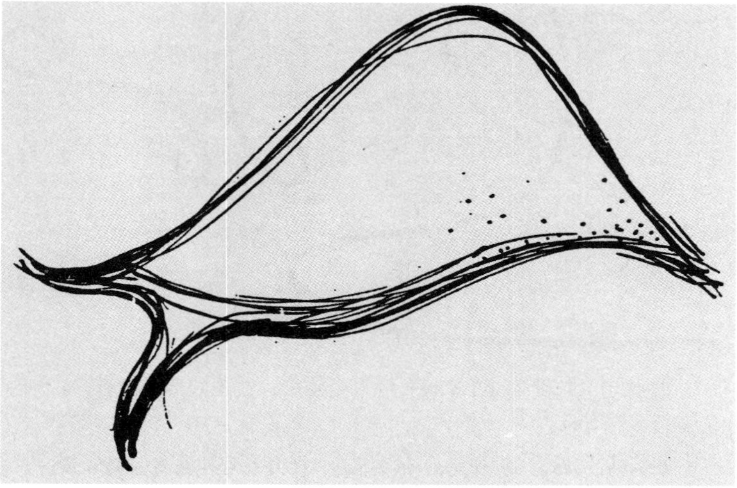

来自一幅史前的图画（佩西－梅勒：《攻击状态野牛的细节》）

这个忘我的线条的笔迹作为运动的图像和形象的图像。引导性的线条和变化；在进攻中看到伸延——因此就有关于一种（忘我的）基本经验的形象线条。狩猎作为早期的显露经验。

结束阶段具有“上涨”的特征。它不仅终结了最后的那些阶段，而且结束了总是要回溯至开端的修正过程，并且由此将一切一下子陈列出来，使它们具有完整性。在其中结构上涨至其完满的形式并且仿佛成为固定不变的。

244 这条忘我的曲线包含了突破、寻获、提升、高潮和上涨。这是最粗略的区分。在这条曲线中意义构建了自身。意义就是在每个环节的具体当下中所有环节之全体的在场。意义不会以另外的方式构建自身。如果“意义”恰好显示为被置于质朴感觉之上的“东西”、显现为超越事件的始终已存在之物，那么这个观点只是来自于一种遗忘，这种遗忘绝口不提忘我。只有从具体的忘我出发、在一种全面修正过程的光辉中，“意义”才产生出来，它是有担当的且承担责任的，对包含在这个忘我事件中的一切都负有责任。因此，意义如何产生，它也必须如此被“理解”；在创造性的追溯当中，通过这种追溯意义的

依据保罗·克利（Paul Klee）的自由临摹，线条的运动出自：《一个标记的承担者》，1934

一条运动的轨迹；它开始运动、折返、上升并且使自身充满能量，它在多重弧线中不断地将能量作为一个纯粹从自身出发的过程中的被赋形的运动构造给出，然后逐渐消失。这条线条作为线条。运动的典范。发生性的发展进程。某物从自身中产生，从自身中获取力量，在自身中扩展开来，在自身中消亡——并且在任何地方都不会只针对自身；总是朝向开放之物。

充满意义之物形成自身，并且由此、别无他途地获得其合法性。当
“某事进行”沿着脱离自身（忘我）的曲线上升为“某事成功”并且
上升为“某事实现”的时候，意义的联合体就被证明为整体。在它如 245
此推进之处，意义就是有理据的；那些附带经历了这种成功和实现的
人，不需要证据。对意义的理解是发生性的理解；发生性的理解就是
接受，对于主体之物和客观之物的内在融合为一。

“客观的”证明就是某种始终重要之物、必需之物、难打交道之物——在它们各安其位之处。在它们的位置上，它们每一个都位于一个意义区域之内。而这个意义区域本身不是通过论据被证明的，而是通过它自身。通过以下情形：它能够创造性地被经验，以发生的方式被体验，不会有中断和自我解散。

意义始终是这个意义，已长成的意义，重新产生的意义，运动的意义。一个人如果相信已经找到了这个意义，他就能够保持它。他甚至是有理据的。

人们并不能拥有意义，也不能持有意义，只能在生活中保持。意义就是关于绝对之物的各自具体化过程，或者基于绝对之物认为，它只有在具体化过程中才是可能的。“这个”绝对之物——此说法是错误的。意义是有创造力的单面性。整全性只存在于各自的视角之中，存在于对各自状态的限制之中，并且作为从此出发的重新构建，处于其广泛证明的特征之中。

（2）劳动

单个的行动并不是从一个已完成的行动承担者出发的，而是参与到这个行动承担者的自身实现过程中。行动承担者预先在其行动中成长。倘若他是通过他的行动成为行动者，那么他就连同着行动共同形成一个不可分的统一体。行动同一性。

单个行动如何成为一个针对其“承担者”之“存在”的重新构建的条件呢？是通过以下途径：它在根本上与这个“存在”的条件发生关联。这些活动就是对“承担者”之生存条件的更新。结构是基于一个外在之物勾画自身的，它将这个外在之物作为其自身生存条件的一

个总和。它的展开就是对这些条件的更新。它的“生存”就是对外在
246 之物的熟悉，这些外在之物从挑衅变成了激发。陌生之物在预先被给予性中具有其陌生性；而这种预先被给予性必定会被转变成一种自身被给予性。这种向着自身被给予性的转变，根本上只能作为出自结构自身动态的意义加载而发生。在这个新的意义规定中，“转变”先于自身发生；在转变中“自我”被构建出来，结构作为“自我”而生存。在结构中，生存就意味着赢得自我的过程；它们不“是”其他东西。

> 舞蹈
>
> 一个行进的动作，它以如下方式将外在的运动**阻碍**（重量、滞留、阻力）包含在运动之中：将它们变成对运动的**推动**：优雅而且优美。优雅是结构化的运动，也就是说，这种运动将对它而言的陌生之物也包含在内，甚至直接使之成为最本己之物。作为运动的结构舞蹈展示出以下内容：并不仅仅在物理学的、生物学的和精神的材料上才有结构，而是它们也能够取得成为其“材料”的运动。什么是“材料”，结构对此有所规定；材料就是被熟悉之物。“优雅”不能以古典主义的方式、浪漫主义的方式、多愁善感的方式被固定下来。猎豹的运动并不比一个伐木工的力量游戏更优雅，也不比在一级方程式赛车中争夺避风区的斗争更优雅。

因此至关重要的就是劳动。重新构建并不是从自身中展开发生的，并非简单地就是预先被给予可能性的实现过程，而是创造可能性。重新构建至少是空乏幻象之中的忘我的精神快感。

对于预先被给予条件的熟悉，同时也就是结构的制定，这个结构位于其含义集合的勾连表达之中。这个制定过程同时也是对结构自身含义中预先被给予性的改进，在结构的自身含义中它设定了自身。从外在区域出发条件能够作为条件被遭遇，这个外在区域就是结构的一个构建前提，并且被结构如其所是地勾画出来。就像一个结构是通过特性被定义的——它将同一个性质改造为特性，同样地，它很大程度

上也是通过它所关联的陌生性被定义的。内在－外在并不构成对立， 247
而是构成一个结构。

劳动的现象是结构的外在性布局。因为外在性是向内转变的条件，而向内转变是结构的条件，因此外在性就是一个对于结构而言不可免除的条件。在这里原初条件显现为完全的预先－被给予之物，它表现为与实在性完全无关之物，表现为它纯粹的自在。

自在不能天马行空地被勾画；所有天马行空地被勾画之物都是纯粹的想象，空乏的内在性，完全的虚构。真正的自在只有在一个外在化过程中才能产生，这个外在化过程将内在之物置于外在之物之上，使自身依附于此，不是构建自身，而是重新构建自身。这个“将自身置于外在物之上”的行为就是劳动。重新构建就是劳动，就是将诸条件的一种最基本的分散性整理成一个结构关联整体的统一体。当然这些条件预先就是外在的，但是它们被转化成“等级”(维度)。一个结构无异于就是对一个预先被给予的现实性的统一化诠释。

劳动意味着，诸含义的多样性集合被带入一个前后相继的关联整体中，并且这个过程处于其自身的成就之上。劳动的产品只是这个链条中的一个部分，因为众多产品的产品就是结构或者劳动过程本身。并不是每个劳动都有一个“产品”；事实上，一切产品都被理解为中间产品，并且在最普遍的含义中，这些产品毫无例外地就是所有“环节”。劳动的存在论意义涉及了哺乳动物对后代的照料，同样地还有像在企业中一个会计的工作，或者诗人创作诗歌的工作，或者在一个装配车间的噪音中无法听到的状态。成就总是只有基于前成就才有可能；前成就只有通过前成就才有可能。因此劳动作为一个过程先于自身发生，通过这个过程成就的特性产生，并且消亡。

劳动还意味着，作为一个结构的诠释不是“自由的”。它接受预 248
先被给予的条件文本的指示。它能够接受的条件越多，这个结构的伸延也就越大，并且它的思想也就越值得关注。“伸延”是条件预先被给予性的范围，在这个范围中结构才被带上了发展道路。“思想”是结构化原则，它一开始就受到原则的修正和变换的约束，已达成对预先被给予范围的更新，这个范围作为伸延是思想的标准。

在条件不自由之处，所有地方都可以谈及诠释。当结构受到条件指导时，就可以谈论“劳动”。劳动是一个诠释事件。

然而条件不仅位于过程的开端处，而且也标示了这个过程的整条道路——还有其终结。因此，对于人来说，“死”是最外在的条件，但是它却并非存在于人的权能之外。熟悉死亡，这是缘在的一个决定性的主题。只有当人的结构熟悉了死亡之后，它才能成功地被洞察；在这里，死亡将它的阴影作为“劳动的严肃性”投射到我们的所有日子里。

劳动是以改善和改良为目标的。改良是一个事件的基本意义。它意味着对过程本身的改善，而不只是对过程的对象或者条件的改善。然而，如果没有对过程对象的改善，就不会有过程的改善；重要的只是，遵循奠基的方向。改良就是“上升”。当“上升”的可能性被找到时，一个事件立即就会被更改为结构事件。上升就是寻找过程，就是通过其自身创造结构的过程。它从一个过程出发被获得，这个过程被作为其自身的意义而发现，或者说，它的发现就是：它自身是可能的。

> 保罗·克利
>
> “在这里，结构所特有的、反复出现的环节就是上升的概念，
> 249 亦即衰退的概念，这个环节在每一个层面都重复出现。”
>
> 《包豪斯课程》，1924

上升就相当于提高。某物在整体之中被提高。伴随着它的这种增长，它对于未来的计划也增长了。伴随着这个计划的还有标准，按照这个标准被完成之物总是变得更小，因此整体的结构，也就是计划和成就之间的比例、标准和充实之间的比例、未来、现在和过去之间的比例，总是保持恒定。出于这个原因，我们从外部看不到提高；但是从内部它作为“本真之物”被体验。如果这个运动停止了，提高也就停下来了，那么它就无可避免地转变成贬义的；已实现之物也不会持存，而是瓦解或者被异化，因此它就在僵化的状态中成为它自身的反面。

> 社会
>
> 一个以结构为勾画目标的社会当然是“动态的”。它决定性的标准就是“进步性”，这种进步性不是从一个目标出发或者通过一个绝对的标准才会被领会或者被诠释，而是作为内在的提高。在这种“发展”受到阻碍之处，发生的并不是限制，而是毁弃。因此一个这样的社会所具有的所有价值标准都是改良的标准。没有什么是好的；所有东西都必须变得更好。如果更好的东西被理解为一种完善，那么这种更好的东西就比起先好的东西还要糟糕。事实上，这种“进步”是一种要求，但只是作为结构化的发生，而不是作为越来越凝滞的东西；很遗憾这还太罕见了。

忘我和劳动看起来是对立的。然而并非如此，比如说有劳动的忘我状态，对于劳动现象来说这是不可缺少的。人们必须要“投入”到劳动中，无论它是体力劳动还是脑力劳动；如果人们具有处于其内在领域中的劳动，那么它就会扩展一种动态，人们可以沉浸于其中；它获得了要领和步骤，它“抓住”了事实之物；因此它“蓬勃地向前流淌”。它在忘我的曲线中找到了适合它的终点，超越这个终点不会有好处，因为在此之后要领不再“顺从”，劳动的结构瓦解了，那些单 250
个环节相互对立地劳动。

忘我状态使劳动具有多产性。劳动使忘我状态具有创造性。一个空泛地脱离了实在性而施展的、满足于纯粹虚构的忘我状态是无稽之谈。但是它摆脱了极为艰难的（“不可能的”）开端，并且进入了带有现实条件的具体背景之中，因此它的上升就切中了现实性本身，并且将关于维度的规定确立起来，否则这些规定一定还在现实之物的潜能状态中隐而不显。

劳动的多产性和忘我的创造性在上升的形式中相互关联。在劳动中，已经提高到了“某事推进”和“某事成功”。紧接着以忘我的方式继续上升到“某事实现”，通过这个过程，并不只是一个诸现成条件组成的体系被结构化并且由此以合乎劳动的方式被鲜活化，而且更有一个筹划发生，这个筹划使条件的关联整体以全新的面貌呈现。

在正常情况下，并不能达到这种“忘我”（脱离自身，绽出）状态。就只能是劳动，劳动在与世界关联在一起的人之生存的鲜活化过程中为意义的构造而操劳。“操心”是生存哲学的一个基本概念，但是这种生存哲学并未认识到生存化的劳动，并且因此必定会在空泛忘我的方向上曲解缘在的存在论构造。

劳动“启动”了。如果在劳动中没有什么东西得到提高，那么它就不是完好无损的。只有通过忘我的进程形式（结构动态）它才开启了内在之物，这个内在之物使事物从其关联一致性（意义）出发被经验。在这种劳动的经验过程中世界是充满意义的——舍此无他。如果人们从身体生存的生计所需出发去说明劳动，那么就低估了劳动。它在此之前就“制造”了现实性的意义方面，它提供了意义、维度、缘在。据此，它还完成了通往“生活”的途径。如果我们仅仅（从实际出发、在存在层面上）将它作为比较靠后的东西，那么马上就有这样
251 的问题被提出来：为何生活？——并且还有一个充满诡计的问题，是谁或者什么“完成”了劳动？

劳动从底部出发使人的缘在成为可能。尽管忘我是一种上升，但是这种状态如果是真的话，就不会在任何地方丧失劳动现象的在场性。劳动的基本成就维持了内部和外部的结构构成、自我和场域的接合、结构和秩序的接合。一个结构首先是通过对它进行规定的周围场域（世界）来标识自身特性的（表现为一个自我）。还有它所放弃之物，以及它未涉及之物，也标识了结构的特性。这是在不涉及的情形中涉及它的。当它对划定界限本身有所操劳并且承担责任时，情形总是如此。在自身划界的过程中，那些被排除之物也会如其所是地被处理。陌生性和无关性总是只有在一种本质上的敞开状态和戒备状态中产生。世界具有持续的劳动的构造。陌生之物恰好也被包含在内。陌生化。

也可能有不同的情况：被排除之物以迟钝的方式处于外部，没有被更新，没有被熟悉，也没有自我修正。这样一种异化在不同的现象之中呈现出来，从麻木的漠不关心到盲目的仇恨，从空泛的自我中心到铁石心肠的不宽容。在这里，陌生化转变成了异化。异化总是自我异化，因为结构观点知道，即便最外在的排斥——可能恰好就是这种排斥——也会造就自我。自我并不居于内部，而是同样的处于外部

的外部之物，或者是处于外部之物——恰好是此物，而非别的是外在的。

以存在论的方式看，劳动也处于最外在的外部领域以及自身与此领域的关系的构造之中。比如要砍伐一棵树，劳动也要完善与贸易以及更远之物的关系，与人、自然和世界的关系。如果这是在对一切事物的敞开状态中以及作为对整个世界面貌的规定发生，那么也会有忘我的提高发生，因为这种提高意味着在最细小的环节中整全性意义的在场。如果这是在对它者的排斥中发生的，那么结构就不会保持连续，劳动中的结构化过程就不会发生，因此也不会有提高发生，而是 252
只会固定在一个处于外部的体系之中；奴隶的劳动。敞开状态像陌生化一样，是一个结构范畴。敞开状态、陌生化和提高是否发生，这一点按照其自身活力的程度触及了缘在；排斥、异化和固定是否呈现，则是以其僵死的且无意义的自我中心的标准来经验缘在的。

（3）自由

提高和生成是赋予自由的方式。因此“自由”就是一个结构范畴。只有在结构事件的动态和形成过程的发生中才有自由，总是有某种为此被完成或者被保持的东西，在此之外就不会有自由。自由是整体中的结构存在论所阐述的意义；它指明了，“生成”或者对“自由”的要求属于每一个存在者，并且还指明，自由是如何在不同的层面上以不同的方式被具体化的。把自由作为结构存在论之中分离出来的课题加以讨论，这在根本上并非很有意义。而当它被完成时，仅仅作为局部的概要，但是针对这个局部性概要，才能有本质的特征、社会化的特征在“组合理论”中被提出。

自由不是状态，而是一种过程－范畴。自由只能作为赋予自由、“解放”。在有一个确定的状态总是被宣称为自由的天堂之处，所涉及的就是一个错误结论的命题，通过这个命题最本己的自由问题应当是静止的。但是，被置于静止中的东西是从人的标准中得出的，自始至终就是如此。被固定的自由就是羁绊。只有在破土而出的过程中才有自由。这个破土而出的过程开启进入一个新的维度。对于这个维度的经验就是其具体的更新。只有在新的内涵性任务中才有自由；它并非行为的形式，而是一个内容丰富、关于历史发现的现象。

253 自由的经验与破土而出的现象紧缚在一起，与向着新的可能性推进的运动紧缚在一起，然而，这种经验也能够被看作对所有迄今为止主要思想的兑现。对一个新的未来的发现始终也是对一个新的过去的发现。自由的突变是与一致性的条件关联在一起的，并且这种一致性必须要提供一个解决方案，潜能的生成，而这种潜能此前都是饱受压制和挤压的。被压制的潜能意味着对关系形势的阻碍和曲解。

因此这种被约束的经验已变得很清晰，而关于通往一种崭新的被提高了的自由的道路，人们预先无话可说。按照结构理论，并不存在关于自由的教条，不存在关于人之存在的教义学，不存在适用于所有时代的解放社会的公式。在这里，一切都被置于经验之上，置于面向未来的敞开筹划之上，这种筹划从当下的经验中获得其引导性理念，经验则是基于一种全新的诠释方式才成为可触及的并且显示出某些改良的可能性。

并不是每次改良都促成了赋予自由，而是只有那种在整体中意指一种提高的改良才促成自由。然而如果从此出发，一种现代的自由理论并不能以某一单个群体的解放需求为依据。特别是当特权被取消的时候，单个群体的解放必须同时意味着对所有特殊群体之自由的一个提高。更深一层去诠释，即便对于得到特权照顾的群体，一种片面的特权主义也不意味着提高，而是意味着对这个群体自身内部的关系组织的下降、曲解和歪曲；这个群体在片面的特权照顾中经验不到人性的益处，而只能经验到一种人性的损失，对于群体而言这种损失在一个更深层的体验层面中也可被触及，并且从此出发这种损失使所有自身体验都蒙上了一层否定性的色彩。

当一个结构生成时，诸深层结构也生成了。对于某个组织的改良意味着在这个组织的每个位置上的改良。这一点是从以下情形中得出的：每个环节中的结果作为其自身都是当下的。在全面性就是存在原
254 则之处，对某个方面的阻碍就是对所有方面的阻碍。一个社会的自由构造从来不能被建立在一个群体的消费之上。对于一个结构中一个部分的压制，就是对结构整体的压制。自由无涉价格；没有人可以付钱

得到自由。这一点对结构的改良肯定也有效，因此对那种致力于维度差异之物也有效——致力于层次的提高，而不仅仅是在同一个层次上、同一个社会中、同一个存在论状况中的线型变化。社会与个体一样，是一个不可分的结构。当社会被置于“突变”之中时，社会的秩序形式就会以结构化的方式发挥效用；然而这里所涉及的不是突变本身，而是诸体系的结构化过程。这个唯一的社会批判课题就是结构化过程。

有些体系还总是预先被给予，作为体系这很糟糕。对于体系的稀释在所有地方进行。稀释并不是直接被找到的，而是只能经由作为寻找的结构化前提的突变。在结构批判的社会理论中，所涉及的是突变本身以及作为尺度的突变。

结构理论是反对“理论”的，但是它支持澄清。结构化的具体形式并不是借助一种理论被找到的；稀释必定是直接从预先被给予的体系中取得的。然而这需要非常具体的劳动。学会这种劳动，这是人类社会最为重要的历史需求。

自由是一个过程。但并非每个过程都是自由。只有下述这样一些变化才意味着解放：它们的道路要经过对缘在的不同诠释层次，因此不仅是实事的诸状态（社会，国家，教会，高校，党派，社区，诸如此类）发生变化，而且实事本身也发生了变化。本质的变化，而非事实的转变在这里完成了决定性的一步。

变化保持了某种同一之物，然而从根本出发发生变化，它能够包含的无外乎就是以下情形：一般实事首次回到“自身”。赢得自我的
运动当然是结构运动。自由是结构动态内在的体验特征——并且这一 255
点是不可避免的，即自由恰好能够被看作一个结构事件的标准。在自由的现象呈现之处，所涉及的就是结构。这一点在存在论层面上，以及一般地看，都是成立的。在结构动态的所有层次上都有自由的形式，也存在于人类之外的层次上。因此自然（既是整体的自然，也是被造物个体中的自然）就有一个对于人的约束性要求：要操心人之自由的可能性。

结构变得越复杂，其自由的要求也就越紧迫。在此要注意的是，自由从来不是仅仅在一个层次上被实现。孤独的自由不是自由。只有

当人生活于其中的社会自由了，作为个体的人才能自由。只有当个体自由了，社会才会自由。而只有当这二者的自然的以及事务性的环境也自由了，它们才保持长久的自由。政治上的自由预设了一个文化水平为前提；如果有人想要把自由带给他人，就必须还要关心他们的环境。

众多社会形式不可忽视的多样性集合能够包含自由。更确切的表达：每一种社会情形都能够成为一种自由动态的出发点，条件即是它进入一个作为改良的上升运动之中。就像一个国家被描述的那样，一旦它基于“修正”被理解，并且这种修正不是被动发生，而是自主推动的，那么它就是一个自由的国家。当一个国家总是致力于加固和固化某种形势，那么不自由就出现了。如果它不推动也不要求“修正”，那么它就是一个不自由的国家，在一种相当民主的状况下情形也应当是如此。民主制度所说明的东西还是很少，重要的是具体的充实内容。所有的独裁专制都会认为自己是民主制度的。一种民主制度自称是民主的，就像一种哲学自称是真理。

256 没有人能够占据自由；只能去争取自由。自由从来不是一个模糊的目标形态，人们只能在“近似”的方式中去达到它；自由是具体的，或者它就不是自由。这种可具体化的、但是不可达到的自由就是作为过程的自由。这个形态必然是一个过程，由此它取得了自由的称号，这就是整个自由问题。

结构化意味着动态化。然而，在结构意义中并不是每个东西都是动态化，动态化只是一个非常确定的带入运动的过程、一个发生之物。所有其他的东西都是空洞的活跃状态、外在的进步，与其说要去完成，不如说应当否弃。如何设立这个动态化过程，由此那种“原初之物”在其中构建自身，这一点可以从完整执行的结构分析中得出。结构分析就是自由存在论。

某物按照自由的理论对社会有效，那么按照自由的理论它对个体也有效。它不是自由的，它必须被赋予自由，但首先是在它自身之中。没有人能够从外部（按社会的方式，政治的方式）获得自由，他也不是从内部（以自主的方式，可靠的方式）构建自由。关于一种新的自由诠释的征兆也是在新的德行中展示出来的。这种新的德行无关“规范”。如果它按照其自身的意义应当是“规范”，那么就如它应当所是的那样，这种规范甚至必须要“从外部”或者“从上部”被给予。对于“规范”（“禁忌”）的取消看上去首先只是取消；几乎没有觉察到提高。但是如果这种“批判”不只是作为对旧德行的一种批判，而是也作为对新德行的批判成功地启动，甚至如果这种新的德行根本上就被理解成这样一种批判本身，那么它就能够发展出一种内在的规范性，这种规范性作为一种人类改良的尺度发挥作用。

这种德行也有引导表象，但是不是那种出自概念、理念、观念之物的表象，而是关于具体化的表象。一个“榜样”已经很接近具体的德行，然而它始终还是带有一种普遍性的程度，这种程度在自身实事的发展中可能以禁止的方式起作用。因此，在这里被得出的，并非榜样，而是模式，这些模式通过其直接模仿的具体性被提取出来，同样 257
地通过竭力仿效的具体性被推崇。在这里，文学和艺术、在一切质料中对人进行阐明的可能性都具有伟大的意义。规范性是在教科书中被掌握的，而具体化则只在个别的表达中被掌握。这种具体化将各自德行经验的可能性勾勒出来。

一种已转变了的对于“错误”的看法，就属于这种德行——它本质上就是自由经验；按照这种看法，错误必须被看作并且被接受为改良的出发点。从不犯错误比犯过错误要更糟糕。一个错误可以重新被“纠正”。只有被纠正之物才是“好的”，然而并不是通过补偿（忏悔，赎罪等等——在最肤浅的意义上），而是通过更新。错误具有提示性特征，是经验的机会，并且在经验可能性实在化的过程中被改变了用途，似乎具有肯定性的意义，成为德行的构造条件。一种超道德（*Metamoral*）和一种反道德（*Antimoral*）都属于道德。反道德妨碍了道德的直接性；道德的直接性妨碍了道德。

道德状况意味着对于行为规划的一种确定的结构化过程；它是这样一种过程，通过它这种规划在被给予的具体条件下成功地实现了相互间的促进关系。这里所谈的是达到所有可能性相互间促进的构造，此外，那种可以被称为可能性的东西，并不是通过外部的坐标才被确定，而是从对其扩展条件的经验出发，在个人和社会层面上才成为明见的。

此情形的结果就是找到一种构造。构造（Gestalt）表明的是在一般性特征的意义上、在个人结构的意义上所有行为规划所具有的和谐性。关于德行的构造的寻找，在社会层面上有一个特征，从外部看可能很像“调整”，但是从内部看它有很强的经验性，并且因此成为一个不会削弱的自我构建的过程。在这个领域中，自我与唯我性并无关联；倘若它将结构同一性中群体的生活构造发展为成员的生活构造，
258 那么它也可以意味着政治性。由于在生存论哲学中，在社会的“人”和个体的“自我”之间没有中介，因此对一门结构伦理学而言恰好是这种中介是决定性的。如果自我的一个自由的构造外在于社会的自由构造，就是不可能的。只要个人的构造寻找只能在社会的构造寻找之条件下发生、只能在对政治责任的承担中发生，那么，一门结构伦理学就总是同时是个体的以及社会的伦理学，因此也是政治伦理学。此外，生存论哲学发现并极为敏锐地强调了自我的特征，这种特征决不能被丢掉，甚至也不能被削弱，这一点是从对结构理论的形式化分析中得出的。

如果人们注意到，自由只能在一个提高的修正过程中、经历众多发展层次才能变得具体，那么就可以看到它与教育学思考的紧密联系。对应于结构伦理学和结构社会学，还有结构教育学。自我并非局限于各个单独的个人之中，而是能够在不改变其意义或者不损害其道德级别的情形下，经由双重的或者多重的个人（教育学结构）达到自我磨炼，这一论据属于结构教育学的基本课题，因为结构教育学是在关于自由的引导性问题下被提出的。因为自我与自由意指同样的东西，所以具有代表性的自由贯彻的可能性或者共同的自由具体化之可能性就无限制地存在。如果在不同个体发展阶段的成员之间发生了此类情形，我们就称之为教育。因此，相对而言，教育并非是通过特殊的行为方式（教育学的“标准”，“教育措施”以及诸如此类的）被标识的，而是通过一种确定的聚合。此外，关于“意向性的”以及“功能性的”教育的基本原理与“个体”教育学的基本原理一样，都是不充分的。由这样一些概念所标识的教育学问题虽然还没有被扬弃，但

259

是要通过一种新的观点去超越。[①]

在某些方式中，结构人类学也总是结构教育学。如果人的存在就是改良，那么课题的同一性由此就几乎已经被设定了。当人的存在意味着特性，并且这种特性既在个体层面上、又在社会层面上被要求，那么就始终也需要一种通往自身成就的引导，在其中教育学的目标被表达出来。

园林

对于园林进行哲学规定的设想看起来很明显：被开垦种植的土地。据此，有两个基础部分被采纳：荒地和意愿，自然和自由。在园林中可以看到很幸运的情形，在其中这二者遭遇了，没有哪一个被压制。荒地被不断开发，但是它还是存在于植物的自由生长之中、存在于树木的繁茂之中。总的印象就是和睦。各个派别在半道上取得了一致。妥协。在自然的层面上，很遗憾只有一个例外。周围都是荒地——或者就是艰难地被开发的劳动地带。

然而这种设想是有欺骗性的；它没有切中现象；它通往田园牧歌，但是没有通往园林的本质。为了理解这个本质，人们必须看到自由的内在矛盾性，以及自然的内在矛盾性。如果自由直接行动，那么它的行动就是不连贯的、任意的；当行为不想丧失其自由时，它们在任何地方都不会适应它们所应当是的样子。但是这样的话就只有一种东西会显示出来：任意。恰好这种完全基于自身自立的自由必然会倒退回与它相反的原则所描述的状态：自然。我们观察这个相反的情形：在荒地中自然自身成了一个阻碍；它逼迫自身；没有什么能够成为它根本上所是的东西。只有当整理行为开始的时候，被逼迫之物才被开启，变得自由和容易。只有在整理意愿的影响下自然才能够“以自然的方式”得到发展。自由是一种**自然**的条件。自然是一种**自由**的条件。那种单单基于自身独立的意愿可能是一种最高意义上的意愿，但是它不 260

① 作者曾经尝试在《关于教育事件的哲学设想：重建的哲学与结构教育学》（收于《对人的追问》，1966）一文中给出关于结构教育学的设想。

是自由的。它一定会变得很紧张。解决之道所意指的并非削弱，而是加强。对于意愿的实践而言，这一点意味着：意愿必须通过对它所处身的外部（自然）条件的审慎组织，为自身实现一个准备就绪的情势，在其中它“完全是自然的”，就是说，从情势本身的趋势出发能够导向贯彻实施；只有这样它才达到其最高的且最持久的效应。自由的不连贯的形式阻碍了自身；自然的不连贯的形式阻碍了自身。当意愿与自然共同发展的时候，意愿才会变得自由；当自然与意愿共同发展的时候，自然才会变得自由。自由处于自然的本质内部；自然处于自由的本质内部。

园林的情形就是本质情势，是本己的、本源的存在形式，在其中自然和自由虽然是带有张力的相互关联的力量，但是并非针锋相对的原则。自由和自然并非这种原则（而园林是混合的形式），而是说，园林就是原则（而自由和自然是衍生的极端形式）。神话是有理据的；它将世界的原初状态表述为园林（伊甸园，天堂）。当人们将“自由”和“自然”提升为排他性的原则时，这二者就成了崩溃的现象和破裂的产品。现实的自由和自然是文化的同步后果。这不是向前推进，而是回返过程。它并不是离开根源（“自然”），而是返回到根源（自然和自由之间的不可分离性）。开端或许是纯粹的“自然”；但是这个开端并非根源。根源首先“存在”于事后，是重新构建。一切都是它所是者，在其中它**回复**（kommen，来）到自身。这种回复（来）是唯一“发生”（gehen，去）之事。一切其他东西尽管能够“存在”，但是不能“发生”。

后续的评注：只有当人们将园林安排得井井有条，其境象才能相称：哈德良行宫园林[①]、美泉宫、日本的园林文化，比如说也有一道瀑布、一块荒地、一片沼泽属于这个日式园林，就像美泉宫拥有它的街道。谁如果想将世界想象为园林，并不会被禁止。或许世界（在根源处）就是人的世界，并且人就是（即便不是在开端处）世界的人。

---

① 哈德良行宫园林（Hadriansgarten）是古罗马时期的皇家花园，坐落于罗马。——译者注

对奥根·芬克私人课程的一些思考，1969年5月

关于自由的话题是不会穷尽的，因为自由就是结构不可穷尽性的 261
基本特征。结构是自由的，只要它处于正在形成的过程中。只要它正在形成，它就是从发生点出发生活的。这个发生点就是开端，在这个发生点上结构基于最初的初期、基于时间的升现而被超越。只有先于自身形成之物，才是自由的、现实的。摆脱了永不磨灭特性的生命才是自由的。如果有某物提供了乐趣，那么这就是自由——这就是这个基本特征的正在形成状态。

如果人在自身之中不是自由的，那么政治的自由就是一种自身错觉。在自身中保持自由，这在很多层面上都是可能的。“道德”所展示的只是那些最初的自由条件。关于人类自由更高级的形式还没有展示出来。如果没有那些基础层次，就没有“更高级的形式”，这固然是对的，但是，那些“更高级的形式”根本上是更简单、更早的形式，这也很重要。当我们洞察到这一点时，问题就解决了。

自由根本上并不属于这个或者那个结构，自由是众结构组合的标准。只要每个结构都是关于对它进行规定的，与其他结构之组合的表达，自由就属于作为个体的结构。

自由作为自主，是一个结构的能力，它保持自身，就是其个别部分的原则。没有自由结构就不会“停留”在自身之中。那种不“停留”在自身中之物，就不会达到自身由此出发方可生成的点。一种辩证的自由，在其中个体的自由与整体的自由处于一种相互排斥的关系中，这是一种处于低层次上的自由，在这种层次上它也可以被经验为不自由。当自由在提高之中并且历经不同的层次被掌握时，它才开始生成。“辩证法”爬进了自由的现象之中：过于突出地赞美某一个人，这对于其他人就是一种前自由的蒙昧状态。最本己的自由问题并不在自由之中，而是在自由的层次之中——或者在以下情形中：自由必须在诸层次中被取得。

一定要被赋予自由的东西，不是自由的；它也永远不会自由。已 262
被提升的自由的层次并不是从被预先排列好之物出发生成的，它们是内在于其自身的“始终已有”之中开始的。它们伴随着突破开始——

抑或它们根本就没有开始。

倘若突破能够被理解为“革命”，那么这种革命的内涵就比将自身作为目标的所有世界的革命者要更丰富，并且不只是更丰富一点点。

经由“革命”，就要去转变观念。社会善意地要这样做，即（以广泛宣传的方式）奖励革命者。然而，当他们被奖励的时候，他们就悄悄地降回到这个社会的水平上。“革命”发现了他们的“始终已有”，超越了革命者的想象能力，然而却比我们所认为的离我们更近。

（4）时间与存在

存在者并不“是”结构化的，而是成为结构化；成为其自身。结构化根本上并非“存在者”。倘若我们的语言瞄准了“存在者”，那么这种语言就非常不适合于结构分析。一种存有－语言（Ist-Sprache）不断在从事一种加固的工作，服务于“固定”，并且由此压制了结构洞见。

如果人们也能不在口头上将结构动态特有的形成过程固化，那么他就能洞悉和理解这个过程。这是一个形成过程，在其中形成了这个形成过程，一个变化，在其中这个变化还要被转变。

在结构状况中，“形成过程”在较晚阶段所意味的内容与较早阶段有所不同。“较晚”所意味的内容之后也与之前有所不同，而“较早”所意味的内容之前也与之后有所不同。这个变化并非在一个关于一般时间的保持不变的视域中才成功实现。一般的时间——它并不存在。“随着时间”，时间本身也在变化。这里没有“一般的”。

263 在一个平均化的发展中，“开端”、“中途”和“结尾”诸阶段在一个最粗略的区分中被区分开来。如果人们以人的发展作为模型，那么马上就可以看到，在每个阶段中所有阶段的聚合所呈现的都是不同的：在“开端”中根本没有任何区别，在“中途”开端就是已被跨越之物而结尾则还没有被看到——因此只保持着中途，在“结尾”处开端是非常重要的，结尾也是如此——中途则逐渐消逝为开端和结尾之间的接触点。

但是按结构的方式看，“发展”并不是一条时间线的流逝，而是

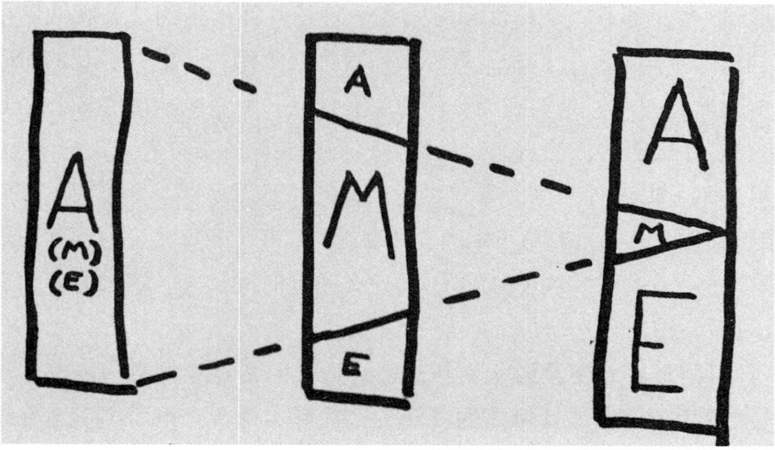

译者按：A 即 Anfang（开端）；M 即 Mitte（中途）；E 即 Ende（结尾）

时间视域的变迁，通过这个变迁“流逝”、“时间”和“线”各自意味着某些不同的内容。“流逝”被还原到结构的一个内在变迁之中、被还原到重新结构化的过程之上。按结构的方式看，“这个时间”是被排除的。时间是一个状况的问题，它被理解成构建的灵活性，在此有所谓“客观”时间的概念，我们倾向于将所有时间问题都置于这个概念之下，但这只是仅仅关于中途阶段的一个典型说明。不仅仅迄今为止的时间存在论，还有迄今为止的一般存在论都曾是一种中途阶段存在论——此外，以下情形也很典型地属于这种中途阶段存在论：即这种存在论坚信自己是唯一的、唯一正确的理解方式。

如果我们想让中途阶段的时间形式支配其他的时间形式，那么我 264
们由此就遵循了中途阶段的结构形式，而不是一般的结构形式。对于这个从奥古斯丁到海德格尔的时间哲学一直遵循的错误当然也有修正，这个修正并非存在于对优先等级的重新设定之中——在其中比方说开端的时间形式（不可分的当下）被置于一切时间理解的基础，而是存在于以下情形之中：所有阶段都被顾及，并且关于一种存在论前提的“时间”被重新思考为在结构动态中的一个内在构建部分。

时间观念论所做的这个指责当然很明显。但是只有具备以下条件才成立，即当人们遗忘了，“自我”、“内在”和“个体性”这些必须要为时间的固有内在之物提供地基的东西，无论如何都不会超出结构状况的构建部分。个体性和时间在一种相互间确定的“关联性”中“同时”被构建——这种关联性我们就称之为结构。因此客观的时间（中途阶段时间）是实在的，因为实在性是一种以结构的方式与之紧密结合在一起的存在意义。当然，结构存在论的支持者是这样看的，（开端的）时间内在固有之物也是实在的，然而是在一个不同的（尚未被描述并且只是非常艰难地去把握的）实在性意义上。时间的问题根本不会关系到“这个时间”，而是关系到时间动态，这种时间动态又关系到结构动态。

时间形式的变迁的发生与现实性形式的变迁相符合。现实性形式的变迁就是主体性形式的变迁。这些形式将所有东西都奠基在结构状况的变迁之中，并且因此能够只在一个诸存在论的序列中被把握。[1]——而这个序列是什么？时间状况的转换自身不再需要时间了
265 吗？因为时间－历史已经不是一个同时之物，那么它也不是一个前后相继之物吗？它既不是前后相继，也不是同时的，而是动态，这种动态在以下情形中具有其统一性：它根本上才使结构成为可能——而结构就是最终的“某物”。结构存在于以下情形之中：它内在于各自的阶段中、在当下化特有的方式中拥有属于它的其他“阶段”。甚至每个阶段都与其他阶段（及其自身）的各个不同的当下都没有差别。关于当下“各个不同”的法则是关于结构的被描述的形式动态。动态就是时间的视域——而非时间是动态的视域。

结构动态是关于世界最深刻的法则。解决时间问题就意味着，从动态出发把这澄清此问题。结构既不是时间的，也不是存在的，也不是转变中的，它是时间、存在和转变过程的根基。所有这些环节都能够从结构出发被解释为范畴和构建部分，在其中它自身也得到了解释，因为它的“存在”无非就是时间、存在、形成过程、现实性经过一定限制的同时发生。

结构使所有一切都可以被询问，并且与此同时使所有迄今为止的

---

① 从此出发来看，《存在与时间》的时间分析对应于开端阶段和中途阶段之间的一个确定位置。因此，它比任何一种时间—实在论都要更加“原初”，但是它仍将其“更原初状态”看作“更基础状态”，就是说，依据“实在性”（一般现实性）的范畴性进行思考。

“解答”都在一种新的方式中被质问。它自身不能被置于问题之下，因为它并没有形成对于它者被确立的“根基”（这种根基总是可以被突破的），而只是成为它者的聚合。关于其他存在论的一种结构化的解释在其自身之中就已经是关于结构的存在论解释。当它探究探究其他存在论时，它自身就已经被探究了。

因此人们无法从事“结构存在论”，而是必须给出具体的结构分析。当它被澄清的时候，它就变得敞亮了。如果在其他基础上可以有更好的分析被给出，那么它就被超越了。因此这会变得很困难，因为这种诠释活动的基础是各个实事本身。

这看起来很平常。谁不会这样声称呢？为了在这里给出一个标准，我们只要回忆一下彻底的关联状态下的结构构建物，这意味着，实事决定了其各自的规定。因此，在确定的结构化关系中，一个静止 266
状态就能够阐明一个特有的运动特征。滞后很可能起到加快的作用，比如在切分音的情形中就是如此[①]，停止可能起到动态推动的作用，压制可能起到上升的作用，压缩可能起到扩展的作用，甚至拆解起到建立（缩减）一个结构的作用。拆解并非总是建立；建立也并非总是建立；建立也并非总是拆解，诸如此类。灵活性并不总是在运动之中，静止并不总是在静止之中。一个静止状态意味着运动还是静止，只能从运动和静止自身的具体结构中得出。

这对于结构状况的所有范畴都有效。动态是什么，这不会从其他任何地方得出，而只能从与“发生学”、“根源状态”、“上升”等的相互关联中得出。但是这种相互关联发生了变迁——在这里才恰好是“状况”。因此我们必须准备对同一个“状况”进行三次描述，这种状况并不是一劳永逸地能与“状况”之名保持符合。当然，一分为三还是不够，就像把人的发展阶段分为“开端”、“中期”和“结尾”，还是太少。完整的存在论区分应当是对所有实际性结构的描述，因为很明显每个结构都决定了其存在论状态本身。

如果对于本质上的存在范畴和判断范畴之意义的确定就是“存在论”的任务，那么每个结构就都具有其独特的存在论。根据结构分析

① 切分音是指一个相同音高的音符同时出现并结合在强拍或次强拍和弱拍上，因此会导致乐曲进行中强拍和弱拍易位，强拍变成弱拍，或弱拍变成强拍。——译者注

的结果，并不存在普遍的存在论，而是只有结构分析，如果这些分析是充分的，那么它们对于各自自身都是一门存在论。这表明了其彻底性。人们无法比存在论方式更基本地去提问和研究。最为基础的提问层次就是通过结构分析被占有的。结构分析支撑着缘在分析，但是它并没有解决缘在分析，此外同样它也没有解决存在论。但是它给出了净化的原则。

在始终要以结构化的方式进行诠释之处，就会有一门存在论从相关的科学中产生出来。在一门存在论从一门科学中出发形成之处，这
267 门存在论不会继续接纳其出自日常语言或者出自一种优先形而上学的基本概念，而是在其经验本身范围内确定这些基本概念。因此根本上它才能成为科学。大多数“科学”与它还差得远。一门已经转变为自我规定的科学既不会定位于一种预先被完成的存在论，也不会定位于一种（始终质朴的）认识论或者知识论，而是从其实事本身中取得所有它的标准。

（5）尺度

我们称那些被归于“成功”或者“不成功”的存在者为结构。处于边缘上的东西，就是结构。但是成功的尺度又在哪里呢？

众多空间从一个形成过程出发才发展起来（游戏空间、观察视域、判断可能性、标准性、含义维度等等），只有进入这些空间，进一步的形成过程才有可能；这种形成过程很难依据预先被给予之物去衡量。在“成功”或者“实现”中不会有原先被确定的目标实现，而是不可预先取得的可能性成为自由的。不可预先取得的可能性就是可能之物各自的“等级”或者“维度”。维度的破裂是结构化的条件。不可能比这种情形更多且更好地发生了。因此这个破裂也是结构的尺度。但是在这里没有一切比较的话，可以认识到什么呢？这个事件的经验特征是如此明见和紧凑，关于自身它绝对不会搞错。这种内在经验的引导可以单独承担对过程的控制，而来自这种内在经验引导的自身肯定性是很明确的，因为它是关于结构唯一的、标准论上的尺度。结构只能在这一方面被提问：它是否成功；外在的合乎尺度状态并没

有将它与其他东西联系起来。

因此，以下情形同样是错的：放弃所有的合尺度状态，并且对于事件不作判断，就像它质朴的状态那样、根据预先被给予的尺度（来 268
自形而上学、伦理学、美学、神学、社会学等等）去判断结构化事件。真正判断的可能性存在于一个设想之中，按照这个设想，结构的自身合尺度状态必须要在复杂的、艰难的和详细的（在此被规定了最高的精确性）研究中被塑造出来。显露过程的增强或者减弱，偏移的点和转变的位置，构造的变形，设想中的矛盾，勾连表达中的无差异性，事件中的不自由状态，回避陌生的合尺度性，错失上升的可能性，被给予的结构化可能性所带来的低负荷或者超负荷，所有这些都可以进入对判断的描述，并且提供了一个不可预见的区域，这是一个可能的、充满意义的、有用的、必要的分析的区域。

结构是其自身的尺度：一个同义反复的说法，通过它没有什么东西可以开始。关于此的一些东西是在诠释的标题下被注意到的。更宽泛地说，“评价”并非首先被告知给结构，而是在其自身中就已经发生了，因此严格地说，结构分析只需将自身保持在实事之上。自我量度首先是在以下情形中发生的：结构只是各自通过其“等级”被构建，“内在于”这个等级它得到了扩展。结构是在自身之中产生的；这个“在自身之中”意味着一种“区分”：作为尺度结构和作为事实的结构。结构诠释分别依据尺度和事实实现了这种区分，我们称之为区分化诠释。它当然是结构批判。

在自身中产生的结构可以以蛋、蛋黄和蛋白的图像作为象征。

关于劳动的思考

人由于病痛失去了其感觉的真理。健康是真理的一种方式。在现代方法中关于这个有否定性的说法出现，比如“洗脑”；通
过损害一个人的健康状况在毁灭一个人。与席勒所描写的英雄不 269
同，他们只是一时被要求，而现代的拥护者则要承担漫长的结构讨论；妨害，压制。在一个确定的点上，他丧失了自身，更有甚者，他不再能够感知到自我的丧失。对于结构过程的肯定性经验是训练，营养学上的生命构造。其成就就是：整体的生命。如果

> 关于生命的基本观念曾经先于理所当然的传统（礼仪、神话、风俗、规矩），那么这种基本观念在今天就要各自被承担。自由并非作为行为，而是作为立场、作为存在。重叠。生存依据自身的内在被显露出来，并且关联到作为其去承担之物的整体。蛋黄和蛋。蛋形的药品。人给予自身人之存在的能力的条件。立场和结果是同一个东西。出自个别行为的道路；这种行为以实体主义的方式思考。通往生命的整体。自由，真理，可能性，历史的医学，人性的医学，医学的形而上学——作为例子。
>
> 1965 年的对话

结构的自我批判就是修正过程，它将其作为结构的建构归功于这个修正过程。结构只会成为那种把自身作为所有批判中最困难批判的东西，成为自我批判，并且它在其中要求给出比各自从它者出发所能被要求的更多的东西，突破到各自本身的“维度”之中，这种“维度”所意味的就是“量度”。

最后的尺度就是结构自身。它是否处于正确的道路上，只有对于道路的经验才能说明。无论如何对于正确道路的预兆还是可能的。有一些应该已经被提及了。

首先就是发生过程中的“原始状态”(ab ovo，未孵化状态)。这个设想并不存在于常规情形中。发展预设了诸环节的一种转换，这个转换在很早的时候就开始了。尽管以下情形是可能的、甚至极有可能，即诸环节再次接受很多常见的含义，但是从新的协调性出发去接受它们的。一切都取决于新颖性，而新奇之物则无足轻重。我们将此情形称为一个发展过程的*正在形成状态*。在一个发生过程始终“无前提”且“永不耗尽”之处——这是在充分的可靠性中开始的，这个过
270 程就是正常的。只要进程保持在形成过程的状态中，它就是合理的。在一种合理性中，这种合理性违背了所有其他的秩序。如果一个看的行为是正在形成的（正在出生），那么这个行为的发生就不带有对其“对象”的预先打算，总是不断更新地看，在其无与伦比的状态中看。无与伦比的状态可以完全是朴素的（丢勒的《大草坪》），通过其无与伦比性，它们据有了“最高的”级别。正在形成的看是正在发现，正

在形成的思考是正在思考，即便它所从事的只是简单的事实。

生命力的标准也很相似，它意味着，所有的步骤和环节都处于相互之间的直接交换之中，并且因此修正的条件被满足了。只要扩展还处于生命力的模式之中，这个过程就是合法的。

开放状态是一个更宽广的尺度。它是排斥的对立面。在一个结构已准备好去熟悉之处，它就纯粹作为结构行事。如果在一些区域中呈现出清晰的边界，这“绝对”不行，这是偏离道路的预兆。在排斥的基础上一个结构化的过程就无法施行。如果这个过程因为现实性而被打破，或者现实性因为这个过程而被打破，那么事实上这个过程就已由于自身而被打破。然而这一点并没有排除以下情形：决定性的仇视和陌生化被造成了，但是接下来只能是这样：结构在其中找到自身。使普全性和开放状态成为不可能的东西（比如说，谋杀、仇恨、欺骗），最终就是自杀，因为不存在离开了结构还能持留的东西。

张力和伸延也是一个尺度。如果依据这二者，或者它没有被补救，那么结构就破碎了。只要这二者在相互间强化中生活，结构也就会延续它的生命。

最后要提到的是一贯性，它提供了结构事件的合法性尺度。如果发展是这样的：它停留在其自身的踪迹之中，并且也能向外看到更大系列的一贯性，那么这条自身的道路就是合理的。

还有更多的标准可以随意列举：原初性、创造力、显露、透明性， 271
诸如此类。结构的所有范畴都是结构的标准，因为它们就是结构自身的一个截面。所有这些都可以在对“自由”的要求中被概括，自由是所有标准的标准。因为它是一般结构的意义。自由所在之处，就是道路所在之处。如果以结构的方式去看自由，它就包含了所有的自由（其他众多结构）。并不只是形式上的，而且是在主题化的职责之中。[①]结构对升现负有责任，对开端、构造和死亡负有责任。一成俱成——或者一无所成。这个量度自身的结构也是以最强硬的方式通过自身被定向的。

---

① 参见“秩序”，特别是第 349 页以下。

3. 终结的可能性和转化的可能性

通过起源和终结，结构发生以最明显的方式与纯粹的动态区别开来。起源是如此独特，根本不是从开始出发去理解的，终结是如此独特，决不只是一个终点。在一种互补性中，一门终结的存在论对应于一门起源的存在论。一门扩展的存在论对应于这二者。这些存在论之间的相即对应就是结构发生。

终结的存在论展现了终结行为的众多可能性汇集的宽泛地带。每一次起源的获得都会使一种特别的终结方式被找到，从这个双重事件出发，各个独特的结构就具有了自身特征。

在终结的不同方式下有一些基本形式被突出出来，这些基本形式标识了可能性的开放区域，并且从这些可能性的差异出发，在这里尚未呈现的整个区域就能够在此被洞察。

272 ### （1）蜷缩

蜷缩是一个基本特征，它产生于上涨过程。在上涨中，事件关联到其自身，众多可能性强迫自身一步步地达到完整的严格性，这种严格性回头将整个结构过程汇集到即时明见性的统一体之中。强迫是从一致性出发形成的。终点指向开端；开端是在终点中生成的。

这样一种终结意味着“完满”。一个内在的标准被满足了。一个外在的标准根本上是无法被“满足”的，无论如何都不是这样的：标准是在实事本身中被撤销的。在上涨过程中，不再有游戏空间，不再有进一步的可能性。拓展的过程不会再添加什么东西，而是夺取。实事在自身之中将时间范围取消了，因此“更多其他的”一切都不再属于它，不再内在于其时间。

某物在自身之中以如下方式被取消：它流入其同一性的地点，这样的东西我们就用*蜷缩*这个词去指称。作为存在论的基本特征，这不是一个“结尾处”的表现，而是一种源自开端的展现形式。扩展的过程在每个位置上都曾经是蜷缩，然而它在扩展的过程中才随着上升的清晰性生成。扩展和蜷缩是同一个过程，有时它是从起源出发被审 273
视，而另外一些时候则是从终结出发被审视。扩展的向前推进就是一个其终点变得清晰的过程，或者说，整体作为终点（完满）被施行，这个情形变得清晰的过程。这个结构过程的境象就是*螺旋*或者“*蜗形*”。

螺旋是一种缘在基本经验的运动境象，在这个基本经验中这个境象以模糊且不确定的方式、与一切生命之物紧密相关地被知晓。因此

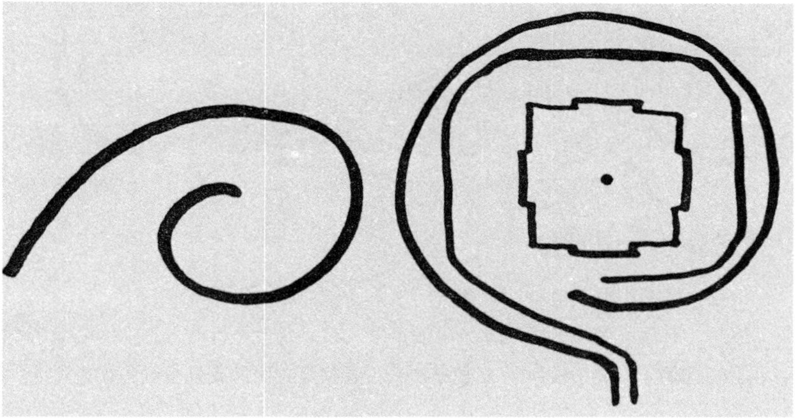

具有相似路径的螺旋和曼陀罗（纳瓦霍族[1]解脱仪式中的冥想转向）

---

① 纳瓦霍族（Navaho）是北美印第安人的一个部族。——译者注

螺旋是多重的构造中作为自我诠释出现的，它具有一个围绕着自身的象征性意义的晕圈。最为显著的形式之一就是迷宫，另外一种到处流行的形式就是曼陀罗，在所有文化中它都是一种冥想的象征。在这里，冥想自身是缘在基本运动的一个心理符号，是关于螺旋的一种时间上的简化样本，它通过冥想将人的缘在作为生命的准线置于面前。老的词语“内省”意指着同样的东西。谁“保持内省”，他就脱离了关于演进中的缘在的外部坐标系统里的直线方式，转弯进入了它自身
274 的合尺度状态，并且在不断重复的收敛朝着自身延伸。在此，当运动实现、成功展开时，沿着这个方向就是起源，这一点在以下情形中得以证明：缘在从那个地方重新由自身出发形成。“赋义”所说的是同样的东西，因为起源就是意义。

古老的人类经验告诉我们，一个不给自身赋义、从不内省的缘在也就从来无法找到进步沿着它达到完满的那条曲线，之所以重视和强调这条“曲线”，是因为，如果对于某人来说有某事成功，那都是出

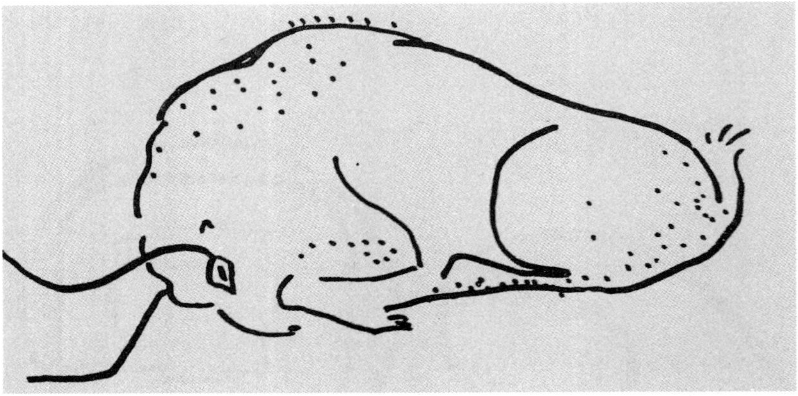

根据一幅洞中绘画的自由临摹（阿尔塔米拉，卧倒的牛）[①]

蜷缩。在眼睛的境象中基本经验的重复，多重的发生性收敛作为对力量起源的经验。沉睡作为关于蜷缩的心理境象——蜷缩是在回溯到发生地点的意义上。

① 阿尔塔米拉（Altamira）山洞位于西班牙北部的坎塔布里亚自治区，洞内有距今至少 12000 年以前的旧石器时代晚期的原始绘画艺术遗迹。——译者注

自“这条曲线”的。因此平常的语言表达得非常贴切，并且特别是在被鼓动的青年狂热强调的弯曲经验中，一种对于发展阶段极为重要的基本需求、向自身之物的弯曲，就成为目标。

螺旋就是自身上升中的弯曲，上升的曲线。所有的生命展开过程都是这样推进的——成为善或者成为恶：恶性循环或者良性循环——不知为何后者更不为人知。

收敛的缺失形式就是围绕着自身的圆圈。它缺乏力量；内在之物 275
不是作为起源，而是作为自我而变得主动，这个自我并不是向着起源的方向运动的。唯我论可能是普遍的，但它不是根源性的。它作为派生性误解从起源运动中产生出来，并且因此具有了自在的“自然之物”的假象。由此出发力量的假象也得到说明，它从被设为目标的根基出发呈现出来，但是转向了否定性的意义，因为它的存在处境只

出自公元前 3 世纪一份希腊手稿中蛇的符号以及陶瓶画中的伊阿宋神话

自我折磨的蛇：空洞的自我牵绊状态的象征，一种基本危险的象征，出自被要求的“蜷缩”的运动形象。

人被蛇或者龙吞噬的过程（伊阿宋[①]被蛇重新吐出来）：象征着被卷入一个凭自身力量无法摆脱的、不断加深的（围绕自身的）旋转踪迹，从此出发只能有一个陌生的、更高级的力量被解放出来。

① 这里的伊阿宋（Jason，希腊文：Ἰάσων，拉丁文：Easun）是古希腊神话人物，夺取金羊毛的主要英雄。——译者注

能是陷于围绕自身转圈的困境之中。正确理解的话，自然与唯我论无关。

蜷缩是结构的必须化过程，是其出自完满自主性的存在的必要性。这种完满达到了如此程度，由此它就从自身中生成。因为结构总是已被考虑到——即便还是模糊且无意识地，因此必要的存在也总是已被考虑到（存在－神学）。关于必然之物的思想具有某种自在的不可避免的内容，但是在其传统的理解中（存在论的上帝证明）是以静态的方式被思考的。必要性不是以静态的方式去思考的。必须化是一个结构范畴；它只能从发生性结构的扩展踪迹的特性中产生出来，并且只能在自我必须化的动态中被理解为理想境象和基本构造。在实体主义的静态模式中，思想停留在一种无法让人满意的程度中，即便它是在纯粹理性的一种不可扬弃的“辩证法”形式中被思考的。在对象存在论的基础上“辩证法”是这样一种形式，在其中诸多结构特征能够在急需时被当下化。

当被陈列出来的含义点在不断的回溯修正中朝着完整性和协调性推进时，一个结构的扩展在上升过程中就必然取得优势。最后的那个点才会给予最初的步骤意义和理据。所有步骤的相互关联给了每一单个步骤必要性。相互关联的整体在自身中变得紧密，并且相对于外界封闭了自身。对于结构而言，超出于其上是不可能的。这一点意味着“完满”。完满并不是尺度概念。某物如果符合一个尺度，它就始终
276 无法完满，而至多只能是完整或者充分。只有当尺度在实事中作为其最内在的自我被找回时，完满才得以形成。完满并不预设自身合尺度状态，它赢得了这种状态。自身合尺度状态只能不断去获得，从来不是顺带被给予。只要自身合尺度状态表明了自主性，自主性就不是性质。自主性是在终结中才被找到的，这一点是自主运动的本质。完满的唯一尺度就是成功过程本身的运动，就是“蜗形”，它位于对这个运动的自我澄清的不断上升之中。因此，“完满”既不是“伟大的”，也不是“著名的”；它就是它自身。完满在最微小之处和最低调之处都是可能的。把完满看作“样本有效性”，这是一个极深的误解。

完满并非位于例外情形之中，这一点就是现代艺术意图演示的东西。粉碎关于典范的每一个假象，这是将自身合尺度状态表达为唯一

的合尺度状态的条件。只要自身合尺度状态在某个角度中（在普遍化的角度中）根本不是合尺度状态，这种无尺度性就是新艺术的规划点，无论这种无尺度性是以夸大的形式、还是以微不足道其平庸的形式，都是如此。艺术作为非－艺术。其中有合理性。在其中有某种东西被表明，这种东西是且应当是令人痛苦的。如果无艺术的艺术中受伤害的部分不会再被感受到痛苦，那么其演示目标，以及由此产生的意义，都缺失了。造成单纯“漏洞”的范围、造成廉价轰动的范围，是很狭窄的；通往一种不可分辨性的过程是无法察觉的。因此它变得盲目且随大流而动。

关于自身合尺度状态的原则在其他任何地方都不会比在艺术中更容易理解。如果可以一般化地说，艺术无非就是独特性的结构特征的自我呈送。独特性是完满，完满就是不可损坏的状态。每个被撤回其起源的结构都不可损坏。它是以如下方式将时间范围安置于自身之中的：对它而言，超越这个时间范围就不会遇到任何东西。所有其他的 277
事件都依然是外在事件。在一种情感细腻的语言中我们会说到“不朽之物”，其不朽性存在于以下情形之中：它不会再受到外来的损坏。而如果这种说法关系到一切结构之物，并且由此也恰好在其不可显现状态中涉及了不可显现之物，那么这种情感细腻的说法就停止了。不可损坏之物保持着它原先的样子，即便后来它历经漫长的历史被打碎、被扭曲、发生腐坏、被遗失。一件未竟之作并不比那种无法洞察的起源构造更无“价值”；残缺的作品并非“断裂”。中断可能是艺术完满的一个内在条件。外部的生存并非固定在艺术结构自身的意义之中，而是保持着微不足道且无效的状态。“具体化过程”并不意味着生存，而是在另外一个领域中的实际性。另外一个领域并不是“彼岸的”；它麻木地对抗着此岸与彼岸的区别，甚至可能会将这个区别变成一个内在的含义环节。

勾画特征，这个行为并不是通过规定从外部被确立的，它是在自身中被确立的。勾画特征得出了我们称之为构造的东西。构造是一种聚合，其决断和行为是从必要性中导出的。决断和行为被压入聚合的整体，因此它看起来根本上并没有去“行动”；它“存在（是）”。行为的直接性引发了以下情形：这种行为既不是从目的和目标出发，也不是从规划和意图出发去传达和亮相，而是完全作为它自身。质朴状态。这种质朴之物不会从其他任何地方出发，而是终究只能从自身出发获得动机。动机是通过动机本身获得现实性的。行为并不是那一个“承担者”；没有人站在这些行为“后面”；行为者是完全在行为中被呈现出来的；他就在“此”，未被掩盖，也未被伪装。那个在其行为中居于一个完全领先位置的行为者是具体的；他的行为隶属于行为自身。自主性：这种自主性在以下地点才有可能，在这一点上“构造”
278 成为现实的。结构在所有位置上都是现实的；在每个位置上，整体都在场。

“构造”的不可损坏性在蜷缩中具有其原则。通过这种蜷缩，可能性的视域（时间、游戏空间、可理解性）被作为内在环节收敛起来。那种在自身中，而不是围绕着自身具有其领域的东西，就是已实现完满化意义上结构。据此，蜷缩之物不再“曾经存在”。在它存在期间，它都存在；在此之前没有一个未来，在此之后也没有一个过去。之前结构的“可能性”已是如此之小，之后它的“现实性”也曾同样很小。谁要是想经验实事的现实性，就必须处于实事之中；谁要是想要经验实事的可能性，同样也须如此。处于实事之中的人，是在一种独特的持久性中经验实事的，即便恰好是在时间化勾画特征过程中并且在被极为精确地规定的终点上。这种持久性存在于以下情形中：在一个实事之中没有包含着这个实事的视域会被想到，而是它向着一切开放，一切都被置于它的秩序之中。发生排他性并没有限制，而是排除限制，即便是在各自的特殊方式之中。勾画特征的过程就是作为自我规定的边界。那种无特征之物尽管更具普遍性，但是既不是更宽广，也不是更开放，相反地，它总是固定地保持在某一个普遍性的层次上。蜷缩的时间终结将其自身的视域也一道收敛起来，因此“在此之后”的时间就是另一种时间了。结构的曾在首先就是在这种不同的时间方式之中在场的，但是这种曾在之物不再是结构，它曾经是结构。为了能在过去显现，结构必须经历一个转变，这个转变夺取了它所有曾经极为本质的东西。作为它自身，它不会消逝；它的消逝同时就是消逝之物的一个变化。

> 爱欲模式（Eros-Modell）：
>
> 就像结构特征诸如创造力、扩展、不可侵犯性等首先是在艺术品中得到表达的一样，像寻找、排他性和柔软性等结构特征则是在爱欲现象中被表达的。两个“相遇”的人，建造起了一个结构，他们从这个结构出发去理解其他一切东西，但是从其他东西 279
> 出发他们则无法理解这个结构。趋势向着蜷缩发展。这个现象在自身之中上涨，并且以如下方式在自身中找回它的视域：“在此之后”它不再是这个现象。尽管在反光镜中显现出某些东西，但是那是其他东西，被拆除、被平庸化。这不是这个现象的真理，它只在自身中具有其真理。它以蜷缩的方式保存着真理。尽管它对一个人放手，但是这是将之作为一个他者。因此它维持住这个人，但是仅仅是作为同一个人。一个人滞留在他的真理中，这一点那个由此出发生成的人并不知道，因为对他而言那个被保持的真理现在恰好显现为谬误。把真理看作谬误，就是脱离了真理，丧失了真理。

现象并不是“在时间中”显现，根本上所在的时间应当是在现象中生成的时间。一个现象，如果它跟时间本身是同一的，我们就将之理解为“永恒的”。因为它不会成为时间。然而它不会成为一种时间，但是这种时间不是真正的时间、真理的时间。因此，“永恒性”在根源处就是那种与现象同一的时间。并不存在自在的永恒性，而只是作为与自身同一的现象。永恒性就是具体的时间。它的最大的幻觉就是空洞的永恒性，在这种永恒性中结构特征会在以下方式中被误解：尽管不可超越性已经被包括了，但是这些现象根据陈腐的存在论被设定为纯粹“在时间之中”。因此就产生出无穷的重复，绝对的空洞，根本上与永恒性完全对立的反面。

没有永恒的延续，也没有一个现在（nunc stans），会给出完整的意义。这二者所领会的仅仅是思想的某些方面，并且是在不同的能力范围内领会的。如果永恒性是在时间的普遍视域下被提出的，那么它就脱离了其真理。这个发生过程将它再次带回其自身的真理之中，这个真理恰好处于出自时间性的失效形式的逆转之中。这个逆转达到了时间之起源性的点，时间的创造，这就是在永恒性的概念中单单被意指的东西。与“处于退步之中”不同，永恒性是不能被达到的；它是“时间的飞跃”，在其中一般时间性的维度才一跃而出。

“永恒性”的时间形式适合于这样一些现象：这些现象被限定在一个被强调的感知当中，并且是暂时性的。永恒性和暂时性并不相互
280 排斥，它们相互包容。结构发生总是在有穷性和永恒性（无论如何命名）的比较中被经验到。在这里，死亡和不死性也以同样的特征被划分。思考的传统只是一度在排他性中掌握了这个基本特征，甚至将之造就为形而上学思想的基础：艾克哈特大师[1]。在他看来，永恒性并非“超越”时间，而是作为时间的中心在时间之中。所有存在物都同时具有一种永恒性形式和一种有穷性形式。没有任何东西是从有穷性“过渡到”无穷性的，至少不是这样：这个“过渡”是一个时间过程。倘若永恒性形式被通俗地称为“天”，而有穷性形式被通俗地称为“地”，那么所有一切同时既在“天上”又在“地上”。天和地并不是不同被给予性的不同领域，而是那些同样的缘起生成的不同维度、秩序（这就是帕斯卡·“秩序”学说的起源）。事实上在这里关于结构存在论和对象存在论的差别已经被考虑到了，即便也还只是以神学的（即使又是特殊领域的）表达方式。结构存在论才使这些关系进行思考，它们是如何在真理的秩序之中的，以及它们是如何存在于真理的秩序之间的。

在有穷性和无穷性的同一性被领会之处，它总是将结构特征大白于天下。最重要的是这是在“瞬间”发生，克尔凯郭尔将这个瞬间思考为时间与永恒性的巧合。这个瞬间并非出自时间和永恒性的会聚，而是一切时间永恒的起源点（“时间的丰富性”）。在克尔凯郭尔看来，时间只是对瞬间的一种误解；然而确是一种必要之物，因为永恒性的状况只能被理解为出自时间回返运动的回归。

死亡和不死性都是结构现象。这两者都是在存在论层面上被理解的。在存在层面上，没有死亡，只有“生命中断”。在存在层面上，
281 谈论不死性没有意义。死亡意味着具体化过程上涨为勾画特征，这个

---

① 参见《实体·体系·结构》第一卷，第179页以下。

过程通往其绝对的终点，在其中“同时”有对时间的解除，这种解除将现象归还到其自身的时间之中，也就是说，归还到它自身的本质之中。现象达到了其不可损坏性，并且它是在一种完满的意义上达到这种不可损坏性的。并非所有东西都达到了它的完满，但是当这种完满被达到之处，它就会进入“死亡”，并且在其中作为最高峰被达到。关于不死性的形而上学在实体主义的语言中重新给出了蜷缩的结构特征。在这里就像在其他地方一样，“过渡”成为可能，这种过渡相互交融地引导着存在论，而它们同时又能相互间修正。

人们不应将古老的形而上学作为它曾经所是的样子去拯救，但是人们应该能够从这种形而上学出发、在结构理论的传承中赢得极有价值的好处和修正措施。结构存在论并不是对存在论历史的破坏，而是对这种历史的重新建构。但是这是那样一种存在论，它同时是“验证”和修正。它是对古老的以及最古老的思想的恢复，但是是在它的青春方式和精确性中，而不是在其形同槁木和老生常谈的状态中。

在自身中蜷缩的结构在自身中取回了“它的时间”。它不再是“曾在”，就像它的开端从来不是“尚未”在。如果开端有了一个“尚未”，那么就应该存在单纯可能性的一个空洞的视域，并且这个转化也从来不应是“飞跃”。如果以前缺少在此之后的视域，那么这种情形就从来不会有一个“尚未”。“尚未”和“不再”都是被规定的状态，它们并不归属于发生过程。然而只要它存在，它就是，并且只要它存在，也就有了一种时间，在其中它从未存在过或者将不再存在。然而，这种其自身的否定该放在现象“之内”，它不会构成这个现象的视域。这个现象存在于以下情形之中：它使其视域在自身之中展露出来，并且同样地又在自身中取消它。这个被取消的结构就是对于结构的形成过程和变革的发生性统一体的证明。

退回到自身的时间之中、退回到起源之中，这个退回的过程使自 282
身以如下方式独立于每一个外在的视域：它不仅仅漠视“终点”，而是也漠视“再现”。这个再现基本上没有消除本源性和独特性，它恰好是由于这些基本特征而被逼迫形成的。向着起源的扩展使这个起源作为其自身的出发点被找到。因此，它仿佛是从自身之中再度开始的；不是向着自身，而是在自身之中。如果在这样一个点上能够抵达整体的严密性和起源，而这个点又不被理解成一切的出发点或者开端，那么这个点应当是什么？因此结构仿佛被强行要求从自身出发、超越自身，并且在对重复的证明中找到自身，这个重复并非“再一次”指向同样的东西，而是根本上才是“同样之物”。

蜗形的线条转变成*回形纹路*。内省的点成为一个运动的出发点，这个运动从自身出发又成为自我的运动、成为蜷缩的运动。因此这种作为最古老的纹饰之一的回形纹路就是生命的基本痕迹，它可以在所有东西中重新被找到。表面上说：继续繁衍。内部来说：对出发点的收敛。

在结构始终所在之处，就有*重复*。如果考虑到独特性，这一点首先看上去就有矛盾。但是，如果我们看到：把独特性规定为仅存之
283 物，这是一个肤浅的误解，这个误解在思考此基本特征时不够坚决，那么上述的矛盾就会得到解决。在其存在论的完整性中，独特性不仅漠视重复，而且也以此为目标，然而，重复是在独特性之中，而非在它之外得以实施的，或者更好地表达：重复是在它之中开始的，但是因为后来那种现实的重复，从自身的运动出发那样一个内在扩展开来：那个开始看起来反过来又被保留在已开始的状态之中。就像第二个现象被保留在第一个现象之中，同样地第一个也被保留在第二个之中（而回形纹路是相反的）；它的“内在”转变了——线条的主要法则就是转变。

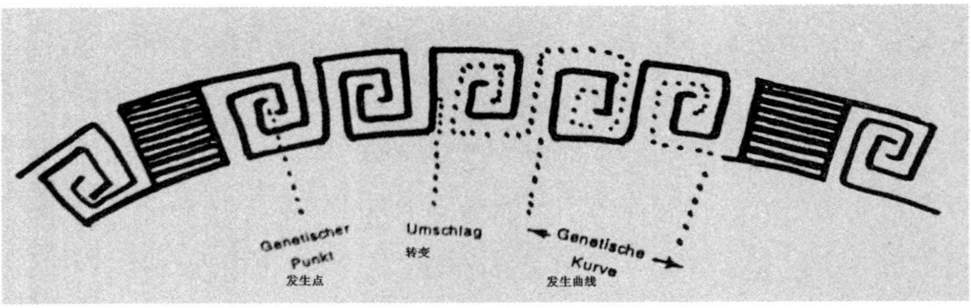

柯德罗斯画家（Kodros-Maler）的碗，公元前430—420年，回形纹路的边缘，伦敦

展开和蜷缩作为运动的原则；跳转到内在的点。在发生曲线中的转变。展开“重复”了蜷缩，蜷缩又“重复”了展开。

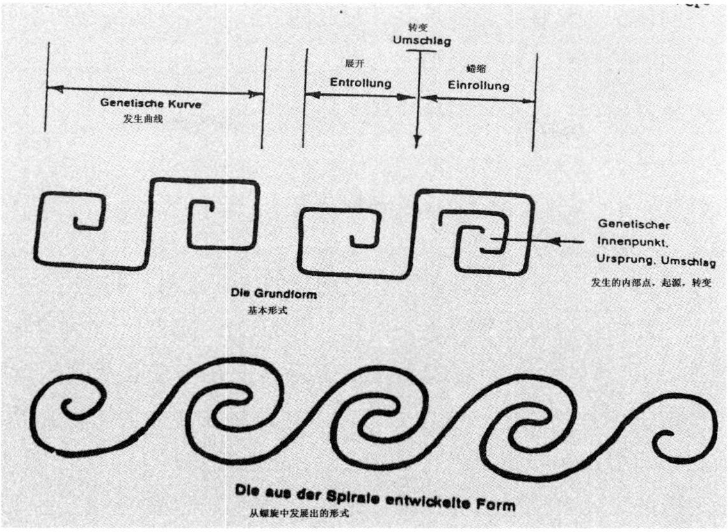

结构与结构是通过转变结合在一起的。对于这种情形，并非由此有一种“关联”得以实施，因为并不存在由一个“内在”通往另一个“内在”的“道路”。这个转变既不易察觉，又非常彻底。并不存在某个位置，在其中转变发生了“飞跃”，而它在整体上则是一个飞跃。线条以连续的方式将无法通过连续性被关联在一起的对立部分关联在 284
一起。因此，这种回形纹路就是一个“奇迹”，也是一个“秘密”，并且由此一种神秘的纹饰得以可能。

结构理论使这个“秘密”保持完好。在秘密中，它认识到了结构过程的一种早期存在论模式，这个过程被经验为所有发生过程最内在的根基（被经验为位于所有不同之物中同样的东西，恰好是它造成了不同之物的差异性）。就像结构理论澄清了回形纹路，同样地它从中也学到了某些关于不可重复之物的“重复”的内容，并且将繁衍和内在于连续性的转变理解为一个状况范畴，理解为一个属于存在论构造的基本特征。重复是在内部形成的，但它是朝着自身的内部形成的，这个自身的内部还要将繁衍的内部包含在自身之中。这个符号基于精神的和生物的结构过程才适用。

蜷缩和必须化的发生过程并不局限于单个的缘在；群体、国家、宗教共同体、文化整体也都具有其渐进的方式、具有其特性和不可重复性，同时也具有其继续繁衍的力量、发生的曲线。结构的关联性本身又将成为结构，关于这一点还要详加叙述。

（2）终止

并不是每一个发生都开始于一个明显的突破现象。我们也认识到了提出的开始，通过这种提出，某物从其周边出发开始。尽管在这里也有独特的无（Nichts）预先发生，但是不是在不可能性的构造中，而是在如下一种形式中，这种形式可以辅助性地被称为宁静的形式。在从此样式中而来的现象始终显现之处，这种宁静扩大了一个特性的晕圈，因此由此出发提出的现象，比如说一个戏剧化的事件，一段音乐，一个牺牲的行动，只是还能够消耗其自身的可能性。宁静并不是
285 声学上的无噪音，而是一种对各个现象而言独特的张力空间。每个独特的现象，特别是一种景观形式，都具有可归于它的周围空间，从这个周围空间出发就有一种如此被环绕保护的实事显现出来。如果对它而言这个保护被拿掉了，那它也就不能显现了。

人们可以将音乐也当作噪音来听，其前提就是，如果人们没有将自身带入那种具有独特方式的张力空间之中，并且没有让这个声学事件在一个普遍的声学可能性视域中应验。被演奏的作品是在如下方式中被破坏的：它们不再能够产生出周围空间（那种朝向这些作品的“秩序”）。由此，这个结构事件就崩塌了，并且被还原到一个流动过程之上，这个过程被经历为单纯的前后相继，并且在其中对于众阶段中的开端进行回溯证实不再能够成功。人们也可以将噪音当作音乐来听，其前提就是，当我们不再依附于宁静的外在形式时，我们就能够去承担一个被归于实事的周围空间本身。如果古典音乐就是带有可听闻的宁静的音乐，那么发生性的发展就会要求一种出自不可听闻的宁静的音乐，在某种程度上就是作为深入世界之音乐性的熟稔状态的非音乐。

某物提高了，也就是终止了。终止就是一个现象退回到它的提高所产生的宁静之中。终止发生了，其中有一个与蜷缩不同的地方。它

的发生超越了一个尚被自身所强调的无，进入到一个普遍的视域之中，在这个视域中尽管现象不再能在其真理中显现，但是在其中现象也不会转变成它的非真理性。现象仿佛具有了更为柔和的轮廓；它被“保持”，即便还只是被保持在其已转移的状态中。它也不会被“坚持”。

跟蜷缩一样，终止也是不可撤回的。正在终止之物不能被延长；经由每一次添加，它消失了。这就证明了：终止并不是外在的终点，而是内在的终结，现象独自控制着这个终结。然而沉默的晕圈又仿佛在一个方面返回到普遍之物之中，并且让一个关注圈显现，只有那个将在其中被要求的“变迁”承担于自身之中（对……有所准备）者，286
才能摆脱这个关注圈。人们是不能省略这个准备的。谁如果省略了这个准备，现象也就被省略了。

一个活动有其终止。如果它趋向于此，那么它就不再能够通过努力被保持或者坚持。每个延长的尝试都会引起损坏；在这里内部的尺度显现出来。一个发生性的现象后退到其自身的否定之中。在其中它消逝了；它不会跟任何东西连通，但是它也没有拒绝什么。消逝是发生性终结的一个方式：撤销。

（3）没落

与提高和终止不同，升现和没落是发生性的现象。它们也标识了一个结构过程的终点，但是它们更为清晰地划出了现象的范围。因此它们更多地取决于起源和蜷缩。这二者基于唯一性将它们隔绝出来，而提高和终止则标识了结构过程，这些过程的目的在于重复，而且还在于非发生之物（不是从自身起源出发直接得以实施之物）。升现和没落恰好关联到一个被强调的唯一性，而这种唯一性则接近于那种对唯一性的表面化理解，根据这种理解，唯一之物不再容许其他东西。因此古代的英雄就是从升现和没落出发被规定的缘在现象。英雄通过其自身撤销了他的可能性；他不可复制。但是他不会“消逝”，而是在其否定中继续生存。那个通过他被设定的结构（缘在聚合，世界聚合）不可损坏地保持在他自身之中，也就是神话通过一个在“下面”

（阴间，地狱，死后的声名，诸如此类）的继续生存所形象地叙述的内容。这个没落（Unter-Gang，往下面的过程）并不是消除。然而一个消除可能是一个没落；但是后来它就在没落之中或者作为没落而保持开放。这种在自身之中的结构过程在存在论层面上保持开放的存在，就是保持和回忆之可能性的基础，这就是为什么在一个相信英雄
287 的时代，对于“后世”的记忆不是一个纯粹的心理回忆，而是一种在存在论层面上特殊实在性中的“永生”，尽管是在一个不确定的状态之中。

升现和没落首先都是历史现象。“自然”这个结构过程在这种方式中的界限还能有多宽广，是很难确定的，因为我们将那样一些东西称为“自然”，即在存在论层面上通过准备好的可能性被规定的东西。我们总是会想到，自然也具有其众多的世界和时期，具有属于清晰的共同基调的现实性风格，比如说古代巨形爬行动物的世界以及其原始森林就是如此，对于那个世界携带花粉植物的时期尚未到来。这样一些王国或者世界也完全可能“没落”。那些源于其中的本质仿佛通过自身取消了它们的源发之地（“秩序”）。

那些不承担生命的世界也有可能在上述已描述方式中终结，因为它们的现实性也具有一种一贯性，并且由此具有一种风格。风格就是结构类型，其开端和终点就是通过升现和没落被说明的。

往下面的过程（没落）中的“下面”是一个起源的方式，即便它有所变化。由此，关于再现的思想就与升现和没落之范围中的存在论必要性非常接近。自古以来，这种发生形式中光芒四射的图案表现的就是太阳。其没落就是对升现的预兆。在日复一日的再现中就是如此，而在年复一年的再现中也是这样。因此，至点（冬至、夏至）就

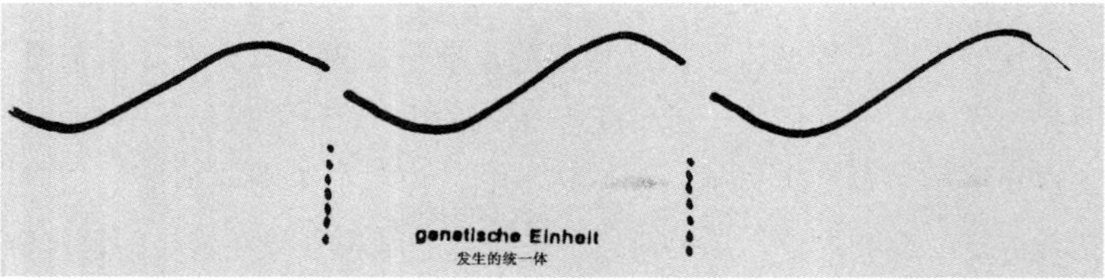

波浪符号作为被拉长的回形纹路（结构发生的符号）

已是关于起源性和生命的意义境象。在其中回形纹路的符号展平为波浪。漫长的时期。

生命的永恒重复并不是表面上的重演，而是一个存在论的基本特 288
征，出于结构发生被必然如此；这种结构发生也像隐蔽的那样，总是导向一个终点，这个终点就是起源。再度开始并不是一种可能性，而是一种必要性。或者换句话说：一个发生过程的开始只有从具有“起源”这个存在论称谓的点出发才有可能；这个点只能作为前一个发生时期的终点被达到。生命只能出自生命，精神只能出自精神，存在只能出自存在。这无疑意味着，就如我们所假设的，突破在未孵化状态下也是不可能的，而是只能在一个已展平的并且由此可能已被遗忘的发生性波浪的扩大之中。晴朗的天空不会有闪电；每一次雷暴都有它的（静电学上的）前史。

没有直线，一切都在波动摇摆之中。发生性的曲线通过扩大产生出来。“曲线”的巅峰形式就是向着某一点回返的形式，引导着从起源到起源的基本统一体，它既重复着自身（招致了一个自我），又没

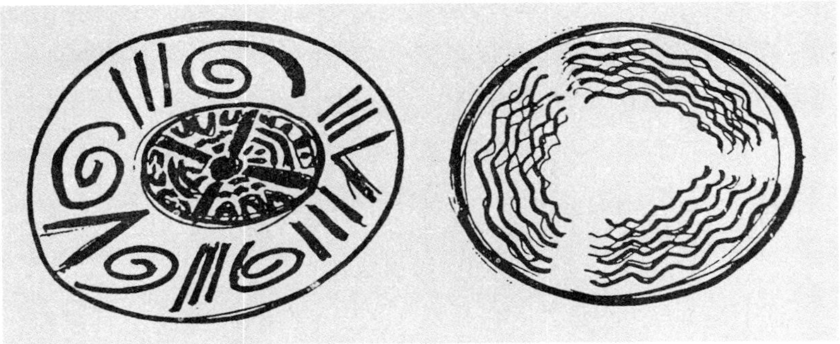

托尔特克陶器，左边是阿兹特克式的，右边是玛葛潘风格（根据瓦伊朗特）①

发生的基本形式在其极限中，蜷缩一直到排他性（蜗形），对可无穷重复的波浪的开放。

① 托尔特克（Toltek）文明产生于公元10—16世纪的墨西哥，颇受玛雅文化的影响。阿兹特克（Azteken）和玛葛潘（Magapàn）都是印第安族群。瓦伊朗特（George Clapp Vaillant，1901—1945）是著名的玛雅和印第安文明研究者。——译者注

有重复。

（4）涌现

289 另外一个通往结束的形式就是涌现。上涨的运动以如下方式在自身中达到终结：被容纳在运动中的结构，只要它被经验为“被承担的”，之后仿佛就被摆脱了。只有在一个结构能够达到确定的且对它而言全新的结构过程之处，只有在“体验的”结构之中，涌现才有可能。

举个例子，比如说诗人，他在诗歌中体验到了语言的上涨，它必须使自身上升，并且最后如此有说服力地通往终结：它从自身中使其他一切东西、包括诗人涌现出来。无须他物；诗歌从自身出发活着，从自身出发被理解，从自身出发被重新建构。诗人不再参与其中，他站在外面，面对着被他经验为（他的）生命的东西。生命以陌生的方式脱离了他。这个过程是如何可能的，这个问题对诗人而言并未被解释而且保持遮蔽。当纯粹的我被“归还”自身时，对他而言，他的“自我”仍然处于被抽离的状态。空洞之物。生存作为外壳；虚幻的生命，陈腐的死亡。

死亡与没落有所不同。没落在撤销之中包含了继续活着，与此相反，死亡是停止明确的生存。在存在层面上，没有这样的东西。一具尸体是被多种多样的结构过程决定的，这些过程在新的形式中、通过多重的转换将所有环节保持在运动之中，尽管是不同的运动。那么，“死亡”作为存在论之物又该如何被理解呢？

这个词语与生物学的内容无关，也无关于精神之物；它回溯到一个先于这种区分的结构环节。它植根于对发生过程的体验之中，更进一步说就是在涌现之中，这个涌现是在生命的终结中被投入诠释的。死亡理解的存在论基础就是这种涌现经验，它必定同时要关联到自身终结，通过这个自身终结，生命退回到其自身的可能性（维度）之中。经验被划分成两个部分；一方面它关联到蜷缩或者自身终结，另一方面则关联到涌现；这种被保持在蜷缩之中的忘我状态，就被理解为“灵魂”，而灵魂在生命的涌现中将被排除掉的实体性理解成“身

体”。但是在这里，按起源的方式看，这二者同属于一个结构，蜷缩 290
和涌现，身体和灵魂作为统一体中的环节相互间保持着关联。那种存在论的，且由此不可否弃的统一体保留在多种多样的神话传说和神谕之中，最为强烈的就是基督教中关于肉身复活的学说；对于身体和灵魂的这种新的连接意味着道成肉身，这个过程造就了结构过程中最本真的同一性事件。

> **伊甸园神话**
>
> 涌现在圣经里关于逐出伊甸园的叙述中找到了最为纯粹的境象化形式。伊甸园就是结构的象征（所有环节鲜活的相即和全面性）。安排到史前时代就是对根源性之基本特征的形象表达。在人和动物、动物和动物，人和神之间的和平形式中，那种**同一性事件**被表达出来；在直接享受果实的事件中，诸多关系的全面性、轻易性和丰富性被表达出来；在赤裸状态中，位于自我和行为的不可分离性中的发生过程的自由和直接性（“质朴”之物）就被表达出来。而唯一一棵树是例外的，一个**错误行为**已经足够让这些关系的集合崩塌，也就是说，将自我“固定”在赤裸裸的暴露状态中。**涌现**就是“死亡”，或者就像神话里所说的，“死亡的诞生”。在结构这个基本现象的这一崩溃过程中，**有穷性**的根源被看到了，在极为详尽的现象学相即中，它属于结构发生之内的以及通往结构发生的过程。

蜷缩与涌现并无关系。它是以如下方式达到根源的：结构过程作为同一物从根源中形成——然而是在一个完整的变迁中（作为一个独特的内在，它最终“在自身中”拥有先前的东西）。在蜷缩中，继续繁衍的意思，就是在折叠中的涌现。“折叠”是一种尚未回到其根源的蜷缩，然而这种蜷缩已达到将自身必须化。甚至在某个方式中，人们只能在一个结构过程的折叠中谈论必须化；蜷缩在如下程度上进入
了发生的中心：从那里出发，它也能完全不同地表述同样的东西。因 291
此这是具有充分灵活性的自由。在这一点被企及之处，结构就保持在自身之中，即便它总是转化成其他结构，并且总是再次转化成别的发

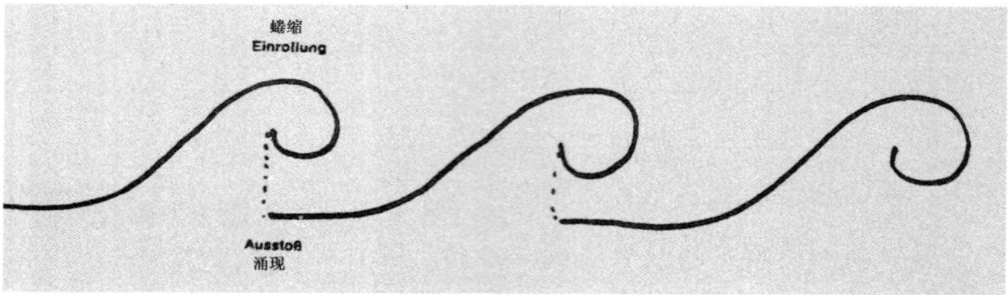

蜷缩和涌现

用图画表示“曲线”的尝试，曲线在实在的排他性下的坚硬形式（必要性）中成为必需的。继续生存只有在涌现之后才有可能。（参见托马斯·曼“与撒旦的对话”，与此相关的在第 242 页）

生过程。鲜活性是自由的一种形式，但是必要性也是，尽管不是持久的形式，而是那样一种在涌现或者没落中终结的形式。任意性－必要性－鲜活性，这是自由的层次，它们各自在朝着一个无穷之物时都被赶超了。

如果它从死亡出发再次提高，那么就很突然，并且无关于那种封闭的构造。涌现处身于那种不妥协的排他性之中，它不允许连接、不允许比较、不允许过去和过来。表面上是如此，但事实上涌现仅仅是一种被蒙上阴影的继续繁衍的构造。涌现所针锋相对的虚无，也已经是一种不可能性，它是新的突破的前提。当起源以突破的形式得以成功实现时，涌现就是终结的形式。哪个起源的形式符合蜷缩呢？

在形式上或许可以这么说：在起源意义上的缠绕、舒展、发展。这个词语与实事无关，重要的是过程特征。这是源自发生中心的开端，纯粹的升现，不是此物或者彼物的升现，而是出现过程本身不可动摇的出现。就像纯粹的开心不是对于其他东西的开心，而只是对在
292 场本身的开心，或者是对以下情形感到开心：在场（如果它成功了）就已是一切（不会在被体验到内容和这些内容的纯粹生存之间做区分），同样地，纯粹的升现是这样的：升现存在（一切都是升现）。

因此我们回头去修正：并不是所有发生所在之处都有突破。并不存在完全的升现类型。因此也没有那样的结构特征和那样的结构范畴。当我们言说时，我们总是已然处身在片面性之中。如果我们从片面性中摆脱出来、又被逼入其他片面性，并且将结构状况经验为片面

性的状况，那么这就使一个有所助益的错误。

然而人们做了很糟糕的词语选择。我们在现象领域中运动，这些领域尽管没有对语言隐藏起来，但也不是很清晰。因此在这里词语按照其日常意义就有些混乱。它们本身只有从一个发生过程出发、从思想过程出发才能获得精确性和差异化——这个思想过程根本上就是那样一个思想争论的过程。关于结构的言说只有在对话的形式中才有可能。只有在对话中表述的问题才能解决。在这里，对话具有超语言（Metasprache）的功能。书面表述，只有当它能够具有对话形式时，才能获得如此多的明晰性。

对《俄狄浦斯王》（索福克勒斯）的结构化诠释

1. **基本经验**就是在所有环节中的**成功**、发生：首先是捆绑；**不可能性**。然后是**突破**、剪断捆绑。被陌生的宫廷所接纳就意味着**陌生化**、消解痕迹、开始一种新的痕迹。**破土而出和道路**，遇到叙述了一个无解谜语的斯芬克斯。遇到新的**不可能性**。接下来：**入侵**，拯救；这个**拯救**既是对其自身的拯救，同时也是对城邦的拯救。从这个**同一性**事件出发：统治。内在的和外在的统治。最高峰：接下来提供皇帝的宝座。然后就是**中断**、**坠落**。再度失去一切：王位、女人、孩子、视力。**涌现**。作为乞丐进入陌生之地。为什么？——这就是这里的问题。

2. **诸神**：那种在结构发展中以及在成功的过程中先于自身发 293
生的必须化，在这里显现为从一开始就被确定的**命运**。诸神——这就是命运。行为可能性凝结成为行为必然性，传说中这种凝结并非出自结构过程，而是从诸神的决议中得出的。诸神是结构经验的一个投影，**显露**。因为结构过程是（自身）**成就**与（强大）**命运**之间的**同一性**，所以俄狄浦斯有可能变得“有罪”，尽管在他身上只有一个“神的”决议发生。关于不可逃避的厄运和个体的无辜之间的矛盾，这场戏剧没有让我们觉察到这个矛盾哪怕最微小的不确定性；它没有以伦理学的方式，而只是以结构理论的方式被理解。

3. 因为求知欲而**坠落**；回溯；反思。先知提瑞西阿斯、伊俄卡斯忒、年老的牧人，所有人都警告俄狄浦斯不要去追查自身的过往。很明显，**成功**将在命运和现实、时间和当下的**同一性**中被**结束**。对原因的追寻（传说中的：对自己身世的追寻）打破了结构过程。这个结构过程的确是从自身出发的。在俄狄浦斯那里，那个认为他有一个既成事实的身世的错误诠释被打破了。错误的时间诠释：当下和过往的区分，取代了“瞬间”的统一。“知识”在这里是一个负面现象。俄狄浦斯觉察到了这一点；他的暴怒是针对自身的恼怒，是在结构状况中对触犯行为的内在确证。境象：打破与克瑞翁的友情。友情表现了在差异中的**同一性**，在**成功**中的陌生与自我的统一。对这种友情的怀疑就是对自身中现象的怀疑。俄狄浦斯“知道”，这种知识瓦解了这个现象。（相似的：在伊甸园中“认知”的禁果。）俄狄浦斯坚定地刺瞎了自己的双目，这是疏远知识的象征，据此他已经明了：是他自己在回溯中打破了这个现象。

4. 这个现象的**核心**在于双重罪行：弑父——娶母。从结构理论上就表明了：抹去先前发生之事，从自身出发开始，**从原始状态开始**；作为杀人者也是如此：排除，**排他性**，不可理解性（父亲作为理性－境象）；同时与自己的起源结婚，**自我繁衍**，激发自身的现象回馈到自身，**忘我状态**。这些条件都相符合，命运就成长为**成功**，境象：国王。但是同时有最高的危险，因为现在只有还悬浮着的生存，没有基础和根基；任何时候都有可能随着
294 （无前提且无开端地开始的）“深渊”的展露而陷于**坍塌**。然而只有当这种展露在结构中并且通过其自身发生时，才会如此。

5. **俄狄浦斯传说**：对于**成功**的自身经验，这种成功在最末阶段并没有被切中，并且由此通过**涌现**而终结。境象：驱逐，贫困。因此索福克勒斯最后的诠释是这样的：在人还没有将他的**终点**置于自身之后（自身之中）之前，他就不能被幸运地称之为人。失败的成功。涌现，**突破**（谋杀的罪行）作为起源与之取得一致。这个戏剧是对结构发生的一种接近纯粹的境象化理解；这个水平上的结构发生，突破－涌现。

6. **弗洛伊德**的诠释所把握的太简略了。这个诠释将一种结构

经验（俄狄浦斯情结）作为另外一种经验（俄狄浦斯传说）根基和起因。这个传说比对它的诠释要更好。人们必须用索福克勒斯来诠释弗洛伊德，而不是用弗洛伊德来诠释索福克勒斯。

（5）流失和视域

长久以来，“死亡”并非结构终结的最黑暗的形式。最晦暗的形式之一就是流失。因此某物发展至此，就需要以下预设：结构在达到其必须化之前就衰弱了。在未被察觉的情况下，带有张力之处已经被还原了；诸环节不再被经验为关系的通道，并且这些关系萎缩至此：它们不再是诸环节的关系，而仅仅是性质或甚至于是偶然。它是尚在此的所有东西，但仅仅是它正好所是的样子。所有东西也可能是“其他样子”，并且各个不同。这个个别之物就是这个个别之物，除此之外什么也不是。生命力已耗尽，运动流进了这种状态。整体进入了背景，这或许“以任何方式”都还是在场的，但不再通过环节代现。那个边缘有所变动的整体还只是“视域”，一般的开放性，对任意之物的可能性游戏空间。个别之物清晰、但是并不精确地出现，将自身与视域区别开来，从视域中显露出来。这个显露可能还是一种关联的方式；但是它恰好在以下方式中显现为一种不贫乏的状态：视域不包含
个别之物也可能是视域，可能不包含所有个别之物，是空的。无论个 295
别之物存在与否，都与视域无关；“存在”是纯粹的实际性；“生存”，所有规定中最为空洞的一个。被设定为“存在”或者“非存在”的个别之物将会成为“存在物”。它的存在状态不会与内容发生关联，纯粹是形式化的，与之相对的是在质料上被规定的内容的质料化。形式和质料在这里分离开来，因此生存与质性、一般性与个别性、本质与现象、精神和物质、自由和本性、主体和客体也分离开来。这些区分是“存在”和“存在物”这个基本区分的相应过程。如果一门“存在论”预先就带有一种教科书式的幼稚性，那么在任何情形下，这门存在论的整个术语系统就都取决于上述的基本区分。这些概念彼此之间关联在一起，甚至所有概念互相之间构成了一个“结构”，这种情形已经消失得无影无踪，原本应当是这样：在思考过程本身之中这种情

形被保持着生命，就像在传统上的伟大哲学家们那里那样。存在论传统中充满生命力的推进过程包含了所有丰富且具有可塑性的结构环节；一种单纯坚持术语方式的思想在所有地方都只能得出肤浅的根基。

“存在”回溯到视域构成。视域构成是对发生现象之“内”—结构的某种诠释。“存在”总是只“内在于”存在物，而且“存在物”总是在存在“之中”的存在物。这种奇特的相互间嵌套关系回溯指向出自结构状况的起源。我们曾经看到，结构在自身中显现。它退回到自身之中，并且构成了中心和边缘、内部和外部、结构和秩序的“原始的”基本构造。在其中那种基本的紧张关系被确立起来，这种张力是在多重多样的方式中被勾连表达的，并且是在诸含义间丰富的关系交织而成的网中被说明。这种原始状态（未孵化状态）就是结构的境象，也很像道路。谁如果没有掌握结构的这些表达方式和显现方式之间的协调性、不能以共通的方式去看这些方式，那么他就看不到结构。蛋（未孵化状态）的境象在自身中包含了一种误导的危险，误导
296 到内容和周围、核心和外壳（最终是实体）的方向。道路的境象则不含有这种诱导的力量，因为道路的境象在西方从来没有作为存在论的模式发挥过作用。除了“我是道路、真理和生命”这句话之外[①]，在一般意识中就没有这样的材料，聚焦于道路比喻中原初彻底的含义。

流失让那种曾经是富有生命力的关系的东西，显现为僵硬的对立之物。“诸实体”在对立的位置上显现；它们的共有之物（它们的相同之处）仅仅是那个空洞的存在。结构也处于这个概念之下。流失以回溯的方式使结构浸染于它的存在理解之中，并且将结构的状况置于它的原则之下，而不是将自身置于结构状况的原则之下。在视域的存在论中或者实体的存在论中，结构的状况几乎不太可能在其真实状态下显现，就如同舞蹈不可能在一个非专业的平庸视域中真正显现。但
297 是在所有地方，平庸视域都是作为偏差制造者出现。

这种平庸视域是从哪里获得对于视域状况最终奠基状态的不可动摇的信仰呢？或许是从此而来，即这种状况真的是来自于更大的“普

① 这是《约翰福音》14：6 中耶稣基督的话。——译者注

遍性”。视域（“普遍的存在”）误认为存在物并不是预先取得的；虽然它包含了所有一切，但只能是通过以下途径：它使一切开放。在它的区域中“一切都是可能的”，只有其起源不是“可能的”。在此它如何能达到这种思想，即认为有一种被经验为出自起源的诠释能够被给

发生的点。与“在其中的秩序”的关涉中构建“内部”。视域和事实。从结构状况变化为视域状况，对应于从“点中的空间”（根据库萨的尼古拉）变化为“空间中的点”。

敕使河原苍风[1]。对于日文字“日”的一个自由的书法诠释。1960。日本纸上的泼墨作品。71×90 厘米。（瓦尔特·赫尔德格（Walter Herdeg）的藏品）

① 敕使河原苍风（Sofu Teshigahara，1900—1979）是日本艺术家，花艺“草月流”的创始人。

出？——这种诠释囊括了视域，而不是视域囊括了这种诠释。

这种视域意识（而且这根本上就是“意识”）具有不可思议的韧性。认为还应当有其他把握形式，这种观点看上去对于视域意识而言是不可能的。的确存在着“感受”、“情绪”、“信仰”以及诸如此类的东西，在此这些形式对于次级本性而言是很自然的。意识与这些形式一道造就了一个结构，这个结构作为整体具有次级的或者第三级的有效性，然而这一点并没有被归于头脑。我们并不抱怨这一点。甚至意识的本质就存在于此：它不在头脑中发生。对于全面“反思”和“理性化”的要求有某种幼稚之处，这一点是如此震撼，因为人们事实上并没有（以理性的方式）超越理性。与“感受”和“信仰”等现象针锋相对——这些现象以不同的方式适应理性，理性事实上处于优先且正当的地位。但是存在着一种比这种“理性”（包括“感受”和“信仰”）以及“反思”自身还要更高的反思，而那种幼稚的以及“批判的”理性主义无法觉察到这一点。

因此一种不可能性的附属在场属于“意识”，相对于意识，这种不可能性可以在特定的状态下移动接近于“身体”，它是如此接近，以至于它将成为“飞跃”的前提。飞跃在回返的飞跃方向上被经验到，回返到开端和根基之中。一种如此回返飞跃到开端之中的思想，才领会了“起源”并且将自身领会为“起源”，且由此在自身中已具
298 有了发生的开端。在飞跃中“意识”的被引导状态才是公开的；从根源出发结构状况的扩展才显示出来，这种状况即便“更加有穷”且明显更为确定，但仍比视域状况“更为宽广”。由于视域状况作为脱落是“向内的”，也就是说，通过一种对结构状况“内在”的被蒙蔽的孤立而产生，并且基于此，由于发生有能力也将视域性存在形式和理解形式（同样地还有“体系”）作为结构环节接纳到自身之中，因此结构状况“更为宽广”。以视域的方式“理解”或者以体系的方式“推进”，这在很多地方都很重要。事实性和反思，理性和客观性，这都是很高的价值——然而它们必须要以如此宽广的方式被驱动：当重新构形的客体出现的时候，与此相关的理性必定要在更高的层次上被反思，事实性也还无处不在。

结构分析一定会提出的最具决定性的要求就是：所有对于存在的

规定都是从对于结构的规定中发展出来的（任何时候都有可能的东西），而非相反，即对于结构的规定是从对于存在的规定中发展出来的（任何时候都不可能的东西）。当这种奠基关系没有被共同造就时，所有关于结构的谈论都是无意义的或者半吊子，就像结构主义那样。

而如果这种转折被共同造就了，那么这一基础命题就有效了：基础中的所有一切都是结构，而且这种“特殊的”存在论基本构架就是涉及一切之物，即便它没有呈现“普遍的”现象。在这个意义上，结构存在论满足了尼采极为强调的一个要求：哲学应当成为“艺术哲学”，艺术家存在论。事实上，如果“创造”被正确检释，它是所有“是者”的基本图式，它就应被看作发生。由此，相对于所有传统存在论，中世纪的创世形而上学与结构存在论最为接近。它也恰当被理解为是对此的“现代化”领会。

IV 结构组合论

1. 上升和下落

众结构存在于结构过程的不同层次之上。它们有可能上升或者下落。在其中它们各自在整体上发生变化。松懈形式同时也是在构造关系中的重新构形；众结构如此广泛地修改了这些构造关系：以至于整体不再让与结构的关系去认识，或者甚至于那种回溯关联都不再可能。沿着上升线路或者下落线路的运动非常重要，因为这种运动参与了构建过程自身，并且形成了其他的每个构建物。

（1）水平

当那些关联间的差异变得更为细致、更为敏感时，这很明显就意味着上升。作为结构范畴的鲜活化意味着：这个组织在自身中变得如此稠密，并且敏感度变得如此直接，以至于伸延和事后兑现直接发生，并且差异化事件本身形成了被给予环节的内容，因此在其中不会有当下的扣除。换句话说，如果在发生过程中，不断推进的回溯诠释是在以下方式中得以实施：即整体各自基于游戏而存在，那么库萨的尼古拉的公式就有效了：一在一切之中，一切在一之中。因此，生命力意味着一切环节在一切环节之中的广泛的转换能力。个别环节的变化同样并且同时就是整体的变化。

事后兑现的力量越高，也就有更为广泛的差异化过程成为可能。

鲜活化总是也意味着精致化，意味着一种对于结构事件更高的化解程度，它使千差万别的转换成为可能，并且由此提高了总的敏感度。

300 鲜活化同样意味着强化过程——一个更宽泛的结构范畴。强化过程说明了，指引性的构造获得了密度，因此一个环节的个别性质能够不断地变得更加精确，而事后兑现不会受到损害。与全面性同时的单面性变得越是实在，结构事件的直接性程度也就越大。强度是在简洁性、显露状态、直接性、动态和全面性中被表达出来的。

与流动化、强化和鲜活化相对的现象是：硬化、流失、异化。在这里还有结构的范畴被看到，而这些范畴在迄今为止的哲学和人类学中只是很简略地被解释。异化这个范畴在哲学上最早被关注，并不是从黑格尔和马克思开始的。在教父神学中，信仰总是已被把握为一种脱离了对上帝之异化的悔过（忏悔），而对上帝的异化此前就是对自我的异化。而更早地，古代哲学就已将非哲学家的那种立场，即纯粹的意见（δ □ ξα），理解为对于人的一种自我异化。哲学就是人返回其本质的运动。在结构存在论中，异化是一种本质的特性，因为它在存在论的层面上解释了下落的运动。然而在这里，它丧失了其评价性的特征，因为下落是“自然的”，甚至是本质性的，同时它又成为变化不定的，因为在结构理论看来，存在着无数的异化形式和层次。异化毋宁说是一种运动方向，而非状态。

结构有可能转化为更大的直接性和强度，或者转化为更小的鲜活性和更普遍的硬度。从硬化的某一个确定的点开始，结构就转变成体系。相反地，一个体系通过不断推进的流动化，能够被置于一种修正准备的程度中，这种修正准备的程度能够使结构发生的启动成为可能。

结构总是处于这种运动之中。它们不会在任何地方停留；更准确
301 地说：一般而言，底层就是以较大的稳定性为特征的，由此有望获得更大的不可变动性。往上的层次，停留就比较困难。因此具有较高强度的结构比具有较低强度的结构更为罕见。那些最低的强度形式，也就是我们称之为“物质”的东西，不仅仅具有一种巨大的稳定性，而且还具有一种明显的量上的优势，优于所有那些更大程度上被差异化、被动态化、被强化的结构。这一点已经诱发出以下看法：认为较低层次是较为重要的，至少认为它们是“标准的”或者基础的，而将

较高的以及最高的层次处理为在量上可以忽略不计的东西。这是一个存在论上的基本错误。

考虑到这些区别，人们可以用水平这个概念来理解结构状况中的层次。然而“水平”这个结构范畴必须与价值概念分离开来。诸价值包含了对一种更高的存在合理性的承认。在这里我们所谈论的不会是这一点。更高的水平在存在合理性上，无论多少，与较低的水平都是一样的；倒不如反过来说：由于一般较低的水平才包含了诸如“存在”这样的东西，因此诸如“存在期待”或者“存在要求”之类的东西就仅仅存在于低层级上。一个结构的成功程度越高，它也就越是“多余”，它的消失过程也就越是无踪迹（蜷缩）。

在一个结构始终出现之处，就有一个被规定的水平被确立起来。对结构的诠释始终也是对水平的规定。这一点意味着：关于一个结构中的众多个体，如果不同时规定它们所处的水平，那么也就不会有足够的解决办法。对一个结构的阐明可以在很多层次上展开；在这里就有错误的根源。层次之间的混淆，在不考虑所属水平的情形下个别含义之间无选择地彼此关联，这破坏了一切。“较低的”水平并不比“较高的”水平更无价值，但是不同水平的杂合比每个水平更无价值。

每个结构都接受了一个确定的层级。当然，在对世界进行诠释的人总是已认识到这个现象，但并非总是同时也领会了它。如果某种情 302
形对一只蚊蝇没有影响，但是却杀死了一匹马，这并不意味着，马站得“更高”，而只是说明，“死亡”在不同的水平上意味着不同的东西。面对不同的情形作出不同的反应，这是很有意义的。

如果在一个关联的世界中，一切参与到一切之中，那么“价值”的观点就不再适用了。在这里，层级仅仅意味着功能性。真正的价值一观点在分配问题中才出现：理解活动中一个确定的结构化水平就是对某些现象进行诠释的前提；处于一个确定的水平要求之下的东西，就是无价值的。

当然，在较为复杂的结构中也很明显地存在着层级差异，并且结构越是复杂，这种差异的变动性和浮动范围也就越大。标度仿佛被向上扩大和精细化，并没有一贯地保持一个统一尺度。因此，在共生的结构之内、在经济秩序之内、在政治组织之内、在语言结构之内、在合乎认识的结构之内、在艺术结构之内，我们就很清楚地区别出水平差异。

卡尔·古斯塔夫·荣格论“水平”

“在以下范围内经验让我觉得有理据，即当我看到那种更为常见的经验，人们简单地过度培育了一个问题，而在此其他问题都完全地失败了。这种‘过度培育’，就像我此前所说的那样，是作为对意识的一种水平提高在更广阔的经验中被提出的。任意一种更高且更广的兴趣出现在视野中，并且通过这种视域的扩展，那些不可解决的问题变得不那么紧迫了。问题并没有在自身中得到逻辑地解决，而是面对着新的并且更强的生活驱动力时，变得更加薄弱。它并没有被压制并且成为无意识，而是只在一种不同的光芒中显现，并且它也变得有所不同。那种在更深的层次上造成巨大矛盾冲突和疯狂的情感冲动之诱因的东西，从人格的一种更高水平来观察，就像站在一座高山的顶峰上去看一场山谷中的暴雨。这并不损害这场暴风雨的真实性，但是人们不再置身
303 其中，而是置身其上。然而因为在灵魂的方面，我们同时既是山谷也是山峰，所以人们自以为可以引导自身超越人间俗世，这看起来就像一个不可能的幻觉。人们肯定感知到了感受，人们肯定被震撼并且被折磨，但同时也有一种超越的意识状态是现成可获得的，一种意识状态，它使人不至于与感受等同，一种意识状态，它将感受作为客观对象，它能够说：我知道，我在承受。”

《金花的秘密》，1929[①]

精神科学总是致力于水平研究。然而迄今为止，根本上只有在“美学”的形式中才有特殊的水平理论被得出。因此，精神科学中每一种更为普遍的理论都会招致来自唯美主义的可想而知，但却蠢笨的谴责。“美学”必须被一种普遍的精神科学理论所取代，在同样的尺度下艺术不再是一个特殊的文化区域。

每个水平都开启了自我审视和向下审视。一个较高的水平不能从

① 《金花的秘密》是荣格对卫礼贤翻译的道教内丹学经典《太乙金华宗旨》的分析心理学解读。——译者注

一个较低的水平出发被看到和理解。由此得出了以下标准：对其他结构进行解释的结构，就是较高的结构——而这个标准也可能是更为简单的结构。

更进一步：每一个水平都将自身视为最终的水平。尽管较高的水平是在较低水平中呈现的，但是只是像在一个“投射”中呈现；缺少一个新的维度、背景、高度。但是这种缺少只有在更高的层级上才会被察觉，在较低的层级上看起来一切都已得到阐释。

只要更高的层级以关联的方式共同具有较低层次的含义勾连表达，那么较高的层级就“包含”了较低的层级；它能够重新构成较低层级的阐释，并且在此同时定义其层级，以及揭示出其构建的可能性。因此，它使较低的层级分有其真理性。没有任何水平具有其自身的真理；尽管它从真理出发进行判断，但是它不对真理作出判决。每一个诠释都是从其背景中被抽取出来的。没有任何诠释可以不借助于其他诠释而形成。

因为较低的水平并没有将较高的水平包括在内，因此下滑是无法 304
觉察的。无论一个结构将要“下降”得有多低，它都没有注意到，它已经下降了。

反过来，情形则有所不同：上升是可以非常确切地被经验到的。在严格的意义上，“经验”根本上只有在上升中才被给出。如果没有对于上升（以及提升）的经验，对于一个水平的可能感知就不是真正的“经验”。基本经验说明了开启、提高、解放。经验就是转变的经验；被经验到的转变就是提高。

问题在于：对于下降者来说，下降并不是下降；对于他而言，只有从外部才能清楚地看到下降。较高之物必然会被降低。这个现象始终是神秘难解的。强势之物在自身中是如何变弱的？对于这个问题，人们只能给出一个神秘化的答案，因为对于一种科学答案而言本就必须有一种水平理论。

斯特林堡：“父亲”（一个结构化诠释）

生平传记的层面：一段不幸婚姻的失败，面对孩子无能力去共同维持，这奠基于一种缺乏发展的男－女关系之中。

心理学的层面：在极为贴切的分析下，一种恋母情结阻碍了男人的人格形成，并且由此也阻碍了夫妻和家庭生活的有效发展。

社会学层面：一种关于性别斗争的理论，依据尼采。双重的母子关系被表现为一种更强大的力量，因为被反思的意识（父亲）并不理解，那样一种本性的共谋只有通过无情的暴力才可能被保持在界限之内。

意识形态层面：对进步的信仰，启蒙的历史解释。启蒙的时代以人类的未来为目标（孩子应当作为自由的思想者成长），与愚昧、偏狭、宗教与道德的力量做斗争；然而，这些最为黑暗的力量的共谋却取得了胜利，它们束缚了理性，并且通过一种熟练的对于理性本身的混淆使之毁灭。

305 每个水平都产生出一种充满意义的解释整体。每个解释层面必须在不通过水平理论的情形下，独自被理解为有理据的或者最终成立的。

“最高的”层面是以一种处于隐藏状态下的**象征主义**为特征的：赫拉克勒斯的传说，由于弱点而被征服。参孙的神话同样如此：参孙和德丽拉作为强力的人格化和诱惑的技艺。参孙的神话回答了这个问题：强势有可能被弱势战胜吗？这个问题在其最古老的形式中通过太阳神话得到回答（参孙＝希伯来语中的太阳，德丽拉＝希伯来语的夜晚，头发＝光线，参孙的落败＝太阳落下，头发的再生＝在新的早晨光线的放射）。这个神话的意义：弱点并不是由外而来，而是在强势之物内部成长，经由强势之物自身之中的颠覆：罪。通过净化和赎罪强势重新成长。在斯特林堡那里，相应地，精神的自我束缚首先是通过澄清的癖好（＝罪）发生的，通过对状况和危机的持久分析。某人的对头根本上是由他本身所投射的，这些对头仅仅是他对抗行为的写照。环境给予他由他自身招致的并且意愿的死亡。

然而，更加深入的象征化分析却得出，对于作者来说，另外一个神话却在他完全不情愿和无意识的情况下成为阻碍：母亲的神话，大地的神话。这个神话也给出了以下问题的答案：众多之物是如何从一中产生出来的，但是这个神话以不同的方式看待这个关系：作为生育，也就是说，作为自然的形成过程，在这个过程中最根本的生育者永远保持自身并且自我更新。更详细地说，这个神话回答了一个未被提出的问题，因为所有成长都是枝叶繁茂，毫无疑问的推进，与此相反的中断才可能成为问题。因此，母亲的神话乃是主要的家族史，是对无穷尽的生育整体的描述。当精神的自我削弱和自我混乱由于父性问题的悖论被引起时，在此范围内，母亲神话与太阳神话发生了交叉。孩子真的是属于这个父亲吗？对于这个问题无疑是有一个答案的，但是并不确定，因为母亲已经下决心为了她的孩子承担每一个谎言。这个境象意味着：精神遭遇了一个现象（母性），这个现象不是在任意规则或法则下得出的，尽管它为精神（男人的境象）服务（生育），但是并不屈服于精神，而是指向某种完全不同的东西（孩子）。精神遭遇了这个干扰着它的悖论，因为它只有依据调整和 306
可理解性的原则才能行事。这个绝对的悖论导致了强者在自身中的衰弱。

差异化的诠释：1. 这个悖论并没有被理解为母性的秘密，而是只被理解成关于父性的谜语，并且由此保留下一个过于纤弱的行为背景。父亲并没有显现为强者，他的束缚像是从外部发生的，因此那种意识形态化的和社会学的解释层次就得到助长，变得更为强势。

2. 异化的后果使作者自身将成为牺牲品，按照这个后果，精神的自我取消显得难以置信，那些角色相互间过于陌生，不是作为一个事件的内在境象，而是作为所涉及力量相互间的盲目状态。这不会导致解决方案，而只会导致丑闻。非自愿的滑稽效果。

3. 母亲的神话并没有被理解，而只是在心理学上作为母亲的复合体被引入。尽管这个神话带来了舞台场景上的丰富，但是最终却并不适用于提升和取消的根本任务，最后发生的只是一个痛苦的死亡场景，而不是生成。在整体上：衰弱并没有被经验为一个事物的下降，没有被作为在其自身之中的东西被奠基，也没有作为不可避免的东西。因此，一个世代不会被理解成再生，因此也不是力量的本质。

退化（Degeneration）*和变质*（Depravation）与其说是一种衰退，不如说是一种下滑。在存在论的层面上，这一点是通过以下情形被说明的：随着水平的变化，对于水平规定的尺度也在发生变化。事实上没有丧失任何东西；失去一个尺度并不会被认识到，因为新的尺度不会依然在旧尺度的位置上。因为越低的水平具有越高的稳定性，因此看上去不会丧失任何东西，只是赢得了确定性。

衰退在存在论上是可以理解的；但是当“向上”的眼光是不可能的时，上升如何才可能发生？这个状况说明了，高处的区域总是保持着不可能，它恰好只有*作为不可能性*才可以成为可触及的。作为不可能性，它可以成为进一步结构化进程的条件。它浓缩成为极端的他者，正是这个他者激发了飞跃（Sprung）。飞跃总是向上的飞跃。它
307 跳上了一个新的层次（一种新的存在论），并且将水平的差异经验为本真的获得之物、开启之物。事实上很可能没有获得任何新的东西，但是获得了事物的新样式。

向上攀登可能是艰苦的劳作，或者是忘我状态下的飞跃。这种攀登是对下滑作出的回应。因此它常常伴随着“转向”这个意义征兆发生。通往根源的道路是一条*回返之路*。此在向上是盲目的。看起来在存在论的层面上，它只属于派生的一支。从这一点就可以将下滑理解为必然的和持久的趋势。

上升在较低的缘在水平上预设了一个较高的缘在水平的在场。这种先行设定不仅仅是消除可能性的行为，而且同时也是*希望*。“希望”是一个结构范畴；它循着时间的方式经历了一场富有活力的哲学上的馈赠，但是却并没有因此得到阐释。希望并不是先行设定，而是不确定的达致一个尚不能呈现的维度中较好情形的过程。关于维度的预先设计。对于上升已准备就绪。

结构处于上升和下降的过程之中。结构越高级，其波动范围也就越大，构建和重新构建就是超越这种波动发生的。始终处于运动之中，这是那些较高级的结构所特有的。一个状况越是高级，它就越是难以保持在一个层次上，它也就更是必须要通过重新构建不断获得新的层级。发生在这里成为*再生*。结构水平的高度以直接对应的方式按照再生需求的强度被看出。低层次的结构是不会“疲倦”的。

最下层的结构几乎不会显示出波动，也就是说，它们的波动不再是我们的分析方法所能知觉的。因此它们看起来也就不再是结构。因为它们是稳定的，因此就显现为僵死的“要素”、显现为“前提”、“条件”、“物质”——简而言之：显现为原初之物。这样就一定会得出以下观点：结构状况所涉及的就仅仅是一“群”事物，它们受存在论的影响被冠以“要素”之名。我们的世界理解中的引领性观念都沦 308
为这种存在论自发性的牺牲品。

结构上升和降低。它们的降低同时也是上升的前提。它们上升了，这是它们根本上成为结构的前提。它们是从转向中被塑造出来的。

它们不能持留在“上面”，因为“持留”属于一个不同的状况，而不属于不停变动的存在论。因此结构根本上对“上面”一无所知。

卡尔·科赫（Karl Koch）“树的试验”

这棵树象征着富有张力的关系：树干—树枝；结构在此化身为树，其目的是获得更大伸展的前提。树的境象可被设想为人的结构化过程的关系。

柱子就是树的境象；棕榈型柱子和纸莎草柱就是这样的例子。在树中人们亲眼见到了持有和展开的经验，更确切地说：破土而出和差异化过程。柱子并不仅仅是承重，它们也表述。（参见席勒，126 页）

对结构而言，持留在上面的方式就意味着这个“上面”的蜕变；这甚至是降低的最为常见的情况。当结构“持有”了这些层次时，它们也就开始下滑了。它们并没有下沉，它们的存在论秩序下沉了。

因此它就保持了继续上升。但是这种上升随之“持存”——那么结构就已再次下降。因此只有这个降低过程“持存”，因为只有这个持存本身持存着。

309 我们应该称之为什么呢？——结构必然降低。这个发生过程的明确性是转向的条件。在此种方式中，一种向上的归属性得以持存。在滑行过程中向下的明确性在某种程度上是如此发生的：固化和固定过程被作为差异化和生命化的条件得以造就出来。健康的结构应该认识到以下这点：它们接受了凝固和硬化的过程，强化了冲突和不和谐的情况：对它们而言异化不是问题。力量就是表示肯定。结构理论不是和谐学说。

（2）金字塔

上升和降低表明了，结构状况不是通过一个确定的图式被规定

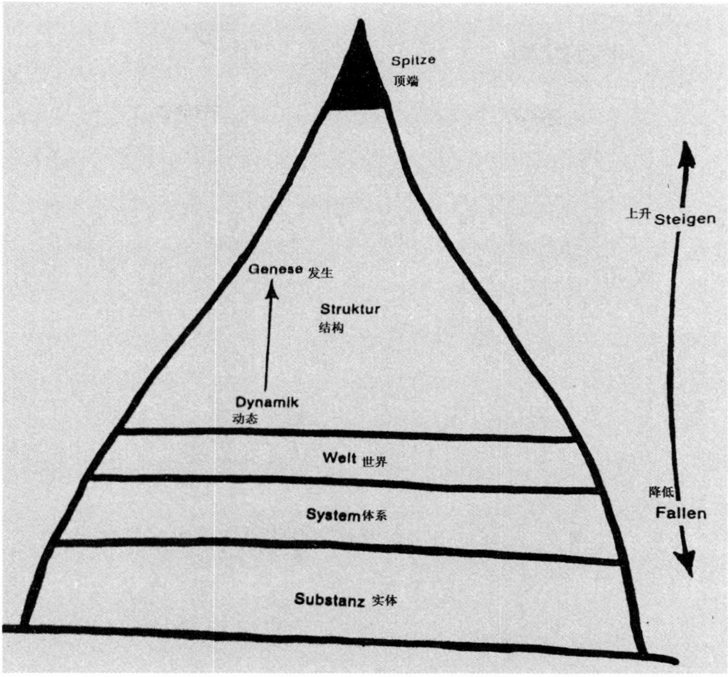

的；它本质上存在于变化之中。这个上升和下降是此状况以存在论方式表达的如此和变化。因此，结构存在论就具有一种存在论的多重性。甚至一切已知的，还有未知的存在论都从属于结构存在论。这种得以实现的结构存在论就是一切存在论的联系理论。

那些在迄今为止的表述中被认为是非结构化的众多存在论，自然 310
也属于结构存在论。并不存在非结构化的存在论。因此现在我们能够并且也必须在事后兑现中贯彻一种达到我们根底的修正。为了更好地一目了然，我们在此画了一张金字塔式的图。

在最下面一层是“存在”的庸俗概念，固化状态和原子式要素的存在论。在这里，这个状况还不能被认识为状况，而仅仅被看作具体展开的形式化、看作麻木的既成事实、纯粹的现成在手状态。内容（质料）位于存在者及其“本质”之外；“存在”意味着一个纯形式，
它与事物无涉并且对事物毫无影响。康德：一百个真正的硬币并不比 311
一百个可能的硬币更多。一个事物并不能通过它实存这一情况转化成

另一个事物。

向着强化和具体化方向的上升形成了“体系”。在一个体系中只有那些共有一个确定的基本形式（合法性）的要素才是可能的。在这里，不再像在最普遍的“存在”视域中，一切都有可能。然而，只要那些要素作为预先被给予的基石还具有一种与体系无关的关于“一般存在”的基本意义，那么，在体系中就也还留下了一些普遍存在论的残余。尽管如此，体系存在论还是显示出要对一切剩余物进行清理的趋势，因为一个体系的持久性取决于那些要素的归并程度。一个政治体系试图把所有的需求都考虑在内，这样即便是那些私人之物也会获得一种体系内在固有的功能；个体性的剩余越少，体系就越是强大和稳固。体系趋向于始终更加不可避免的体系论，但是总是有普遍性剩余留存下来。

“世界”这个存在论类型是经由“体系”的具体化程度得出的。“世界”指称了一个无穷小的关系体系、一个“情况整体”，这个整体先于体系具备了以下特质：它很少依据众环节的事实特性去考虑众环节，更多的是依据纯粹的意义环节。因此留存下来的任意性的剩余物就很少。一个历史的世界，某一个职业的世界，上流社会的世界，它们都是可通达的对某部分有所强调的体系，它们尽管不会将自身归因于可明确表达的法则，但是却通过它们的总体风格构造了一个密不透风的关系体系。“世界”可以这样极端地被理解：不再有任何质料性是处于“世界之外”的，质料之物还要遵循世界的风格。“世界”所意味的要比“视域”更多；它规定它的众环节，直至最基础的根基处。“世界”总是意味着“众多世界”——并且是在历史的变迁之中
312 的。看起来所有一切都要服从于这样一种极端的历史性——只有缘在状况自身是例外的。这个缘在状况为所有的“世界”奠基。它并非以历史的方式或合乎意义的方式被设定条件，而是说，它自身就是历史的和合乎意义的世界表征的条件根基。

关于“世界”的“结构”首先是通过动态和发生被区分的。如果说居于优先地位的层次是自身静止的“层次”，那么结构在其自身中就是一个上升和加强的过程，在自身中滑动。结构的领域从相对固定的互相依赖关系和功能化的图式，延伸到一个具有充分流动性的总的

关联整体的精密性，这个关联整体能够作为独一的字眼、作为独一的意义被赋予生命或者被理解。因此“结构”就包括了如下领域，在其中上升过程不只是简单“发生”，而是自身还在上升，在这里以下情形才得以表明：随着高度的增加，高度差异也在增加。

因此，如果要代替金字塔，就必须要找到一个造型，它向上延伸并且指示着一个更多只是想象意义上的无穷顶端。向下它一定要变得越来越厚重，没有什么比金字塔更加形象的了。

即便是处于无穷之中的，但是这个“顶端”却是非常具体的。它也会谈及各种各样的存在论之物。然而在那里存在论在一个如此极端的方式中发生了转变：必须要特别处理在其之上的东西。在这里，我们使用了纯粹的协助性概念“顶端”，是为了使问题今后也向我们保持敞开。

理解活动总是从底部开始的，在底部具有最大的“分量”的事物就是庞大坚固之物、简单的之物、表面上看起来的出发点。金字塔矗立在我们的经验过程中，就像它真的“矗立着”一样。但是在现实情形中，它矗立在顶端之上。在顶端上有本源的关系，在顶端上那些在依次排序的层次上显现的所有事物都找到了它们的根基。如果人们从上往下理解金字塔，那么他们就是循着结构构造的存在论视线去理解它，这种存在论视线是通过以下情形产生的：层次较高的事物“看到”并解释了较低的事物，但是反过来则不成立。这种特有的视线也 313
是以历史的方式被证实的。从一种关于存在的存在论出发，人们并不能领会到一种体系哲学的可能性和必然性。这种体系哲学在历史上只有通过一次飞跃才被达成；它也只有再度通过一次向着“世界”的飞跃而被克服。在此看起来已达到一个最高的层次。只要人们维持存在论思想基本的静态，这个最高层次也就是这样。对迄今为止已发生的运动关联整体的观察才提供了对于存在论动态和一般发生学洞见。因此河流到了这里才奔流起来。并且因此一个不仅仅是自我诠释，而且也对其他模式（以及其历史的关联整体）进行诠释的模式才成为可能的。结构存在论具有以下优点：它将那种无法诠释之物向上进行了诠释。由此，它在形式上－存在论上得以扩展、超越了所有边界，并且启动了一个存在论的提升运动——这个提升运动不是额外附加的，而是本质的、根源的。

然而结构存在论也还不是终结。它并没有触及“顶端”。但是它领会了，这个“顶端”就是顶端。当它触及“一”时——从这个一出发所有其他事物和所有被推导得出的层次都是不同层次，以这种方式结构存在论也触及到了顶端。从下往上，存在着很多结构，但是从上往下则只有一个。但是这个统一体所意味的东西，只能从上出发才可洞见的——而这一点就使统一体的存在论变得更为可信，超过了它能够曾是的每一种更古老的统一体哲学。

奥古斯丁（1963 年 7 月 5 日的对话）

奥古斯丁谈及“提升”。在顶端他体验到了洞见的“电击”，洞见到了他与绝对之物的同一性。但是这只存在于这种认识“闪电”的那一刻，在此之后他落回到他自身的悲叹之中，再度落回到多重的世界理解之中。

奥古斯丁的提升必须要被纠正：首先是差异和同一性之间的差异，然后是对差异（上帝创造物）和同一性（绝对之物）二者
314 之同一性的洞见。这就是**一切**。然后是“电击”；这意味着：占据和脱离同时发生；这个思想看起来并没有被保持。然后是微小的一步：这种思想不是那种好像一定要被坚持的东西，在差异意义上的“坚持”。因为一切是一切，所以这个思想可应用于任何东西。然后是非常微小的一步：恰好当它不是**这种**思想时，这种思想总是已被坚持。每个差异的构造就是这种思想本身。只要思想曾是**这种**思想以及**最高的**思想，它就不是思想。然后是结尾：所以一切又再度处于老的情况。先于提升的情势，看上去仿佛什么都未发生。

现在是那个大问题：那么什么是不同的？**如果**某物发生了变化，那么它就已经不是**那种**思想了。这种思想事实上只是对是者的接受。它划掉了自身。它曾经仅仅是恰好针对这种思想的诱导。它不被**允许**存在。思想并**没有**存在。一切都在思想。将自身撤回此方向。

（3）时代

上升和降低关联在一起。脱离自身的曲线通往上层，但是结构不能将自身“保持”在上层；并非出于软弱，而是因为那个被达到的状态、已发生的状态瓦解了。这个瓦解既不能被承受，也不能被容忍，也完全不能被完成；它必然属于此状况：它是一个基本特征。

如果没有通往发生性的自我阐述的忘我状态的构造，那么就不会有意义被构建出来。如果没有意义的构建，一以贯之的勾连表达也就不会实现，结构也就不会实现。意义提供出了一切，发生性的条件、忘我状态的事件，以结构的方式制作——然而它自身却不持留。这条曲线通往下层，并且结束了整个事件过程。

如果意义应当重新出现，那么它就必须再度在忘我－发生性的上升和下降的构建运动中被构建。这个转换看上去不可避免；如果没有这个超越了开端之原点的转换，就不会有意义、不会有真理，也不会有生活。

我们将一个上升和下降过程的运动称为时代。众多结构各自在时代中发生。尽管这个概念源于历史编纂学，但是它在那里极为忠实地
刻画了普遍的基本特征，这些特征是在结构中被关注到的。“时代” 315
这个名词的希腊语（ἐποχή）意味着中止，因此在语言上它所描述的根本不是从原点到原点的带有张力的曲线，而是各自的原点停顿处。这看起来很陌生，但是当这个现象被表达出来的时候，它以引人注目的方式涉及了以下情形：只有当带有张力的曲线从原始状态开始时，它才能得以实现。发生过程并不是从任何一个原始状况出发启动的，而是从原点区域出发启动的。

每个时代都是一个时代之后的时代。它经历了上升和飞跃的道路，并且从对其真理的始终更为根源的开启过程出发重新构建自身。这个真理并非“显而易见”，而是只有这样的人才可见：他已然经历了此方向的道路并且在这个位置上经验了对于真理的开启力量，在这个位置上他以真理的方式所开启的，也就是“维度”。一个人如果没有经历维度和修正的道路，也就完全看不到发生性的真理，他不会将之看作发生性的，或者看作时代性的。对这样的人来说，一切都陷于

平淡无奇的均质化状态之中。精神科学教导人们看到时代性的真理（如果这些精神科学已然自我领悟了的话）。时代性的真理就是解放过程，是自由的人道形式。

按照发生性的方式被达到的真理仅仅是被看作此真理曾被达到过。然而当它已然被达到时，它就成了阻碍性力量。尽管它在此，且无可争议地在此，但恰好是在此有了某种流失，它使一切依附于旧有方式——并且由此摧毁了它们。这个摧毁过程无法感知，而这是一个摧毁过程这个事实，只有在一个新的时代形成之时才变得清晰。那些使一个新时代开始的因素，遭遇了一个纯粹不理解状态，因为那个旧的时代还继续“生效”并且它的真理看起来还保持着未被耗尽的状态。

一个时代的没落就是不被察觉的矛盾僵化的过程。这并不是指诸如矛盾的出现，因为这些矛盾在完好的结构中也存在，甚至结构就恰好是从这些矛盾出发才获得生命。因此这些矛盾就是那些旧的矛盾并且保持不变，但是矛盾的“意义”（它的存在论）已经变化了。它不
316 再被体验为“压迫”，它所传达的也不再是时代性结构（真理）的整体；它并不传递众多联系的全体，而恰好是与此割裂开来：结构完全依赖于水平。没有变化，但是水平丧失了。在丧失水平的过程中，普遍之物的视域稳定下来，一切都变得可以比较，并且因此变得不受约束。无约束力之物就不会有生命力——开始抽离。已流失之物并没有被消除，而是被打破。

按照结构理论，所有的独断论和意识形态都会被看作过错。它们没有领会意义构建、真理构建和法规构建的时代性特质。它们认为，只能有一个意义、一个真理、一种法规——对所有时代和所有人都有效。因为它们是在一个发生性的忘我状态中产生出来的，它们完全拥有在它们看来的意义、法规和真理。但是只要它们想要使自身占据和处于高于其他一切的地位，那么它们就歪曲了其他秩序的真理以及关于此的独特真理。如果人们在意识形态之下去理解那种将自身设为前提并且获得绝对化的秩序，那么就会发生以下情形：每一种意识形态就会被历史的力量所打破，这就是结构的必然性。

同样错误的是相对主义，这种思想把它的真理让渡给每一个时代，并且不再想把自身提升为本质的命题。因此没有什么东西还有意

义。“意义”不是这个意义和那个意义，而是说，意义就是每个唯一意义的某个具体之物。普遍的意义并不“高于”所有意义筹划，而是处身于它们“之中”——作为意义事件本身，作为忘我状态下的觉察，作为时代性的升现或者作为在其中的“开放之物”，解放过程。时代性的开放状态在开启者的方向上被批判性地分析。这些开放状态的“普遍之处”并不是一举被掌握的——这种信念曾被当作是不可宽恕的幼稚性，但是这一点是在历史上几乎可算未取得过成功的获取知识的努力中被澄清的。然而从未发生以下情形：即由此出发能推导得出灵丹妙药，而是始终只是如此：即一种始终具有巨大风险的新的意义筹划所具有的筹划方向变得清晰了。

解决相对主义问题的关键点 317

1. 相对主义处于涉及真理和历史之本质的根本性错误之中。只要它自身将应当被看作历史过程本质性的东西消解了，它就纠缠在自身矛盾之中——这被消解之物就是某一个时代对于可认识的真理的自然信仰，以及对秩序公正性的信仰，相应的这个时代就是通过它们被构建的。与此相对的是坚持以下观点：对于人而言，发现一种合乎自然的，也就是说，符合客观的且有充分根据的秩序是有可能的。然而，发现那种区分适当的和不适当的秩序之标准要比人们通常所设想的困难得多。

2. 与相对主义的极端情况相对的，就是一种“自然主义”、“教条主义”、“客观主义”或者某种“意识形态”的极端情况。这些极端情况宣称：应当有一种直接的、对于永恒为真的且适用于一切时代之物的洞见；由此，它们提出了自身的关于适用于所有时代的法则和尺度的秩序设想。尽管这是与相对主义对立的观点，但并不是对它的反驳。毋宁说，这恰好意味着对相对主义的促进，因为现代批判的和历史的意识不可能将自身压制回教条主义的状态。

3. 人类的秩序总是在历史条件下以及在对这些条件的接受中发展自身。尽管如此，它们并没有将自身完全归因于历史的制约性。秩序有可能契合公正，也有可能无法契合；它们可能“成功”，也可能“失败”。在被给予的条件下只有一种秩序已获成功。基于这一点，它必定能够被描述为“受自然推动的”。

4. 在被给予的条件下找到真的和正确的东西，这是可能的，即便还要付出艰辛的劳动、使用复杂的方法。相对主义回避了这样的劳动；而教条主义使之变得过于简单。在具体情形中，找到真的秩序的过程与这种秩序的确立并无不同；这个找到的过程只有通过利用经验才有可能，这种利用伴随着秩序的确立在具体情形中被完成。在这里，一种对于理论和实践的严格划分不仅不可能，而且绝对会阻碍这个过程。演绎的方法（以理论为先导）与归纳的方法（以实践为先导）同样是错误的，这二者都只打算在
318 迄今为止的秩序所具有的角度和尺度下去处理它们的经验——对于找到真的东西这个过程而言，这一点恰好是必须被排除的。

5. 对于一种历史秩序的安置并不仅仅依据预先被给予的条件和关系来设定自身，而是也会改变这些条件和关系。这种秩序为自身创造了其可能性的历史条件。然而这种情形只发生在游戏空间之内——这个空间是伴随着被给予的条件而被设定的。对于这个游戏空间的规定乃是新的秩序表象之事，而并非是条件本身。因此，新的解决方案并不是在被给予的关系法则下被提出，关系也不是在已取得的秩序之法则下被提出的，而是说，条件和解决方案是以如下方式相互接近的：即它们将自身置于一种趋向完全符合或者近似完全符合的形式的统一体之中。如果这种在此方式下被找到的形式同时也是秩序规范的原则和历史条件的原则，那么这种由此被规定的秩序就可以被看作“合乎自然的”秩序、被看作（对于相应的时代而言）**无条件**被要求的秩序。结构就是秩序，它们在最大可能的扩展范围内从被给予的关系之中造就了规范，并且由此同时以最大可能的精确性将此关系加入到秩序之中，一个充满生命力的整体，它是在一个自我调节和累进状态的持久过程中被掌握的——这不是“生机论”！

6. 然而这个状态有点像撞大运。它无法强求。但是只有当法则**在外部**被寻找，并且考虑到被给予的环节而被“使用”之时，幸运之事的难以置信状态才能维持。如果说与此相反，法则是从

环节自身出发被造就的，那么找到这个法则的过程就无异于自我构造的过程、自主的过程、自由的过程。

7. 因此，将要完成的秩序的标准和尺度历来无法从单纯的空想或者纯粹的形而上学演绎中获得，而是必须从经验中获得——但是是哲学的角度下的经验。这一点意味着哲学和个别科学之间的通力合作。在这个方向上所作的尝试还太少。

8. 结构化秩序的标准可以以普遍化和形式化的方式被定义为对于自由、公正和个体拓展的明证性经验。这些标准是与自然相似的，它们需要一种以历史的方式各自独特的交叠，在其中它们总是相互间彼此规定，提升到结构化的明晰性，并且由此不断接 319
近具体的使用。

9. 相对主义由此被反驳；并且这一点不是在空泛的、片面化的对立中，而是在对历史意识的现代经验的关注之下。然而从中得出的是困难的加剧：无论是通过哲学，还是通过一种普遍的社会理论、通过神学、历史学或者其他任何一门科学都不能给出教导、诫命和公式，而是说，这些教导、公式和规范首先要通过对千差万别的个别科学之共同作用的艰辛劳动、在对被给予关系的普遍性批判的意义中、在哲学之光的照耀下才能形成。

为了一场讨论的工作手稿，科隆，1967 年 2 月 28 日

如果人们不局限于历史编纂学时代概念，而是依据着在其中存在的现象来进行自我定位，这就表明了：向着一种新的意义构建的转变并非必须要求向另外一种意义构建的转换。在统一体崩塌之后，这个构建过程能够再度作为新的构建发生。比如说，一个人在他的工作日中体验到了这一点，对他而言，工作日总是重复带来同样的东西，然而每个早晨他却是以“新鲜的情绪”开始这一天的。如果缺少发生性的提高，那么劳动就会成为不堪忍受的、死气沉沉的痛苦折磨。劳动的忘我状态并非一定意味着劳动的喜悦。它同样在“顽强”、“工作狂”等情形中也有可能。

如果时代—基本法则得以实现，那么对于同样之事的重复就通往一种发生性的统一体——这个时代—基本法则在“遵循过程”中作为

开端和终结存在，开端由此成为起源，终结由此成为蜷缩或者收集。我们称之为“疲劳”的东西，最初并不是在生理学层面上被造成的，而是意义学层面上被造成的。这是蜷缩的日常现象；时代化的进入，向着一条新的带有张力的曲线飞跃的条件。这个基本法则在小的和最小的时代（阶段）中也被承担起来，通过这些时代我们划分出一个劳
320 动的停顿；间歇，还有呼吸、心跳、神经系统的“微波动”都是生理学的时代。（“震颤”是一般感知的条件，也就说，是一种感知准备的偏差。）发生是从发生之中起源的，通过不断扩大它才具有可能性。

可以不以时代性的方式被考虑的东西，并不存在。人的年龄、对话、人际交往、社会群体的构成、仪轨的过程、体育运动的进行，所有一切都有其起始和终结。

这个法则适用于一切东西，有机物和无机物，能量的积攒和泄出，星体的闪烁和消逝，甚至还有宇宙作为整体的搏动。然而回形纹路可以伸展成为波浪线，而时代的波浪线可以继续如此变得平展：我们的观察方法不再能够将它固定下来，然而却保持了理由去假设一种基本的时代性的进程形式，因为从那些过程出发以时代的方式更清晰地被划分之物出现了，它们在存在论的层面上被理解成强化过程。这个强化过程仿佛仅仅是某些时代的再现或者诠释，这些时代延伸进一个包含于其中的可能性之上升过程的构架中：重叠。

在最高的等级上结构发展成为蜷缩，它达到了发生性的点（根源），从此出发新的发生才有可能。在另外的强度水平上，忘我的迷狂状态的曲线并没有蜷缩，而是变得明显（作品，构造，成就）并且涌现出发生性发展过程的承担者。基于这个涌现过程而推进的发展只是脱离自身的发展过程。因此，这个涌现的经验预设了一个并不径直通向顶端的发生过程。如果这个脱离自身的曲线并未到达显露过程的最高点，那么它就不会在涌现中终结，而是在进入和流出、提出和终止中终结。在这个情形中我们在最本真的意义上谈及时代，因此在这里就有了再现的发生性形式，再现作为结构范畴，在某种意义上是依据如下表达形式：相同之物，但是是新的。这个“从原初状态”转变成为“从新的开始”，或者根本上转变为“不断重复”。

321 在较高的等级上结构并未被保持在时间之内，而是时间被保持

在结构之内。在其全盛时期（ἀκμή）那种脱离自我的趋势形成了其独特的时间形式，并且由此将其独特的过去和独特的将来递交给自身。希腊人具有一种与埃及人不同的“时间”，而埃及人的时间又与希伯来人的不同。以下的说法几乎没什么意义：说埃及人、犹太人和希腊人处在同一种时间之中——但是这个说法首先是由于在我们看来是如此。在我们的时间中，所有一切才处于同一个时间之中——并且对我们而言，精神科学的精密度要求才可能去把握众多“时间”的差别，而不仅仅是嵌入时间中的众多事件的差别。从历史的时间（Geschichtszeit）到时间的历史（Zeit-Geschichte）。

（4）道成肉身与境象

从结构到境象的过渡是一个最外在的转折，意味着存在论的完全没落。然而有一种关于境象的哲学。从这种哲学出发，得出了境象的概念，这个概念与所有我们迄今在图像（Bild，境象）一词下所理解的内容背道而驰。这种哲学具有其独特的位置，以及其独特的时间。在这里它所处理的只是以下内容：为转变过程做准备——是在如下的方式中，即境象是从结构的观点出发被把握的。

顶端并不是那种从结构出发、在其下面被理解的东西。但是结构却是那种朝向顶端被理解的东西。

境象叙述了整体在个别物中的在场，但是并不是要走功能主义的弯路，而是简洁而直接的。摩西的手势传告了绝对之物——这与以功能化的方式思考和观察的弗洛伊德所认为的完全不同。境象：解开，但是并不放松。

结构陈列出来，并且分解开来。境象恰好在其完全的不可分离性中保持了整体。结构要求诠释、陈列；境象要求直接性，看。

礼拜仪式（1967年3月7日） 322

结构只有在发生过程中才是具有生命力的、在贯穿的过程中。举个例子：一个弥撒仪式上的男孩举着蜡烛；他所关心的只是正确地去做，一切都在他的热情之中。他的热情就是他的礼拜仪式。

境象：神圣的蜡烛。作为境象被接受，在蜡烛的持有中一切都不同的；没有任何发生过程是必需的；所有礼拜仪式发生过程的蜡烛境象（献祭的境象，授予圣职的境象，拯救的境象，变迁的境象，如此等等）。

在结构那里，外在性就是（完全以功能化方式引起的弥撒侍者的热情的）内在性——而内在性应当是纯粹外在的（和有限的）。在境象这里，一切以相反的方式进行；这一情形没有被看到，但是被理解。在蜡烛中完整地包含了礼拜仪式的各方面，这不会被理解，但是被看到了。在抹大拉的玛利亚那里（通过"追随者"完全不能承担导致青年人的愤怒的结构化贯穿过程）完整地包含了赎罪与拯救，这同样地也只能被看到，而不是被理解。那些在此进行理解的青年人看不到她。看，在这里就是基督。看就是拯救，而不是类似于拯救这样的东西所引发的后果。

但是看和理解是同一个东西。境象和结构关联到的也是相同之物。现在人们可以看或者理解吗？

2. 众秩序之秩序

众多结构处于独一性的法则之下。它们并不是相互交错联结在一起；但是它们能够在不发生接触的情况下相互渗透、相互重叠、相互交叉。什么是它们相互间的关联可能性？

（1）我，我们，世界

首先在考虑到结构的复数情况下，我们会谈及“众多秩序”。相比于结构的概念，这个概念可以更好地探讨在这里被关注的特有关系。这些关系在哲学中是不可讨论的。除了历史条件不完善之外，这
一点可能也会在基础上造成现象学的困难。人们本可以以存在论的复合方式考虑很多东西，而不仅仅是复合性本身。

结构的复数状态并不像在众多实体那里一样，是外在的（非本质的）；实体的复数在这里是不可能的，因为不存在“外在的”自由空间，也不存在针对“外在的”关联可能性。因此，结构的复合性将自身构建为在结构自身中各个不同的东西。它从自身出发被多样化了。

结构的每一个“状态”都是对整体中这个结构的一个诠释，同时也是在结构动态之内的一个环节。这种新的诠释以合乎行为的方式被实现，它不是完全自由的，因为它遵循着那个造就了结构之特征的一贯性，但是它也不是完全受缚的，因为一贯性是一个寻找的过程，而

不是实现一条预先已做标识的轨道。因此就有足够的差异能够将新的诠释展示为一个新的东西。因为每个诠释都是一个结构化，所以一个结构同样地也要被理解成一系列的结构，从这些结构出发它才能被重新构建出来。这样的话，一个结构就将众多的结构包含“在自身之中”（因为是存在于其一贯性“之下”），在另一种方式下它又再次从自身中将众多结构“陈列出来”，因为每个新的诠释都意味着伸延。依据事后兑现成功实现的完整性，这个复合过程就回溯到一个唯一发生过程的统一性（“自我”的构建）或者保持在一个视域性的多样状态之中。因此，比如说，植物的个体性各自都是对一个（种属的）结构的一种诠释，可能只是在极微小之处进行了修正；尽管所有个体都是以种属的方式（合乎繁殖的方式）相互关联在一起，但是如果为了在诠释后果中使自我产生出来，事后兑现（以及对此而言必要的修正

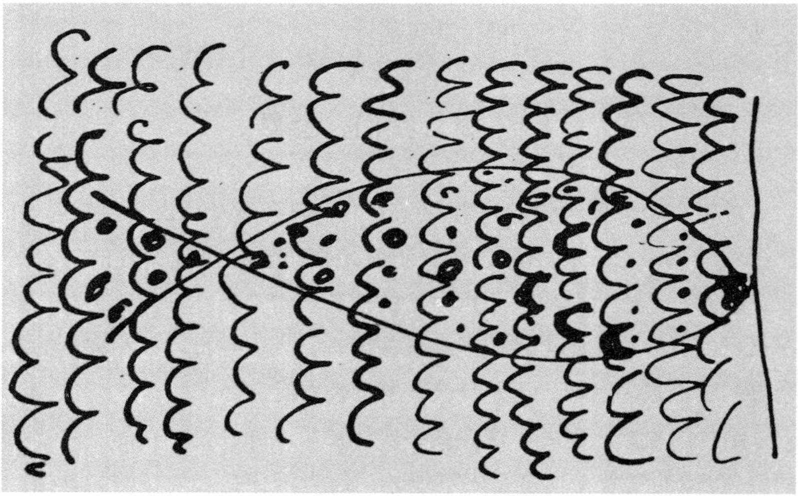

仿照保罗·克利：“带有鳞片的鱼”

关于此：“比如说，从不可分之物（Individuell，个体的）来看，这条鱼被分成头部、身体、尾巴和其他鱼鳍。从可分之物的（Dividuell）来看，就是身体的鳞片，头部的平坦，鳞片的结构。”“但是低级之物总是可分之物。”

保罗·克利发现这条鱼是一般形式的基本公式：众多结构的重叠，在此较高级的与那些较低级的以不可分的方式（个体化方式）（与可分的方式相对）相对。克利：“我早就说过，没有人曾发现哥伦布的鱼。”

程度）太过微不足道的。个体性并非自身是“创造性的”。只有种类才能成就发生性的发展，因此统一体只能是种类的统一体。这个统一体在整体中以修正的方式运动着，并且造就了一个极为单调和平淡的时代。（种类具有其逼近、其寻找、其生成为一个“经济的单位”—— 324
它们再度将之分配给自身，然后是其灭亡。）与此相反，人作为个体已然是一个发生性的统一体，在其中修正过程以极为显而易见的方式发生；短期的发生。这一点——并且唯有这一点，才是以下情形的原因：在秩序等级上人要比植物更“高级”。

倘若人参与了植物的和动物的生命圈，那么种属的复合化过程也会涉及人。在人那里，我们也可以就类型或者种类的生命过程发问。个体性的层次并不是像亚里士多德主义者们所认为的那样如此明确地被标识出来的。一与多是相对的范畴；它们的含义并不是在所有地方都相同。

但是结构化的复合过程也可以遵循一个不同的基本过程。为了成 325
为结构，结构被与自身脱离开来。它在自身中溢出，就像外壳当中的那个内核。但是如果内核与外壳是同一个东西（只是通过对同一个东西的不同阐释进行区分），那么这二者就在已显露的统一体之方式中相互关联在一起；这种关联状态造就了张力这一现象，并且因此成为动态和发生学的基础。

这个过程很可能在进一步撤销的进程中向着内部不断重复，因此内核和外壳的关系发生了多重重叠，一种复杂的内—外关系产生出来。这一点在人类体验行为的规范现象中得到清楚的表达；内在空间（“主体性”）是被一个外部事实的切近空间所环绕的，比如书桌和书

写用具，对于内在空间而言工作室也已然是一个更广意义上的“外部区域”（人过去从书架上“取”一本书）。这个工作室构成的又被看作内部的“外套”，与此相对地，有楼梯的房子、厨房和家庭生活就是一个“进一步的外在”（“干扰”是可能的，外部的现象）。围绕这个房子总是还有更宽广的实在性区域，每个区域都各自展现了外部—内部的结构（国家－外国，大地－世界空间）。特别是最内在自我区域指明了环绕之物；胳膊，现在还完全是从内部被充实的（从内部区域被充实），是通过书写的疼痛被显示出来的（显示是外部现象），思
326 想不愿流变，思考过程造成辛劳（造成辛劳是外部现象），人对自身不满意（不满意状态是外部现象）。劳动再度转变，疼痛已消失了，问题浮现出来，答案是好的，对此人们在宽广的“世界”中将要说什么？——不存在那种不可能是内在的东西！

> 在一片石化沙漠最后的沙丘上，从那里出发眼睛触碰到了无穷无尽的水源的视域，在这里自我同样处于他的经验的边缘，就像在这个地方就是石化的荒僻之地，这个地方只有通过艰辛的行进方能达到。视域这条不可折断的线与立场的经验质性合而为一：宽度。那种对世界的经验过程均匀地通过。这既是外部（宽度）又是内部（宁静）。但是现在“外部”是不断逼近的飞机噪音，“外部”对于经验者和宽度是一样的。与此相应地，人以及无穷的宽度在这里属于“内部”。但是在对于噪音的外部干扰的恼怒状态中，以及在对某一种经验质性的抽离过程中，那种已脱离的宽度作为现在同样未具有之物还要再次转向，并且因此作为已脱离之物被给予。“外部”给出了“内部”，并且将成为其内部的构建者。正确的恼怒就已实现了一半快乐。

内部和外部构成了一个结构；二者总是同时存在，因为它们共同成为一个“实事”。每一个结构都展露出内部－外部，因为它是对它自身的诠释，并且因此将自身（朝着内部）与自身（朝着外部）做比较。情形总是内部—外部，只有这样才能接纳各种大相径庭的形式。向心状态被离心状态所取代，分阶层的已显露状态被无等级的转变过

程所取代，弥漫的融合被分明的分界所取代——但总是如此，某一个外部类型与某一个内部类型联结在一起。出现了关联的法则，有了变迁的规则，尽管这个过程造就了体验过程和生活的基本合法性，但这整个过程还没有被描述。

“外部世界问题”象征着一个错误的开端。并不存在不带有相应外部的内部，也没有这样的外部，它可以不带有被确定规整的内部。
某个现实性领域的构建过程与某个主体事实的构建过程是同一的。主 327
体性是千差万别的内部事实组成的一个复杂的构造，而这些内部事实各自以特殊的方式关联到某个被区分开来的外部区域的复杂构造性质。内部性质的界限并没有被覆盖；某个内部性质对于其他的内部性质而言就是外部性质。这个构造关系总是在变迁；这个经验内容被完整地转译为形式存在论层面上的构造变化（结构分析）。

内部的和外部的事实以协调一致的方式发生。然而它们的共属 328
性并不是理所当然的，而是必须在一个持续的修正事件中被重新确立（重新构建）起来。这个体验过程就是修正事件。嘘声四起就是对一个社会化情势的修正，某一个内在特质（比如“随意的”）会与一种在某种方式下接近的外在性对立起来。一个持久的修正过程是在一个丰富的差异化过程中造就出内—外之别的。然而，这个造就过程的发生并不是作为与结构整体打交道，而是作为结构中的一部分以最大可能的全面性和共时性代现与结构的其他部分打着交道。一个个体
与另一个个体之间的打交道可能同时也是整体与另一个整体的打交道 329
（诠释），这一点取决于相互代现（修正）。

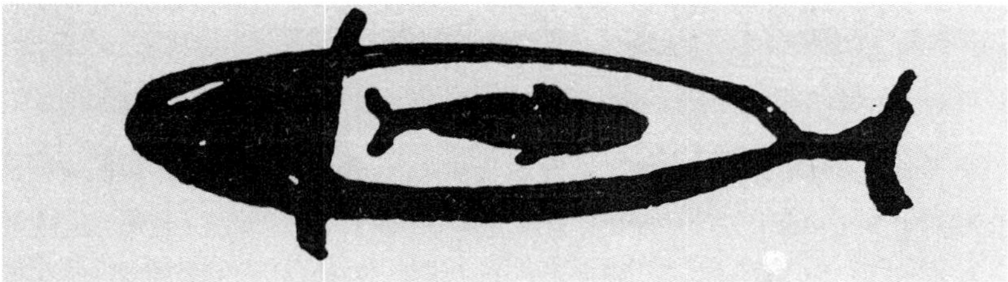

模仿爱斯基摩人的绘画

向着内部就有结构出现——重叠。一般而言这个过程会被看作诞生——而出生会被解释为重叠。（看的存在论尽管是简易的，但是确切精辟。）

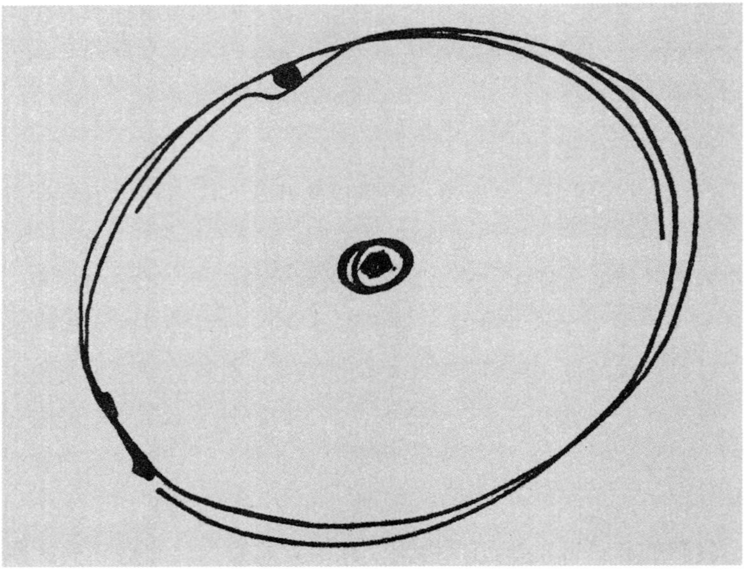

一个结构向着内部出现，并且由此出发获得一种张力，去勾画一个外部区域。内部张力的样式和外部区域的样式处于一种相即的状态。

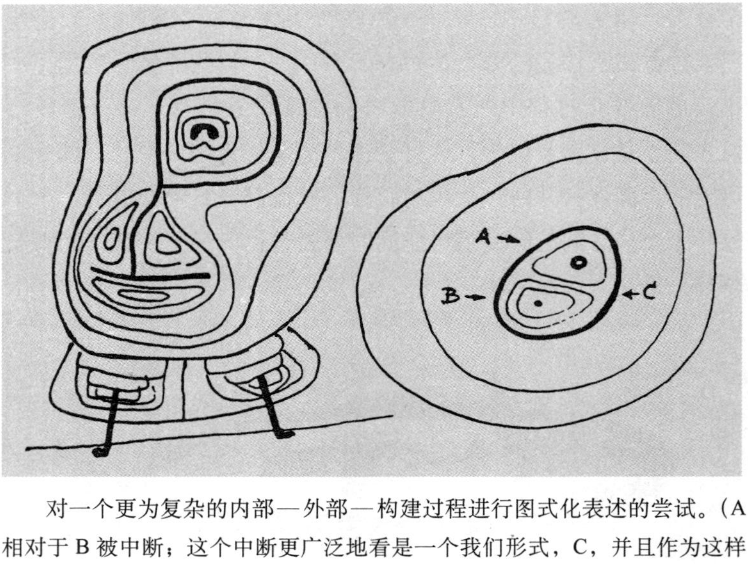

对一个更为复杂的内部—外部—构建过程进行图式化表述的尝试。（A相对于B被中断；这个中断更广泛地看是一个我们形式，C，并且作为这样的形式，一个内部—“点”对立于一个更加宽广的伸延——诸如此类。）

保罗·克利（“重度繁殖”，1934）将这个构建过程作为一般的构造原则来使用：反思的层次，显露的过程；展示完全内在地被构造——最外在的伸延。

内－外之别与造就过程（具体化过程）密不可分；结构并不遵循从个体到个体的个别化指引，因此它既没有内部也没有外部，也没“有”（es gibt）结构。这个“有”只存在于存有的事物之间。只有这种现实性才是现实性。存在的意义就是“给出”（Gebung）[①]，这种给出只有在各自的视角下才能发挥功能。给出是以个体为方向的整体的在场，处于通向个体的过程之中，并且在对中央化个体的变迁过程之中。整体并非作为整体织物存在。现实性并不是持存。

因为现实性只有经由个体之物才能被给出，而个体之物只有经由个体之物被给出，因此个体和整体总是同时被给出（视角性）。“这里”并“没有”给予我很多；它“没有”被给予我，确切地说就是，“这里”和“此物”已经被给予我。“只有”此物被给予我，准确地讲就是，这个“没有”是由他者给予我的。通过被给予之物一切都被同时给予了。通过被给予之物被给予性被给予了。“没有”并不存在于结构之中。撤销就是给出。

此物的被给予状态总是他物的共同被给予状态——以及为被给予之物的共同被给予状态。被给予性是一个由众多被给予性组成的复杂构造（结构）。并没有单一的被给予性。

对被给予性的个别化过程（具体化过程）总是使一切东西通往某物。这个通往的过程（通向）构建了主体性和内部。对个别物向着个别物的指引状态与一切个别物与中心（出发点，视角）的指引是同一的。出发点并不是下述出发点，它取决于未被给予之物的被抽离状态，同样取决于在这个“出发点”上的被抽离状态。真正的出发点是出发点和边缘的总体结构，包括所有一切在其中被给予之物。

存有着现实之物，但是这种现实之物并不“存在”。存有着主体 330
之物，但是这种主体之物并不“存在”。一切事物的现实性（客观的被给予状态）取决于以下情形：无物“存在”。存在就是居间存在。兴趣。一种不带有兴趣的关注（从外部）不会以客观的方式发现任何东西。现实性是一个基本构建物。一个人如果不把现实性考虑为基本构建物，那他就没有思考。

---

① 德文 Es gibt 相当于英文中的 there is，表示“存有”、“有”，其中动词 gibt 原型是 geben，名词化形式 Gebung，原意是“给出”。——译者注

被给予之物以自然的方式“存在”。我自身的“存在”和被给予我的对象以及事态的“存在”是从实际出发地且客观地被证明的，并不只是通过信赖实在性的交互主体性，也不只是通过无数经验判断的符合一致，而是也通过对每一种理性哲学的可信赖的证明。人们不应该与心理主义者、现象主义者、唯心论者争论。这些立场已经被归于唯我论。“存在”是一个完全实在的谓述词。

结构存在论让自然的存在信仰不受损害。它并不关心以下问题：现实性是否存在，而是关心：它如何存在，或者关心：它只在一个构建过程中“存在”。结构是现实性构建的地基，而现实性并不是结构构建的地基。因此，这种现实性构建不是“无地基的”，不是“悬浮的”，不是“非现实的”，而是说，它成为自身构建，自主状态。自由是存在最终的意义。

被给予之物的“存有”只存有于结构的展开和制成之中。如果这个过程上升到修正过程的成功实现之中，那么提高和显露也就发生了，由此在整体中，并且在每一个部分中一种“匿名性”就被构建出来。构建，而不是证明！匿名性就是“存有”（es gibt）中的指示代词“它”（Es）——并且同时也是在自身中中心化的自我，存在于存有之物的中心。在显露的一眨眼间，自我就不是被给予状态的一个部分，而是这种完全，并且恰好是以个别的方式处于精密状态中的。这个显露过程形成了实在性的起源意义。实在性在根源上就是整体和个体中的赋予生命之物，它们以发生的方式从成功的结构过程中绽放出来，在其中所有一切都“同时绽放出来”。因此实在性就是一切之中
331 的承担者。如果结构被展平，那么就不会有结构过程丧失，而是所有一切都仅仅发生变迁，因此就会有“客观的实在性”从“显露”中形成，其“客观性”意味着无所关联性，因此恰好成为其原初所是的相反状态。这样一种贯穿一切的“实在性”就以匿名性的表象出现了。

“客观的实在性”并不是所有诠释的根基，相反地，其自身就已经是一个诠释。它是一个更为原初的给予意义的来源模式，这个给予意义意味着整体的具体化过程，意味着出自现实之物的现实性——这些现实之物处于细致被划分的关联整体中之个体间的具有生命力的转换关联之中。现实性作为一切环节和音调的生命力、一切正面和背面

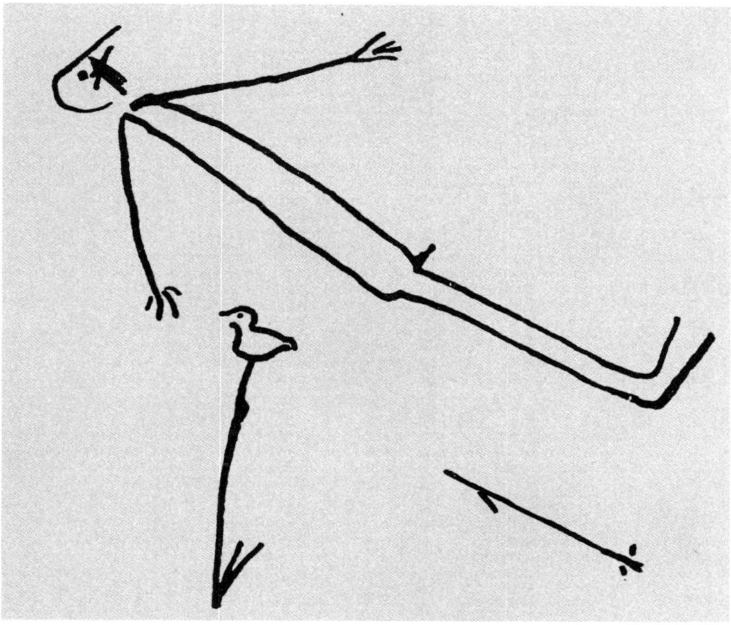

临摹洞穴绘画［法国拉斯科洞穴（Lascaux）］，带着鸟型面具和箭的萨满

上升（和下降）作为史前时代的基本经验。鸟作为显露的意义境象。显露作为现实性的基本意义；萨满作为绽出者传述了现实性，“召唤”了现实性。

的生命力，它让被抽离之物在场，并且让在场之物被抽离；没有静态 332
的进程，而是变迁的过程，这个过程通过在被推动的静态中不间断的修正而保持了转换的代现。根源的现实性并不具有一个“概念”，它只是去生活；它是去生活之物的那个“去”。

当结构进一步下降时，即“客观的现实性”、一种与可显现的静态存在学无关的东西，构建了自身，因此其牢固性也在以下方式下松懈下来：根源地与赋予生命的过程紧密联系在一起的环节转变成外在地相互关联的要素，其中之一就是自我，在自我之中结构纯粹结构化的内在收缩成为一个经验点。这个收缩的主体连同它的“内在”自身又再度居于世界之中，这一点可能会成为一个使人忧虑的问题，而这个问题在众多理所当然的状态中丧失了，因为所有一切无论如何都

“内在于”世界；在这个普遍的世界所属性和现实所属性中，那个分层级地或者均质地贯穿一切事物的内在的最终剩余之物可以被看到。这个根源的自我就是对一个生活世界的经验点，而不是内在于一个仅仅还要被经验的世界的生活点。生活（生命）在本源的意义上就是生活的共同展开过程，而不是面对一个僵死世界的静止不动的“存在”。

在下降的过程中还有涌现发生，包括自我和现实之物，因此这个撤销的过程不再被经验为静止状态、不再被经验为动荡。世界凝固了；作为运动状态的运动，成为对静止的大全的一种恒久安置。

迄今为止的分析使我们面对如下危险，即将“客观实在性”的现实意义逐渐进入一个“显露过程”，并且将这种客观实在性在某种程度上现实地理解为“匿名的力量”——这种力量突发地从结构事件中产生出来。但是这些分析也同样地会把我们置于如下的危险之前：即认为“客观实在性”是一个谬误，认为这是对于结构的一个自身误
333 解。这是一个基本的假设，通过这个假设结构才符合某个水平。此外，一个结构“符合”已形成的水平，这也不是顺理成章的。它始终处于危机之中，并且必须要不断地被操心，使其保持与特殊水平的符合状态。在“实在性”的层面上有着非常好和非常坏的世界诠释、事物诠释和自身诠释。我们并不要求，结构要被保持在某个水平，我们只是要求，结构在已形成的水平上保持对其可能的符合性。水平的高低并非价值，然而却是水平的说服力。即便是完全的实在论、幼稚的经验论、批判的理性主义，或者那些一贯如此的立场，都可以具有说服力，并且由此在哲学上是可辩护的。

当然，水平的高低是一种价值，但是这只是对于较高的水平而言是如此的。并不存在从外部而言的客观的价值眼光。每一个价值评判都是处于某个水平上的；处于某个水平上意味着：贯彻某种价值判断。并不存在价值的客观性，但是有一种朝向这种价值客观性的运动。较高的水平具有较为客观的价值判断。这种价值判断自身也会被评价，成为批判性的价值判断。结构上升（基质的改良）首先就是批判之批判。因此，单纯的批判就像完全的幼稚性一样，是无价值的；它只是单纯的幼稚性在较高层面上的重复，这无论对于较高层面、还是对于幼稚性而言，根本上都是更加糟糕的。

人们必须处于较低的层次，以便能够提出诸如“实在性问题”这样的问题。对于这种状况而言，“批判的实在论”是应当推荐的。然而，如果人们在结构更高的复杂性中密切关注结构本身，那么内部就会转变成为一个贯穿整个结构的特性，外部也与此相同。当然，现在不再允许较低层面的“自我”的存在论性质在总体结构的“内在”中被逐渐显现；这个后果将会是质朴的唯我论。同样地，人们也不允许质朴层面上“外部世界”的存在论性质在贯穿整个结构的“外部”中逐渐显现，其后果将会是质朴的实在论或者唯物主义。

在这种情形下，总是还会有额外遗留的尴尬问题：“我”是什 334
么？是结构整体吗？还是一个纯粹的、多重牵连的结构环节？——但是对此不同的可能回答就已经将基础的存在论性质转移到一个更高级的提问方式中了。在这个问题中，至少以下问题一定要被区分开来：我（第一人称）是什么？那个自我（第三人称）是什么？后一个问题属于客观实在性的领域，在这里可以作为未加关注的问题不加讨论；如何回答这个问题，在此无关轻重。而第一个问题则要被理解为一个基于结构层面上的问题，那么这个第一人称的系词“是”就是结构勾连表达的主动事件，被看作改善和澄清的过程。这个第一人称的“是”延伸到整体结构（世界）之外，并且以各个不同的方式作为与“普遍的”现实性意义（并不存在这样的东西）同一之物被置于不同的结构事实之上。现在这个第一人称的“是”就是那株梧桐树及其被置入我的视野中心的存在，通过这个存在这棵梧桐树呈现为精细的侧面剪影，越过山嘴的边界伸往夜空。这个第一人称的“是”就是那些事物以及晚餐置于我近前之物“对我的存在”，因此也就是这些事物合乎生活的视角性，它绝非从此物或彼物出发拼凑而成的；只有在诸如适于用餐的逐渐降临的夜晚中，才有与不可填补的视域针锋相对的某物被呈现出来；我告诉自己，你进餐的时间（和内容），我指给你看你的梧桐树。一个侧面剪影完全就是一次进餐的视角性——一次进餐就是一个侧面剪影的视角性。所有的视角性——作为我参与其中的诸多形式，它们构成了一个作为我之所是的不可断裂的关联整体。如果现实性只是在视角性的形式中被给予，那么第一人称的“是”就是一般存在的意义。只有对于参与者来说才有现实性。

只是人们必须要考虑到，视角性是一个全面化的东西，而且事物的“向我存在”也顺带意味着一种多重的“向他者存在”。这种“向我存在”与事物的“向他者存在”是同一的。他人的第一人称的“是”把我的第一人称的“是”造就成如此这般；更好地表述：他人的第一人称的“是”造就了“我的”——他的我的第一人称的“是”。
335 如果把我和第一人称的“是”连通起来，那么我就获得了一个存在论上的共通性，这种共通性并没有在哪怕最细微之处否弃我的个体性，而恰好才赋予个体性以精确度，但是却以具体的方式顺带包含了所有他人的个体性。在精确的中止过程中（彼此交织的过程），主体的个体性在存在论同一性的基地之上被构建出来。彼此交织的过程是个体构建的结构过程，没有这个彼此交织的过程也就没有“我”了。如果这个彼此交织的过程现在是与其他个体性交织，或者与仅仅是可能的个体性交织，与我自身交织，与物交织，与上帝和世界交织——这个交织过程就总是与一切关联在一起。在这里，一个与这个实事的交织过程就被看作对另外一个实事的抛离，同时则是与另一个实事的交织过程。以结构的方式看，属于我的向我存在的世界之整体是被彼此交织的过程贯穿的，因此我“是”处于这个彼此交织的过程之上的，并且在每个点上各个不同，我就是世界的整体。这个第一人称的“是”说明了我和世界的同一性（存在论的）。这个第一人称的“是”早于我和世界。“我”可以这样生活，我“是”，我也可以这样生活，“我”是。这就是生存层面上的基本差别。

在第一人称的“是”当中，这个彼此交织的过程是全面的。物与我中断了关系，它们转向更大的部分，而不是向着我，这种情形很明晰地就是我的生存。其他生存的非属我的存在，历经各个不同的转变，就是我的生存的属我的存在。并不是我先被给予我——然后世界被给予我，而是世界的蜂拥而来在迫近和远离的被强调的结构中就是如下方式，我是如何被给予我的。世界的蜂拥而来把我推给我——并且并不是作为一个在自身中被规定的主体，而是说，我的被规定状态是我的世界的独特构架。在这里我们还注意到，这个“彼此交织的过程”只有保持在一个变动的事件过程之中，只有作为一贯的勾连表达才获得停歇并且承担了那个第一人称的“是”。如果这个运动过程减弱了，

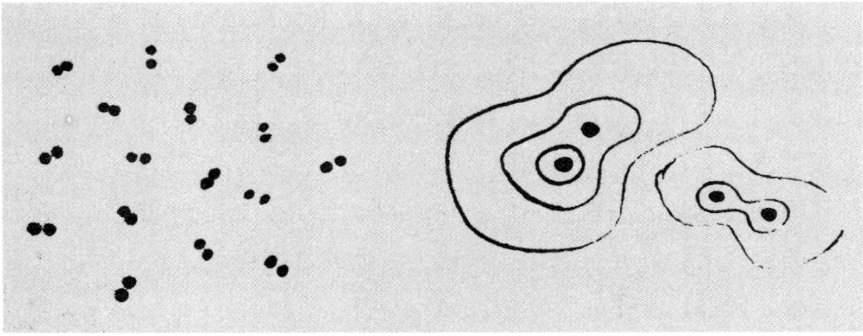

可分的结构和不可分（个体）的结构

可分的结构要被回溯和回转到不可分的（个体的）结构之上。可分的结构预设了一个紧张的区域，它们可以将自身嵌入这个区域中；毋宁说：它们就是这个紧张区域自身，不存在无类型的紧张。但是：那些陈列出其紧张区域的不可分的（个体的）结构，只有当它们抓住一个可分结构的结构化动机时，才能获得它们的类型，即便情形向着本源变迁。所有不可分的（个体的）结构具有可分的结构，将之作为它们自身中［不可分的（个体的）］周围域。可分的结构出自共同性，通过这种共同性不可分的（个体）的结构将其紧张的区域结构化。这种可分性就是不可分性的极为精确的底片；一“对”始终只是“一”对（在它者之下以及与它者相对）；它的孤独状态（独一性）需要它者。可分性和不可分性构成了一个紧张区域、一个结构。并不存在“一个”处于与其他结构的“关系之中”的结构，因为每种“关系”已然是一个结构。也不存在一个“高高在上”的结构，因为将被置于高处之物置于处的过程，细究起来恰好就是将被置于低处之物置于低处的过程。简而言之：结构并不“存在（是）”（不是这个或者那个事实状态），而是自身结构化成为这个或者那个事实状态的“存在（是）”。换句话说：“这个或者那个”已然又是一个结构。

那么这个彼此交织的过程就会蜕变成为静态的彼此相邻，尽管这个状态始终还是彼此交织过程的一个确定的形式。“客观的实在性”和作为“点式主体性”的自我也共同构成了一个结构。这个结构是完全正确 336
的——或者能够具有其协调性和一贯性，比如在科学和具体实事之中，我们只是拒绝，为了根源之物保持这个结构水准，为了基础的实在性形式保持这个结构水准——从这个形式出发更为强化、更为相关的形式必定能被引出。我们将正在进行描述的自我塑造为被描述的自我的基础，而是将被描述之物塑造成描述过程的基础。这就是好的客观性。

这个彼此交织的过程要比那些彼此发生交织之物更加基础。“存在论的”诠释就是将较低水准回溯引导到较高水准上，坚持趋向和缓的修正，对于构建的阐释。“存在的”诠释就是将较高水准回溯引导到较低水准上，对“失常状态”的表述——这种状态容许自身成为一种疏离共同意义之基地的思想。较低的水准存在于此种明确的或者不明确的诠释之中，并且人们必须认为较低的水准是正确的，因为它需要这种正确性，它存在于其中。

337 “我”是以下情形：我只是我，而不是那些他者。我就是那个“非他”者，并且他者也不是“我”。然而，我的“我是”只在以下范围内才是现实的，即当那个“非他”者被具体地勾连表达出来（彼此交织）的时候。只有在涉及某个确定的他者时，我才是某个确定的“这个”。他者的确定性就是我的确定性。我们拥有一个共同的确定性。我们是“同一个”，在其中我们才相互区别。

此外，假设“一个唯一的”（社会）结构，这是一个误解，同样地，假设（个体）结构的多样性，也是一个误解。这唯一的社会结构就表明了个体结构的多样性，因为它只有在彼此交织的共同状态中才能各自成为其自身；在这里，我从他者那里得到什么以及我如何对待他者，并非只有这些属于“我的”彼此交织的过程，而是说，我不知道他者从我这里得到什么以及他者是如何对待我的，这种情形也属于“我的”彼此交织的过程。这种总体上的相异性，在社会层面上以及时间层面上，都属于此种彼此交织过程之一，它只有被理解为这唯一物时，才能被理解。作为这个唯一物，它是多重个别精确性的多样状态——这种多重的个别精确性在不计其数的地方其实并不能达到精确，这种情形以精确的方式标识了其在彼此交织的过程中的位置。

在这里，一与多并不是对立的。它们彼此渗透；就像内在和外在一样。在结构中，并没有从小到大的逐步积累。在其中没有诸如不足之类的情形。

338 再重复一遍这种情形：如果我将自身经验为与整体世界有所不同的东西，那么我就完全是有理据的，我们只是不应忘记：这种不同于世界的存在就“是”属我的“我的存在”。如果我将自身经验为与其他他者都不同的一个他者，那么我就完全是有理据的，只是我们决不能忘记：他者作为“这些他者”精确地、彻底地且具体地就是属我的“我的存在”。

“我”是一个多层次的现象。他从可能的属我性的多重环绕出发，重新构建了自身——这种可能的属我性从一个无穷地依次远去的点出发（反思逼近法），超越了“我们”的所有层次，直抵“我们的”世界的最外在的边缘（这个世界作为“我们的世界”精确地就是“我的世界”）。社会行为就是内在的勾连表达，亦即上述的属我性，它包括了一个众多“我”的群体：“我们”。所有社会行为同时且作为其自身也是我的行为。社会行为循着“识别”各自不同地衰落，这个识别行为将一个以极为不同的方式被理解的“我们”贯彻到“我”之中。这个识别行为在各个不同的级别上施行，并且同时在各个不同的方式中在不同的级别上施行，我则保持了自我。识别行为的琴键在多个声部上被弹奏。无论如何，所有的级别总是在被弹奏，因为未被弹奏的就根本不是属我性的级别。倘若最外在的级别也是那种属我性，那么“所有一切”都被包含进我的体验之中；倘若最内在的级别也是对整个结构的填充，那么我始终会被“包含进”整体生活之中，生活标注点之一，在其中多样性与多样性之间达成均衡，而这个标注点在每个点上都充分显现，所以它可以并且必须将自身理解为完全囿于自身的，且以无穷划分的方式定位于自身之中的“我在此”。所有的“我”就是所有一切。不同的理解只是在于，如果所有的我在不同的方式中是所有一切，以及如果所有的我作为所有不同方式的差异性就是其各个不同的方式。只要人们还没有把牵连状态的结构范畴置于基础地位，就必须从彼此交织的基本过程出发、在其指向充分显现以及视角性的状态中，对我的同一性进行规定，并且也必须注意到，彼此交织的过程事件具有最为不同的强度和同一性程度，并且具有或多或少的和谐性。 339
最令人讨厌的误解可能存在于以下情形之中：如果彼此交织的过程之形式仅仅作为一种形式显现、即便它也是充分的且完全合法的——此外其合法性也表现在，它将自身保持为唯一合法的，那么人们就会假定各自独特的、“仅仅与自身”同一的自我所具有的个体性是无效的。

结构存在论并非关于一切“现实”之物的普遍“学说”；如果看不到这一点，它就会被从较高的水平向下遮蔽为较低的水平，而并非明显超出之物作为较低水平则被遮蔽为较高的水平。它只会给予每个水平其真理；根本上它不是结构存在论，而只是结构诠释。属于它的唯一真理就是对上升过程整体关联的洞见，这个整体关联将所有水平彼此联结在一起并且使之（各自不同地）彼此生成。然而，结构存在论的这种内敛性质会由于以下情形被打破：某个水平上的真理只有如此才能被调节好（并被掌握），即人们在其相互渗透性中看到此真理，或者人们看到，某个水准只有内在于提升和下落的运动过程中才“存在”。或者说：只要某个水平“存在”（也就是不顾及他者并且不是从运动中出发被理解），那么它就已经是一个较低的或者最低的水平。由此，即便结构存在论是对每一种存在论重新构建的发生过程，它仍会成为较高水平的存在论，成为关于较高的存在论水平之原发性的“学说”。因为总体上具有了对较高水平（“存在论差异”或者更好地表述：诸存在论差异）的了解，才会有一个“存在论”的概念产生出来，因此结构存在论根底上就是唯一的存在论。

（2）语言

每个结构都是一个诠释。每个诠释都富含众多可能性诠释。这个诠释的关联整体自身又是一个诠释。

340 原则上看，每个诠释都是可能的。不存在以下形式中的“实在性”：即诠释仿佛只关联到这个形式。这是一个开端的任务，展示出这样一种平庸思想的自身矛盾。然而也存在着衡量的问题，只是如下述情形般更加复杂：每个诠释都必须被插入那个被始终保持的诠释一致性。

如果一个诠释所遵从的并且从诠释出发所遵从的一致性没有被进一步推进，如果它“在现实性上”失败了，也就是说，更准确地说，在接下来的诸诠释中失败了，那么它就是“错误的”。每一个可以被始终保持的诠释都是正确的。每个正确的诠释都是被允许的。每个被允许的诠释都是被要求的。

如果人们极端地理解诠释，那么它就是语言。如果人们极端地理解语言，那么它就是发生的勾连表达。在这个理解水平上，它不再是

“表达”、“传诉”、“复述”。

斯特拉文斯基（Strawinsky）

“我的看法是，依据其本质音乐无能力‘表达’任何东西，包括它可能所是的东西，一种感受，一个立场，一种心理状态，一个自然现象，或者其他的东西。‘表达’从来不是音乐内在固有的特性，而音乐中‘表达’的存在合法性不取决于任何方式，如果音乐看起来像表达了某些东西——就如同它几乎始终所是的那样，这种看法就是幻觉并且不是真实的。对我们而言，音乐的现象是朝向一个唯一的目标，提出事物之间的一种秩序……”

《我的生平纪事》，1936

语言是其自身的“表达”。音乐是其自身的“表达”。语言和音乐是同一个东西，或者是对同一个东西的表达。语言只有通过其自身中的勾连表达过程才成为“表达式的（清晰的）”。语词单就其自身言说不了什么，但是这些语词在相互关系中就言说了一些东西。在存在论层面上最早的“传诉”是在语词之下发生的。只有在它们指引的结构中它们才是有内容的。这个指引的结构不断变迁，如果一个人不能参与这种变迁，那么他也就“理解”不了任何东西。

实在性完全就是表达。它通过“存有”的勾连表达运动才成为这 341
样。给予过程就是语言。只是因为现实性在其自身之中就是语言，因此人们才能够对现实之物进行交流。

按照结构理论，所有一切都是语言：音乐，实在性，心理状态，社会性，力量和能量关系，语言；回应和交流。那种人们通常称为语言的东西，是以语言之间的翻译现象为目标的。一种“传诉”就是作为翻译发生的，根本上不是作为语言。但是只有当翻译按照发生的方式被施行时，它才有可能很精确。

人们经常说关于“语言”的不可翻译性，这其实是一种思维的惰性；人们至少本应注意到，他们已经精确地谈及了一切语言中的这种不可翻译性。然而，当人们将含义平行排列的时候，并不能达到精确
性；只有当人们经由结构的整体从一个含义到另一个含义时——所 342
有表达困境的模式作为“表达”也都属于这个结构，精确性才能被达

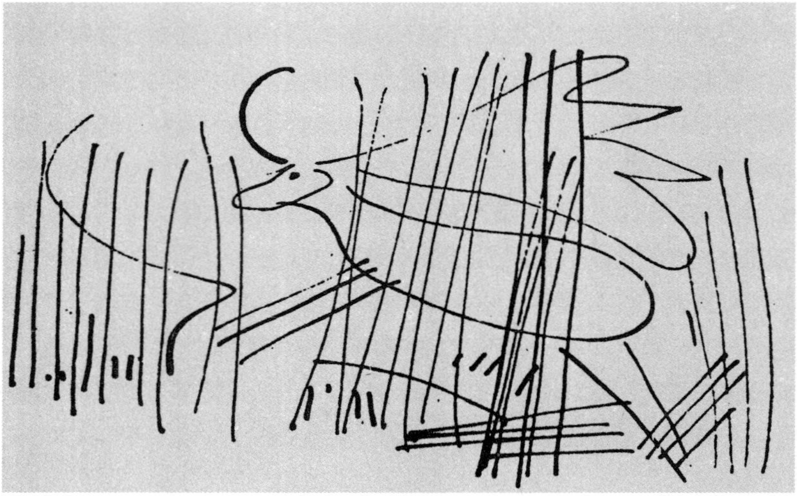

临摹的一幅洞穴绘画（莱默兹）

诸结构的覆盖，作为运动的境象和紧张的过程。覆盖是一个语言现象：叙述是从展示而来的。

到。这个经由整体结构的过程就是语言。

诺瓦利斯

“围绕着语言和书写根本上是一件愚蠢之事；正确的对话乃是一个纯粹的语词游戏。可笑的错误只是去赞赏，人们所认为的，他们只是为了事物而言说。这恰好是语言最根本的特征：它仅只操心自身，无人知晓。因此语言是一个如此美妙和富有成果的秘密——当一个人只是为了言说而言说时，他所说出的恰好是最美妙的、最原本的真理。但是如果他想言说某些确定之物，那么幽默的语言就会让他说出最可笑、最颠三倒四的东西。由此也会产生出憎恶，有些严肃的人会有反感这种语言的憎恶。他们注意到他们的情绪，但是没有注意到，这种轻蔑的闲聊就是语言无比严肃的方面。如果一个人能够使人们理解到，运用语言就如同运用数学公式——那么它们就搭造了一个自在的世界，它们只与自身打交道，所表达的无非是其美妙的自然本性，恰好由此它们是如此富有表现力——恰好由此事物之间罕见的关系游戏在其中被映射出来。只有通过其自由，它们才成为自然组成部分，并且在其自然的运动中世界灵魂被表达出来，使之成为关于事物的精致标准和概览。因此这也与语言有关：一个人如果对于其弹奏指法、节奏和音乐精神具有一种细腻的感受，那么他就在内心中倾听到其内在本性的精致效果，并且据此使他的舌头和手运动起来，他会成为一个先知；与此相反，如果一个人对此完全知晓，但是耳朵和感知对于书写这样的真理并不足够，然而却被语言自身所愚弄，并且被人们所嘲笑，就像特洛伊的卡珊德拉①。由此，如果我相信已经以最清晰的方式指明了诗歌的本质和职责，那么我却也会知道，没有人能够理解这一点，并且我也说过一些极为愚蠢的话，因为曾想要说它，因此诗歌没有形成。但是，如果我必须要说出时，又如何？这种语言的欲望，去言说语言灵感的标志、语言效用的标志，这应当是在我之内的吗？我的意志也仅仅是想要一切我必需之物，因此这一点最后有可能是不带有我的知识和信仰的诗歌，并且有可能去理解语言的秘密吗？因此， 343
由于职业作家其实只是一个被语言激励的人，我应是一个职业作家吗？”

《独白》，约 1798

关于现实性的言说在规范的情况下就是语言的勾连表达，就是对于日常状态的修饰，在日常状态中我们作为语言存在。与传诉功能的语言一样，事物交往的现实性也属于此。存在某些人们言说的东西，也存在一些人们没有言说的东西，而人们不言说那些人们没有言说的东西，可能也根本不能言说，这种情形造就了对于言说的言说。言说或者不言说，二者都是语言，而人们沉默地揭起帽子，这个举动包含了勾连表达。

在其自身中被规定的东西，就是语言。“传诉”并不是语言的根基，也不是伴随语言发生的一个过程，而是语言之中的一个环节，或

① 卡珊德拉 (Cassandra, Κασσάνδρα) 是希腊悲剧中的人物，她是特洛伊国王的女儿，被阿波罗诅咒可以预言一切，但谁也不信以为真，这种预言能力是她痛苦的根源。——译者注

者说是语言中环节的关联状态，只要它是在较低的结构水平上发生的。

某物是如何在自身中被规定的，这是一个问题。关于这一点我们已经谈到过了。众多自身规定性之间是如何相处的，这是另一个问题。一个转译的问题。转译是可能的，但仅仅是在发生的意义上。

> 博尔赫斯（Jorge Luis Borges）
>
> “我用了很多年，去学会如何整理和安排那些被修补的模型。每个模糊不清的日子都给予我明亮的目光；因此我才可以对那些黑色的形式印象深刻，它们都覆盖着浅黄色的皮革。有一些在一个点上闭合，另外一些在腿内侧上构成了一些横条纹，还有其他那些环状的则重新轮回。可能它们具有同样的语调或者是同样的文字。其中很多具有红色的镶边。
>
> 我并不打算谈及我工作的辛劳。我不止一次地向上凝望穹顶，却不可能辨认出那些文字。逐渐地那个触手可及的谜语让我
> 344 不淡定，它困住了我，不太像谜语的本性：一句由神书写的格言。一种形式的格言（我问自己）是如何才能够与一种绝对精神联结到一起？我曾考虑过，在人的这种语言中也不存在那样独一的句子——它不将整体的世界作为前提；当人们说‘这只老虎’时，他们同时所说的是那些繁育了这只老虎的众多老虎，还有这只老虎所吞食的黄羊和乌龟，养育了这些黄羊的牧场，作为母体孕育了牧场的大地，还有使大地沐泽阳光的天空。我曾考虑过，在神的语言中，每个词都想要说出众多事实的无穷关联，并且不是以内涵的方式，而是以外显的方式，不是依次说出，而是直接说出。随着时间的推移，我曾认为一句神性格言这个概念是幼稚和亵渎的。我曾沉思过，神只需要说出一个语词，在这个语词中就有了完整的丰富性。他自身给出的所有表达都比世界大全更加重要，或者比时间的总和更加重要。对于这种神性表达的遮蔽或者幻觉，与语言的含义相同，或者与语言在任何时候所能够包含的东西含义相同，它们是雄心勃勃却又惹人同情的人类语词：大全，世界，世界大全。”
>
> 《神的铭文》，载于《迷宫》，1956，德语版 1959

当一种语言被转译的时候，它并没有被破译，而是说，当它被破译的时候，它才是成为可以转译的。只要它仍然保持未被破译的状态，它就既不是可转译的，也不是可领会的，即便它是很多传诉过程所中意的媒介。

对一种语言的破译过程位于其不断生成的语言力量之中。这种力量容许以确定的方式运用语言，并且将这种方式的确定性运用到个别情形之中。因此语言在整体上言说某事；它是一个语词。这个语词使自身与其他相似的语词脱离开来，使语言之间的彼此交织的过程成为可能，使严格和根源意义上的转译成为可能。转译的行为就是关于众多语言的语言。如果一种语言没有位于这种根源的“原—语言”（Metasprache）的游戏域之中，那么它就不能被理解成语言。

发生性的言说就是语言的溢出，更有甚者，如果它真的获得了成功，就是超越了更多的层次，进入到一般语言的生活根基之中。一句“格言”在某种意义上就是发生性的言说。在其中关涉更多的是语言，而不是已说的内容。真理只存在于这种“更多”之中。倘若“真理”只在关涉到言说时才是本质的，那么真理就仅只处于结构发生学之 345
中。动态是伴随着“正确性”产生出来的，状态是伴随着“协调性”产生出来的。

在存在论的层面上看，语言就是结构。每一个结构都是语言。语言学的结构主义就是一种自我隔绝；在其中本真之物被遗失了，恰好就是语言的本真之物。

这种语言的自我溢出就是其真理。在这个自我溢出的过程（重叠）中成功地实现了集合化，因为一种语言的独特化总是也意味着其他语言的共同独特化。

然而，语言的这种自我多重化却有可能被误解，在实际状态中它被解释为多样性。精确地看，它所意味的仅仅是对其表达可能性赋予生命过程的独特化，因此，关于传诉过程之无穷性的唯一一句格言（或者语词）的精确性是无法被达到的。独特化和内在无穷性之间的同一性使语言在自身之中成为多重的，因此无论是由一种语言言说还是由多种语言言说，在实际状态中效果都是一样的。

唯一一种语言有可能是混乱的，比语言的纷乱还要混乱。一个表达可能如此清晰，即它言说了多种语言，比世界上所熟悉的还要多。关于统一性和多样性的存在论辩证法造就了语言的构建过程；习惯用语的多样性及其存在层面上可转译性的问题仅仅是存在于根源性言说本身之中的存在论上复杂性的一个反映。

（3）牵连状态（Implikation）

每一个结构都在自身中包含了一个诸多环节的集合。而这些环节中的每一个其自身又是一个结构，它在自身中又包含了诸多环节。结构包含了自身。

346 每种秩序都被包含在一个更高的秩序之中，在其中它只占据一个位置，并且作为这个位置与其他被包含于其中的秩序关联到一起。与此不同，众结构不能相互间关联，因为它们是一个更高结构中的环节。在一个“开放”的场域中，不存在“彼此相邻的关系”，而是说，每个彼此相邻的关系都是实在的（功能上被规定的）被关联的存在物，并且这种存在物必须通过一个安置于其上的结构才具有可能。

有人一旦以结构存在论的方式做好了准备，那么他无论以分析的方式还是综合的方式都很难达到一个终结。所有要素历时或长或短，都还是以结构化的方式被看作其自身，所有原结构所指示的还要超出其自身。然而只有当它们被带入发生性的运动时，情形才是如此。静态地看，绝不存在那样一种必然性，超越一个一次性被选定的水平；一个完整的结构呈现出来。明确制定的对现实性的诠释，比如唯物主义、比如生物学主义、心理学主义、社会学主义、心灵主义、形而上学主义，总是会具有最好的自觉，因为在它们的视域中没有任何它们能够迫使超越自身的东西开显出来；每条被给予的提示又可以重新在它们之中被诠释。

对每个结构的分析提供了诸多微结构，它们自身又是相对于更多微结构的大结构。[①] 在这里，微结构并不是“更小的”。在某种方式中，倘若微结构将大结构作为一种诠释包含（重叠），那么微结构“在自身中”就具有大结构。一个微结构的行动就是“相互作用”，并且作为此类相互作用又成为诠释，这些诠释被关联到事实领域的整全性。

众多微结构的诠释同时又是一个大结构的内在关联，并且由于一个结构就是其诠释，因此所有微结构在内容上都是各自不同的思想和重点之下的那个大结构。这些微结构就是对于这个大结构的诠释，同 347
样地大结构也是对微结构的诠释。

这种情形是以“相互作用”的双方面为前提的。它们曾是微结构的自我构建过程，这些微结构经由其“秩序”（大结构）仅只遵从其自主性。然后它们就是大结构的自我构建过程——大结构完全遵从其自主性。同样的这些过程可能既是自主声明，同时又额外是经过调整的相互依存的关系。这种情形就像内在和外在、一和多一样，并不矛盾。它很自然地预设了一种协调性，也就是被结构化的状态。在不协调的结构中自主性是被排除在外的。即便不协调的结构在其他的关注下（其他的方面中）是协调的，它却同样不能通过其自身达至自主性。对自主性的追求、解放，只有作为协调状态中的具体加工过程才是可能的。

在结构关系中以下原则是有效的：每个过程或者可以被看作是一个自主的过程，或者可以被看作一个相互依存的过程。二者的混合是不可能的，因为其区别产生于诠释方向的一次突变，一者是从微结构出发得出的，一者是从大结构出发得出的。不存在一些自由：要么完全具有，要么一无所有。

自然和自由之间的“辩证法”是实在的。不仅仅是自由的领域是如此，自然的领域也是实在论的。这一点可能与康德相反。[②]同样地这可能也与决定论相反：不只是自然的领域，自由的领域也是实在论的。然而，如果这个领域将微结构放置到一个关系领域“之内”，而

---

① 参见帕斯卡和莱布尼茨的“池塘”模式，《实体·体系·结构》，第二卷，第271页，第314页。

② 参见《实体·体系·结构》第二卷，第395页以下。

不是将微结构与关系场域放置到一起，也就是说，将这个微结构看作一个成为结构自身传诉的自主结构化的条件集合，那么，这个领域就是非实在的。只要这个秩序设定是“成功的”，结构也就一直是“自由的”。然而在正常情形下，以下情况是不可避免的：秩序设定只有
348 部分是“成功的”，而其余部分还“处身事外”，它们没有被“整理”，并且其作用可能会随之导致结构的“死亡”。当然只是涉及自身秩序意义上的“死亡”。考虑到更广泛意义上被理解的结构，这种“死亡”完全是“正常有序的”，也就是说，它是一种生命和扩展的条件。

因此，自由的领域必须在考虑到以下现象时加以细致衡量：结构的特征能够牵涉的范围有多广，如果它延伸得较为狭窄，那么它就会获得相互依存的关系，如果它延伸得较广，它就会得到“死亡”。

如果人们同时运用两个观察角度，那么他们就会得到叠加，它们以相互间不同叠加层次的形式显露出来，并且各自依据自由和被决定状态，或者依据意义和偶然区别开来。如果人们遵循一个大结构中的过程，那么人们就以另一种方式穿过信息集合，视之为在一个微结构的开端之下。这种叠加的现象并不会随其自身带来任何损害，相互叠加放置的秩序相互间也不冲突，因为存在着那些信息，它们总是只处在与一种秩序的关联之中。精确的民意测验的预言与自由并不矛盾。

壁纸模式

“在语言学中则与此相反，其研究领域中的事实使人不得不承认众多层次的排列秩序，这些层次中的每一个都是通过一个可固定的众结构之构造被定义的。这就像我们瞥见了一堵墙，它被一种尖形精细的几何形窗花格所覆盖。然后我们看到，这种几何形窗花格是如何构造起越加粗糙的、但始终还是极为精细的花朵模式。当我们觉察到这一点时，我们就会发现在这个花朵模式中有一定数量的空隙，它们就像这个花形作品一样被设置。并且我们还能找到，这些花形的群体形成了字母，如果我们循着正确的顺序排列这些字母，就会得出语词，这些语词就像在列表中相互区别，人们循着这个列表对对象进行记录和分类，并且更进一步：在模式持续不断的叠加和成型之中。直至我们最终发现：这

堵墙是一本伟大的智慧之书！”

B. L. 沃夫（Whorf）：《语言，思想，现实性》，1956，德语版 1963

不存在高高在上的视点，从其出发不同的结构过程被包含在比较 349
之中，这一点对于叠加这个现象是极为重要的。上述误解认为，有一种“置入”于第三种秩序。但是并不存在这所谓的第三种秩序。因此在视觉的领域中不可能有那样的眼睛调节，它能够让不同的线条在其不同的对于维度的决定中同时被看到。眼睛必须随着其结构化的调节来回跳跃。这种“跳跃”绝不可能被抹平。看是一个内在结构化的现象，而不是先被置于其上、被分配给众结构的现象。看只有基于已经被决断的结构开端才有可能。非结构化的看不是看。关于某个看的结构的决断为一切看奠基。依据我们看的结构，我们看到不同的东西。

（4）秩序关系

这种牵连状态是唯一的，且总是已经实在化了的对众结构多重化的可能性。从众秩序之秩序的基本关系出发，关于结构中要素之关系会有进一步的推论被得出。

在结构之间不存在直接的关系。直接关系是一个结构内在关系状况的标志。众关系的直接性和结构的统一性，这二者在存在论上是同一的。

结构只能向着内部被定位，当结构真的作为结构，也就是说，在其秩序之中被观察时，这一点才是有效的。尽管它们相互间发生关系，但只是各自经由它们的秩序、通过与其自身的关系状况被传达。换个说法：每个结构行为总是同时是一个自身行为，或者只有在一个自身设置的基础上才是可能的。

每个结构都在每一个其他结构中获取一个确定的自身映像。或者说：它只有像它内在于自身“秩序”之中所能够显现的那样，才能获
取那个映像。因此，每一个“相互作用”对于每个结构所意味的都 350
有所不同。因为不存在第三种（伪装—客观的）立场（在社会学家那里偶然也有意外），在存在论层面上不存在“相互作用”。“相互作

用”是一个伪范畴，其原因可能是，人们将自身限制在各自大结构的方面，然而随之却放弃了自由的方面。一门在大的方面对应于人类行为的科学，就不再可能够就人类的自由及其实现的条件进行说明。因为社会学（不是社会学家）并没有被固定在大的方面，它被保持为一门自由的科学。然而，当它就像区别个别物与多样性一样，区分了个体与社会时，通过对自由问题的定义它由此将自身排除在外。与此相反，社会学认为，“社会”也是在个体的自身行为中发生的，并且是对于社会的范围个体性，因此它被保持为一门自由的科学，也就是说，一门结构的科学，观望着和实现着，一种社会结构与一种个体结构完全吻合地排列在一起。社会性通过总的人类结构直抵最内部，就像个体性通过一切达至最外在的社会性。这里所涉及的并不是两个“东西”，也不是两个“结构”，而是涉及同一个结构的两个方面。“人”既不是一也不是多，而是一与多的结构化统一体。

如果我们真的将一个结构视为结构，那么我们就会将之看作一种秩序（当然也是被看作“受威胁的”、“受干扰的”秩序等等）。当我们能够在其结构化的和孵化状态中的、在其动态的和发生性的差异状态中观察，并且能够去区分和共同审视将外部诠释置于构建一致性中的形式集合，那么我们就将之视为一种秩序。然而，以动态的和发生的方式，我们并不是听凭意愿看一个结构。这一点是目标，而非前提。由此这是必然的，即找到正确的发生统一体，并且将这个复合体
351 作为观察的基础，这个复合体所具有的恰好就是在一个“阶段”中事实上所包含的东西。如果我们开始时准备得过多或者过少，我们选取的角度就会过宽或者过窄，那样的话这个境象就一定会不够清晰，并且我们也得不到结构，而是只有不太有开启价值的坚固的存在物。如果这个准备阶段被正确地选择并且秩序作为秩序出现，那么它也会给出秩序构造去认识。在这个前提下，它将自身展现为自主状态，展现为自由的，或者说，它展现了其自由存在之可能性的条件。

如果我们联系到“更高的”立场——在非常精细的分离工作中正确地选择，那么就会展现出目前还自由之物占据了一个更高的秩序，这个秩序在涉及其自身时同样也可以被看作是阶段性的和发生性的、结构化的、自主的且自由的，也就是说，从这一点看来，这个秩序暴

露了其错误和条件。

这个更高的秩序并不能介入较低秩序的内在部分；对它而言较低的秩序仅仅是一个点、一个“位置”、一个功能。而如果它介入了，那么它就使较低的秩序成为它自身的一个局部场域，将其消解了。更高的秩序从较低的秩序中获得的只是这样一些功能，它有能力向其提供这些东西。较低的秩序在一个结构化的，也就是说，趋向自由的秩序中不会获得任何关于它应当承担什么的信息（命令）。它所承担的，它“从自身出发”去做的，必须要从其自身和内在的“一致性”出发被获得——或者它恰好没有“被承担”。如果更高的秩序应当被看作结构，那么它必须从较低秩序的一致性出发，此外当结构（也就是自由的）、一种独特的且内在的一致性形成时，这个更高的秩序却也必须处于一个比它更高的结构之中。

以下情形完全是可能的、甚至是被要求的：自由的方面和依存的方面形成了重合。只有当这种重合被达到时，微结构（没有被大结构的一致性所干扰和破坏）的自由状态才是可能的，同样地只有这样大结构（没有微结构的阻滞和妨碍）的自由状态也才是可能的。尽
管在较低的和较高的秩序之间不存在直接的影响（不取消结构化之 352
物），但是在这二者之间有一种特有的通透性，一种通透性，它在上升和下落的过程中意味着“透明性”。这种通透性是更大的结构复合体的自由状态的前提。但是它是以结构存在论的方式才被构成的，并且只有当结构以动态和发生的方式被思考和被实现时，它才被构成。没有结构发生，就没有较高秩序和较低秩序之间的通透性。只有当较低的秩序依据其一致性且在与“既成事实”成功交换的过程中发生变化时，它才能保持其放松状态。只有当较高的秩序自身被置于发生性的发展之中，并且由此获得所有能够提供较低秩序的兼容性时，这些较高的秩序才具有针对较低秩序的指示能力。因此，它为了使自身寻得扩展，就必定赋予较低的秩序一种扩展。发生的过程（自由进行的发展）只有作为充分经由所有秩序的扩展自由才有可能。一物的“成功”（持久的），只有在所有物都“成功”时方可实现。

然而，要寻找那种充分的并且能够通过一切被始终保持的一致性是极为困难的。较低的秩序所获得的关于正确的一致性的信息仅仅如

此：它“发生”并且最终“成功”。较低的秩序仿佛经过推移适应了较高的秩序，在其中它关注自身并且遵循着自身扩展的可能性（前提是，这是发生性的，因此就是与给予不断进行交换的扩展）。

同样地，较高的秩序并不是“依据事先规定”进行的，而是以实验探索的方式为自身寻找那种发生性的一致性，这种一致性容许它进行最大可能的脱离自身的伸延。当它的诸环节基于其最本己的最高可能性被开启的时候，这些环节就容许它进行这样的伸延。

自然的发生并不依据任何其他发展原则。如果人在其社会问题上
352 能有所克制的话，那么自然应当是非常“自然的”。寻找代替了规划，自由代替了原则，发生代替了发展，“秩序”代替了秩序，发生之物是被容许的。

发生性的发展并不具有来自上面的引导，也不具有来自下面的压力。它的成功实施来源于众状况的结构（源于众结构的状况），并且产生了一个组合而成的整体之物，它经由不断改良追求最佳效果，而且并不是因为它意欲成为“它最好的”，而是因为一个结构只有在阶段性的提高（上升）中才能成为结构，充分发生之物才能发生。

这个整体因此“发挥功能”并且被塑造出来。然而其代价是，这个整体不能“持存”。它的覆灭是共同被设定的。同样地，不是源自“绝对之物”的意愿，而是通过这种“状况”的法则。而覆灭再又成为成功过程的条件，这一点从结构理论上看是清楚的。同样要坚持的是，突破和飞跃都内属于这个过程。

3. 人和一

牵连状态（Implikation）不是存在层面上的，而是一个存在论层面上的情况。它所意味的并不是众结构的“出现”，毋宁说，在这里所谈及的乃是分配秩序的转换关系，通过这个转换关系每一种秩序的自主性质并没有被突破，而是只有这样才有可能。秩序与秩序之间协调一致，同时它们也与自身协调一致。一种“尚未固化的和谐”，它没有被提前固化，而是从继承事实中被造就出来并成长起来。这种看起来充满矛盾的关系之所以可能，乃是由于结构的运动特性。当这种透明度被给予的时候，自由也就被给予了。在一种普全意义上、宇宙意义上的自由。在这个意义上，它意味着：当较高的秩序生成的时候，较低的秩序才随之生成，并且也可以相反。较高秩序的生成是在较低秩序的生成中显示出来的。对于众多秩序的发生性命运的相互间 354
代现造成了那种持续进步性的开放状态，没有比自由更好的字眼能够指称这种状态了。

在人的领域，自由也始终只是在众多自由的共时性中才有可能。任何一个其他的获取自由的尝试都是压制。自我解放就是对于众多自我解放的顾及。所有自我解放的总和造就了自由的充分运动。所有自由都是绽出－发生的，而且所有发生的绽出都是自由状态的。真正的绽出状态通过伸延、影响深远的基本特征、交互主体的相即环节以及不可断裂的一致性将自身与强调、迷醉和幻觉区别开来。自由生活于各种通透性之中；各种通透性导向自由。但是透明度并不构成和谐论。这种和谐论（对于存在论层面上相即在存在层面上的误解）不仅幼稚，它还是强制力最为隐晦的形式。发生预设了突破、突破的阻力和冲突。

关于透明度的笔记：

透明作为生活的基本动机。争吵、逆反性和拒绝是必需的，但是一定要以通透的方式被澄清。“全然的幸福”是错误的幸福。然而在这里所涉及的绝不是一种混合，而是透明度。人超越了他的确定性，进入透明度、希望、伸延、温暖等行动，这已稍稍超越了行为的有用性。由此行为获得了灵活性，这些行为使灵活性成为支配整体的所需之物。玻璃和水晶作为意义的境象；清醒状态、透明性也处于实践之物中。

1962 年夏天

一个秩序越是简单，其反应能力和通透性也就越低。一个秩序越高，它就越易改变。如果人是这样的结构，其反应能力充分地转化为身体化，那么他就是扩大其存在论本身的结构。在上升为较高秩序的
355 过程中，那种最先曾是陌生事实的东西（但是始终已是处于转变中的特殊结构化的环节）将会很清晰地回收到结构责任之中、回收到秩序之中。在这里，上升就是还原，对内在固有物之中的超验之物的还原。然而，这种上升并不是通过一种单纯关注的伎俩得以实现的，而是通过“整修”、突变，通过之前只是在表面传诉和异化过程中被给予之物的范围内的结构构成过程而得以实现。

对于陌生状态的熟悉就是制造出一个更高的结构维度，然而对于这个制造活动而言这个结构维度已然预先被设定，并且通过“飞跃”被带入某个维度的差异经验之中。这个“飞跃”跃进了它所据有之物中、那种新发现之物。在上升过程中，同时发生的有对自我的发现（对内在固有物中的超验之物的还原）以及对自我的扩展（对发生重叠的秩序的接受）。更准确地说：只有在不仅仅是透明度朝向更高的秩序实现，而且这个秩序的提升也得以实现之处，“自我”才被构建

出来的。“自我”只在这种情形中被构建。

“自我”并不是新的内容，不是存在者或者结构的特性，而是对于某个结构水平的索引——也就是对这样一种结构水平，它的阶段对于达到下一个水平以及那些还要更高的水平都已绰绰有余。因此这就表明了，“人”在质性上并不是“自然”中的新东西，而仅仅是水平可变的生物，它可以被提升，并且在此起决定作用的是，它不是通过额外附加的某些独特性和特殊能力（理性，精神，意识，意志以及诸如此类）实现提升的，而是单单通过普遍的存在论基本结构更加差异化或者更加清晰的烙印，通过进入结构发生学的过程。今天，较高级的发生仍然显现为社会发生；但是它们也并不是与个体发生有别的人之存在的发生。然而这只有在以下条件才是可能的，即当社会方面被理解为个体方面的某种烙印——或者相反。

自我并不是承担的根基，而是承担的结果——并且完全不是理所当然之物。精神不是缘起生成的预先设定，而是缘起生成自身，只要 356
撤销被提升为显露，并且在其中那个指示代词“它”作为这个结构的同一性在其自身之中“显现”。“意志”在更广泛的意义上无异于“目的论”，后者是从以下情形中产生的：发生使修正过程得以可能，这个过程所契合的不仅仅是结构最内在的自身事实，而且还完全契合了其关联空间，因此在这里一个结构能够从一个更高秩序本身的视点出发确定其生存的“外在”条件。如果更高的秩序可能是社会性的秩序、政治生活的秩序、经济合作的秩序、宗教上意义赋予的秩序或者始终是诸如此类的东西，行动就显现为意志的规定，因为内在于一个更宽广视角中被还原到内在事实上的结构环节在广泛的排列次序中能够被调整到结构中心内在固有的一致性上。

因此，与其说人是一个被确定的存在者，不如说他是“存在体”的一个扩大的层次，在这个层次上结构最本己的本质、其发生学才变得清楚，不仅如此，这个水平总是将自身带到更高的水平——而除此之外，它也总是不断沉入不可阻碍的阶段之中，并且以进步的方式为这种下沉创造控制的可能性。

人处于这样一个层次上，它将自身推进超越更高的层次，并且层次越高，也就越具有决定性。这还不是意味着，他“达到了”顶峰；

他这种运动领会为自然的意义，领会为被设置在一切结构中的东西以及始终已预示发生之物，这就足够了。

因此他赢得了普遍之物的含义，成为顺应天意的自然过程，在其中统一性作为唯一之物在所有一切中以具体的方式显示出来。不贴切地说，他将成为自然的代表、成为意义的具体化过程，而这个过程之前也并非一再地指向人，因为起源在它所有进行之处都是发生，并且它也在所有地方进行，按照适合其过程中所处位置的标准而言，其烙
357 印的薄弱之处充实了一切能够被要求之物，并且由此占有了无限的强大和力量。

因此在任何意义上都不能说，人据有了一个“更高的”水平。它或许只有在以下意义中才是“更高的”：人就是某种状况的那个烙印，这种状况可以在其他烙印中遇到并且在其中被再度找到。在这个再度找到的过程中有接受和提升，它不仅仅是与发生性结构的“提高”在意义上的相即，并且展开进行时与结构的提高甚至也是具体—同一的，就此而言结构只有作为对此的洞见才是可能的，而这个再度找到的过程被看作结构的过程。一个提高或者提升的过程，在此之前只是（哲学、宗教和艺术中的）“意外”，而现在可能应当成为关于人之此在的存在论的，也就是说，普遍的和理所当然的基础意义。

结构存在论对人进行了重新诠释。然而它并没有提供一副新的“人的图景”，它没有发现新的质性，也没有分派给人新的任务。但是它将人看作一个位置，在这个位置上一个特殊的存在论状况转变成存在的普遍状况（如果还可以这样说的话）。结构存在论是“人类学”的终点——或者是这样一种发现：原则上人能够不受限制地超越自身。

不存在位于一门普遍的存在论之内的人之生存的存在论。人之生存的存在论就是普遍的存在论。对于将神人格化倾向的谴责必然不可避免地造成我们基于一种较低理解水平的阐释，因此不如对之进行逆转。我们并不是依据人来诠释世界，而是依据世界来诠释人的。因此，所有能够在人身上观察得出的现象学结论，如作必要的修正，对于每个其他现象学的以及在存在论上受到关注的科学话题都具有同源的含义，但是不是通过改动，而是通过对在这里更为鲜明地出现的特

性进行普遍化。

在如下条件下，“一”就在一个相反的思路中显示自身，即当它被作为结构来思考，而不是作为一个无限大的个体被思考的时候—— 358
人们无法知道这个作为个体的“一”是如何让多样性从自身中释放出来的，而是被看作一种被分派给具体化过程的发生，这个发生可能与在上升过程中、在众阶段中并无不同。因此从自身出发进入发生过程是必然的，它将运动撕扯开来进入多样性集合的巨大紧张之中，这种多样性集合处于以自身为试验的以意义产生为目标的过程中，并且成功地将之作为显露过程带入缘起发生。

只有经由具体化过程的道路，“一”才能脱离发生过程被回返置于真正的生命力之中，而正是这种具体化过程却长久以来将“一”作为不可能性置之不理。这个“一”必须被思考为统一的。

具体化（肉身化）极为不幸地标明了这样一个时刻，在其中这个“一”保持一种发生的同一性、在具体之物中并且作为具体之物被遇到，然而仅仅是在以下条件下实现：即这个一处于预先准备和天赋的统一体之中，被提高到完满生命力的状态之中，并且由此已做好准备，在此时此地并且在这个一之中使唯一物自身（唯一的自我）显现出来。这个具体化在以下方式中散发出意义：自然事件作为事件同一性与同一性事件保持同一，对此自然事件臆想的模糊的丧失状态保持最大程度的远离也已变得清楚了。

从这个可能无处不在的中点出发，但是也只能从这里出发，一切才能朝向自身被解放。然而，对于这样一个无穷无尽的解放事件而言，有一个状态是事先设定的，它还没有特别清楚。在这个关联整体中所谈及的是“人”，或者说，所谈及的是，在中心点的位置上，其仅仅可显现确定性状态中某个本质被揭示出来，并且作为本质自身成为公开的。如此显现的东西，就是意义之意义。

旁白

我们带着简述结构事件的目的，以如下方式进行表达——当然也可以用完全不同的方式去表达：对于存在论的、神学的和诗学的表达方式的接近，是可见的。我们希望，在一种遵循历史 359

的可能形式中，这种语言不要以完全不适合于结构存在论之内容的方式被描述。但是：每一个被理解为语言的维度，都描述了结构。描述了自身。我们也冒着受到不同方面指责的危险做了以下这点：在这里对一切从宗教、艺术、生物学出发的内容进行说明。这些指责并没有在结构思想的范围内领会实事和表达之间关系的独特形式，任何解释都无法避免这些指责。指责是最容易做到的事，通过指责人们在面对一个可能很难忍受的过程时才能拯救自身。但是，拯救是一个结构范畴。因此我们要指出的仅仅是：我们的描述既可以被看作是神学的，也可以被看作是生物学的，既可以被看作是符合道家思想的，也可以被看作是将神人格化的倾向，既可以被看作是实用主义的，也可以被看作是宿命论的，既可以被看作是实证主义的，也可以被看作是存在论的，如此等等。如果人们没有在中心点把握这个思想，那么他们可能就是在对误解的生拉硬拽中把握这个思想的。可能很少有人在这里可以规避误解。或许只有通过对于各自对立的误解之可能性的思索，一种极为简单的谬误才可以被避免。

第二版后记 360

《结构存在论》的第二版出版时未作改动，因此页码与第一版（1971）也是相同的。这就使读者有可能（如果他们希望如此的话），就像在第一版中一样，在这个版本中也可以很好地关注我晚期作品中的一些重新思考。就像这种重新思考已然产生的那样，在第一版面世后的这些年中，我没有找到对结构存在论的内容进行根本改动的原因；它远远不止来自于个体的一闪念；它勾勒出了以下线索，这些线索被置于一个漫长的传统之中，经历了艾克哈特大师，库萨的尼古拉，帕斯卡，莱布尼茨，谢林，荷尔德林和海德格尔——在此仅仅提及较为重要的人物。[①] 为了能够发现这个被掩盖的传统，结构存在论必须要先在一个本质方式中被把握到。在哲学史中，它还从未得以显露和施展其完整的样态。它的这种完整而且自信的样态可以被看作是我添加的附注。

1. 基础存在论

西方存在论的历史具有两个层面。上面一个维度通过某种存在论被定义和扩展，在这个维度内我们找到了著名的伟大哲学体系，这些

① 我在《实体·体系·结构》（两卷本，1965/66，1981 第二版）和其他出版物中已经尝试指明结构存在论这个伪经式的传统线索了。

体系在各种概括性的“哲学史”中得以呈现。而在这个维度下面，更深层地则有一个不同的思想潮流在涌动，尽管这个潮流与真理更为接
361 近，但是只被少数几位思想家接受和传承，而且通常情形是，那些传统的承担者将这种潮流看作是极端不同之物，这种差异将它与欧洲哲学的官方线索割裂开来。第一位完全意识到这种差异，并且对这种与欧洲哲学官方问题针锋相对的隐藏之物中的巨大的深层差异有所表达的思想家，是马丁·海德格尔。由此，他将他的哲学称为一种“基础存在论”，因为他揭示出一个基础领域，这个领域承担着所有其他的迄今为止已为人知的存在论维度，并且引出和限制了这些维度。这个深层维度曾一度被“存在的遗忘性”所褫夺，而现在不能再度丧失。

2. 发生学

所有被提出来反对海德格尔的异议，都脱离了一个根源性的存在论步骤，因此并没有切中他。谁如果想要切中海德格尔，必须至少要抓住海德格尔所开启的存在论深层维度，或者循着他的研究方向再跨出一步，深入到人之存在和思想的基础之中。结构存在论宣称它已不折不扣地完成了这个步骤，并且已经开启了一个存在论维度——从这个维度出发，那种海德格尔称之为“存在”的东西被理解为出自现实性最基础层次的一个衍生结论。这表明了，现实性最深层的根基并不是存在状况，而是一种运动形式、一种发生方式，由此出发才有一切存在的形式和实在性的形式得以形成。这种发生方式还从未以现象学的方式被描述过。在结构存在论中它才显现为众结构的“自动发生”，显现为那种“生成过程”，这个过程还要先于其他任何一个运动方式，也要先于“形成过程”和“发展”的方式。迄今为止，只有道的思想
362 接近了这种发生，尽管道的思想也并未进入这种运动基础环节的内在关联之中。这一点只有借助于现代的现象学方法才成为可能。

3. 欧洲思想的界限

因此结构存在论就要求，突破西方迄今为止所有的哲学思想、描

绘出一种现实性构想，由此出发，那些欧洲的构想都被证明是受局限的且有限的。也就是说，受到一种“存在”意义的限制，这种“存在”意义直白地或者隐含地被确定为欧洲思想的基础。在这个“确－立”中发生之事，从一个更深刻的分析中才能得出。只有当人们已然触及一个确定的、不可再超越的运动类型之根基时，他们才能够完全且在整体上洞见到，当在西方将“本质”确－立在持久性之上、将“必然性”确－立在不变性之上、将“真理”确－立在恒久性之上时，这意味着什么。这样人们方可理解，当整个科学致力于确－立，而其自身却还是运动形式时——这些形式只能在持存、法则和实体的范围内被研究，那么一切接下来都成为“存在”并且因此始终只能被确－立“为”存在者。“本质”自身的运动被排除了，因为即便“本质”也具有持续和持留的存在论意义。本质的运动和现实性整体的事件发生，以及诸如此类的东西，在西方思想之内已经被排除了，由此，这种思想就获得了那种牢固性和不可撼动性，这看起来使西方思想获得了相对于其他任何一种思想的优势地位。如果一切事物根本上只想以任意方式“存在”，那么它就必须是可确立的，并且西方思想与其他思想的差别还必须要被理解成以一种确立为己任。思想和领会的其他方式并不只是不为人知，它们简直就是难以想象。甚至“想象”之类的东西就已经被确立在持存、放置和“存在”的基础之上。而现在对 363
结构存在论的读者的要求就是，突破这个到处自我确证且使自身永恒化的圈子，去追随对于发生形式的现象学指示——这种发生形式比存在要更加本源，甚至它就是“本源”自身，“先于”一切存在者和本质。

4. 东方的、西方的，以及中间的道路

因此结构存在论就超越了欧洲思想的界限，甚至超越了那种并不恰当地被称为“西方道路”（铃木）的界限。多重的考虑以及与主要来自日本的同事的接触让我接近了如下猜想：从被置于结构存在论中的根基出发，“东方道路”特有的思想方式也能够更确恰地得到阐

明[1]，甚至可能那样一种思想也能得到阐明——这种思想只是极为短暂地在人类历史中出现，并且时至今日还在等待它真正形成的时机，就是“中间道路”，这条道路不仅被视“存在”为基本词的西方道路所疏离，同样也被视“虚无”为基本词的东方道路所疏离。由于关于人类历史上这三条道路的疑问在欧洲尚未被关注，因此在此呈现的结构存在论就是借助通往“道”的引导性思考开始的。细致的读者将能够循着这种思想的踪迹，一直找到关于结构组合论的最后的问题。在较晚的工作中，我已尝试着阐明这条线索，并且使结构存在论和道的思想之间的相即性更加明晰地呈现出来。[2]

364 如果在这个意义上关于科学和技术的西方思想方式被表述为一种非常单面化的基本构想，那么这一点并不意味着，这种思想方式已作出了一个哲学上的裁定。即便只是在一个很狭窄的范围内目前能够以存在论的方式被证明和被标识，它也总是保持效用。超越了这个范围，其他领会可能性的空间就被打开了，比如说在东方道路上被称为“顿悟”或者“觉醒”的可能性。以下这种情形引起了我们的注意，并且它也必须要根本上引起警觉：即在东方道路上千百年来引起极大关注的那个现象，西方的认识论并没有一个概念，甚至从未有一个相应的词汇。而如果有人高度关注地循着结构存在论的进程，那么当经验的总体现象在眼前呈现时，他就会注意到某些点，在这些点上一定会过渡到完全不同的经验形式之中。如果存在着一个不容怀疑的顿悟现象，那么必定也就存在着一门关于顿悟的真正的现象学。

5. 突变

我们处身于一个突变的时代，这一点已人所共知。问题只是，这个突变何去何从，并且由此哪些时代被关闭或者被开启。对于结构

① 参见辻村公一、大桥良介和罗姆巴赫：《存在与虚无。西方思想和东方思想的基本境象》，巴塞尔 / 弗赖堡 / 维也纳，1981。在这里联系上下文我引用了自己的文字。

② 《灵之生活》，弗赖堡，1979，第 173 页以下。以及《结构人类学》，弗赖堡 / 慕尼黑，1987，第 207 页，第 363 页以下。

存在论而言，所涉及的就是从体系到结构的突变，不仅于此，还有“存在”永恒性的突变，这种永恒性既包括了“实体”也包括了“体系”；从“存在”永恒性突变成一种新的思想的永恒性，这种思想本质上要回返到现实性的整体运动之中。由此一个时代就会被克服，这个时代回返至古希腊的开端，并且一定会在其片面性中导致倒退。“倒退”并不是正确的词，因为正确的词并不是说要纠正人类发展的错误，而是要将西方的发展置入一个整体的视域，这个整体视域是从人类发展的起源出发被确定的，并且只有从这些起源出发才能变得清 365
晰，也就是说只能从这里出发——在此片面化的，但同时又蕴含着发展的欧洲的特殊发展获得其开端[1]、得到其意义并且在其界限内被释放。结构存在论尝试着澄清这个划出界线的过程。在这个方向上，后来出现的“现象学”表现得更加坚决，它描述了“当代的意识”，也就是那样一种意识形式，它竭力在当代的突变中使自身成为未来的形式。[2]

因此这里所涉及的是一种时代间的跳跃，这个跳跃并不只是从“现代”跳到“后现代”，而是从欧洲历史的整体时代脱身而出，进入一个人类共同性的新时代。这里所涉及的不是一个欧洲的时代，而是一个人类的时代，结构存在论尝试着为之确立一个哲学前提。必须要有一个现实性的构想被找到并且被发展，这个构想不仅要承担欧洲的诸基本构想，而且还要承担其他文化圈的众多构想，并且尽可能把它们联系到一起——而这一点恰好是结构存在论的意图。结构存在论的构想设定的这种基础，不会有任何其他的存在论构想可以支撑它并且规定其界限。相反地，结构存在论表明了，即使是看上去针锋相对的基础构想，也不是以对立的方式相互破坏的，而是还滞留于出自原初共同性的千差万别的命题之中；最明显的就是众多世界宗教，在当下，不同的宗教命题在诸宗教的争斗之后不再相互对立，而是相互共在，也就是共同反对一种具有威胁性的无宗教状态，这一点日益变得

---

① 本书作者：《灵之生活》，弗赖堡，1979，第 99 页以下。

② 本书作者：《当代意识的现象学》，弗赖堡 / 慕尼黑，1980。

366 重要。[①]“进步”的道路并不能离开以宗教方式规定的文化时期，通往一种纯粹科学－技术的整体文明，而是它将表明科学－技术文明在人类历史上只具有极为有限的含义，并且由此重新归还那些形而上学构想其原本具有的高贵和含义。为了实现这一点，形而上学自身还必须服从于一种存在论诠释，这种诠释带给形而上学一些旧有的独断论要求的特征，并且前所未有地更为重视共同性与合作。就为形而上学－宗教的文化恢复名誉而言，本书现在已经给出了一些提示。

6. 自由

结构存在论推动着给出一门“自由的现象学”。其含义是，人之缘在的自由特质并非只是显现为形而上学论断、假设或者极为简单地显现为设定，而是在极为具体的构架中被证明为众结构之间唯一适当的关系。然而其前提是，在此人们要从“结构之牵连状态”(Strukturimplikation) 出发，也就是说，从以下洞见入手：众结构只有在众结构中才是可能的，同样地，众结构只有作为由个别结构组成的整体结构才有可能。不会有任何结构含有“要素”、最终的不变项或者不可分割的统一体，同样地也不会有任何一个结构会被看作所有其他结构之下的最终的全体。结构存在论所展现的自由，意味着位于从属性结构和统摄性结构之间的那种关系；在这里只有当每一个其他结构都如此被释放、被挑动以及被刺激，以至于它们上涨至它们自身的整全形式，这样这个全体才具有自由的特质。自由就是位于结构关联整体中的“因果律”。在这里没有什么东西被“造成”，而始终只是如此被激发：反应作为自由的回答才是可能的。所有存在都是一场对话，而那个开放的对话空间就是我们视之为自由的东西。由此出发就
367 产生出很多要求和激发，它们服务于每一个渴求自由的过程。如果突变是从体系通往结构，那么无论在何种情况下，所有渴求都是对自由的渴求。

---

① 关于一种“普遍神学”的问题我在以下文章中特别加以讨论：《一切和平之和平。通过荷尔德林〈和平庆典〉得出的一种普遍神学设想》，载于《神，一切在一切之中》，弗赖堡，1986。

7. 众多的世界

在结构存在论之上我还发展出了“哲学的密释学”[①]，它尽管看上去与结构存在论有着很多亲缘性，但是在决定性的点上是与之对立的。一方面，众结构相互间具有一种多样化的，且首先是通过“结构之牵连状态”被规定的关系，甚至根本上只有通过这种位于其独特的结构化把握方式下的相互间关系才是可能的；而另一方面，按密释学所说的，“众多世界”并不具有相互间的关系，甚至也没有非关系的关系。众世界相互间并非处于比较之中，无论是内容上还是形式上都不是比较，它们的处身状态并非“相互相邻的”、“相互包容的”、“相互重叠的”或者“相互依次的”。其原因在于，每一个世界具有其独特的空间、其独特的时间、其独特的秩序，同样地也具有那种比较视域——这种视域对于众世界的共同存在和比较应当是必需的。尽管人们能够将一个世界与另外一个他者进行“比较”，但是实际上比较的并不是这些世界，而只是将一个世界在其他世界中所能够显现的样子与这个世界自身所保有之物进行比较。无论何时何地，人们都将“众多世界”相互间区别开来，并且彼此进行比较，与此同时却没有注意到，这种情形只有各自在一个世界或者另一个世界的视域之中才会发生，这对于另外一个他者世界当然将会是极为不公正的。一个世界对于他者世界的这种不公正只有通过以下途径才能够得到补偿：这种不公正从他者方面出发也发生了，并且这个他者世界在其自身的秩序形式之中注意到了它的“他者”世界，并且就如它自身被歪曲那样、在同样的方式中歪曲这个“他者”。两个“世界”，它们在这种误解的方 368
式中相互打着交道，相互间表现为纯粹的误解。并不只是他者世界中的每一个都被不公正地对待，而且在其中它对于自身也是不公正的，并且这种不公正作为罪责被每个他者世界所承担。因此就产生出所有的人之间的冲突。每一场冲突都是一个密释学的误解。因为迄今为止还没有关于这种密释学理解的理论，因此直到现在在众多世界之间只有误解。这种情形是人类历史中根本上的困境，并且也是人类未来时

---

① 本书作者：《世界和反世界——关于现实性的重新思考：哲学的密释学》，巴塞尔，1983。

期唯一重大的任务。

众多世界之间的差别无法在世界之内被表达出来，无论是从这一面或者另一面出发去尝试都是如此。在每一个情形中那些各个自身独特的秩序形式被作为基础，比如空间的秩序形式、时间的秩序形式、意义的秩序形式、信仰的秩序形式、知识的秩序形式、看的秩序形式、论证的秩序形式，等等，通过这个奠基他者世界就被遗漏和扭曲了。这一点总是未被注意到，其原因是在每一个世界中同样是这些基本词在起作用，信仰、知识、看、论证、思想、认识、经验等等，并且通过这些词看上去所意指的也是同样之事。但是看上去只是如此。如果人们仔细地观察这些基本词的结构，就会注意到那些细微的意义的延异（Sinnverschiebung），尽管这种延异单单对于其自身几乎不会造成任何可察觉的效用，但是通过以下情形：即这些延异总体上属于另外一个结构，它们就“在整体上”并且“在基础上”说出了某些完全不同的东西。我在密释学中谈及“排他性”，以此来意指如下事实：每一个世界都将每个他者世界排除在外，不仅如此，甚至位于这些世界“之间”的这种排他性关系也不再存在。根本上这种“之间”应当是一件共同之事。但是在它们“之间”“不”存在“任何东西”；这一点看起来使密释学的差别成为一种无意义之事，但恰好是这一点使这种差别成为最为基础的且最为彻底的差别，它根本上存在。

一旦人们不再如此细致地获取事物且以随意任何方式去表象那个
369 整体，并且总归不再“从根底上”展开此事，那么世界间之差异的排他性就被还原为简单的视域差别，人们自然可以对此有所言说，并且将之与理解的任务等量齐观。“解释学”作为理解的艺术事实上就是使世界间之差异模糊化的艺术。一个模糊化行为在任何时候都可以被认为是有理由的，因为世界间的差别甚至就是“虚无”。但是这种虚无就是世界中内容上最有意义且后果最为丰富的事实，通过这种“虚无”人们可以使从来未经验过世界间之差异的头脑明白这一点。如果说人们可以在任何时候与有兴趣者谈论结构存在论，那么人们只能与密释学者谈论密释学。这一点自然意味着：根本上人们是不能谈论密释学的，根本上应当是：人们向着这些东西言说，它自身已经将所有在此要说的东西都说出来了。

8. 密释学

以上所有这些造成了以下情形：尽管密释学的自我证明和密释学家的自我陈述总是不断在发生，但是迄今为止还没有关于一门“哲学密释学”的思想形成，也就是说，没有一门在某种意义上类似于“不可把握的学说”的思想形成。（在这里，我提出以下思想，即不是在“他者”中看到“差别”，而是在“非他”中看到。）[①] 密释学和结构存在论之间的关联性并不是那种相互间的补充或者澄清。人们可以在没有密释学的情况下阅读结构存在论，也可以在没有结构存在论的情况下阅读密释学。从结构存在论出发并没有通往密释学的道路，也就是说，两者之间不存在必然性，不存在等级过程，不存在理解。反之则不同。一个人如果领会了密释学，就能领会“世界”，并且由此根本上才能领会“结构”。首先他领会了，结构存在论不是“存在论”，不 370
是确定的存在者的基本状况——这些存在者是从结构的存在论“秩序”中得出它们的自身样式及其共属的形式。在某种意义上，在密释学的问题上结构存在论是“失败”的；这一点在以下这个简单的问题上已经很典型地表现出来了：如果结构存在论不容许任何规范性，而是让每个适当规定的发展都从结构自身的发生中形成，那么，什么是结构自身的形式？它难道不是那样一种不再听任任何自动发生的基本形式？实际上，人们必须承认，发生连同其所有的条件、伴随现象和后继现象必须被看作是所有自我规范化过程中的原初规范，但是这个令人痛苦的矛盾可以通过以下方式得以缓和：即在自身结构化过程中并不只是以结构方式聚合的内容在发生变更，而是说，结构化过程自身那些看上去形式化的环节还是结构化过程的课题。每一个结构通过结构化过程并非只是成为另一个结构，它也以不同的方式结构化。因此我们所拥有的就不再仅仅是“结构”，而是先于我们的“世界”——并且我们处于密释学之中。

但是除此之外还要注意的是，人们既不能将众多世界相互间进行“比较”，也不能将众多“结构”相互间进行比较，因此只有每一个

① 参见本书作者：《从一到非它的六个步骤》，载于《哲学年鉴》1987，第 225 页以下。

唯一之物留存下来，而且并不只是唯一之物，而是还有唯一的可能之物。其原因与我们已指出的是一样的，人们面对众多世界时、“根本上”是面对众多结构时，既不能谈及一，也不能谈及多。它们被区别开来，无须同时构造出一个“多”，因为每一个“多”都是那样一个在“一”的视域中的多。根本上每个世界都有其独特的计数，有其独特的一和多，因此众多世界是“不可计数的”——就如乔尔达诺·布鲁诺所意识到的那样，但是自从数学占统治地位以来这种情形就从思想可能性的领域中消失了。尤其是今天人们开始谈及多重的多之处，对以下问题的所知就已显露多时了，即当通过众世界深不可测的多样性达致生活时，差异能有多深并且对于生活这意味着什么。

371

9. 众多的自然

人并不是自然的特殊情况，而只是那种极端情况，在此情况中自然的法则以最为清晰的方式、但同时也是误解最重的方式得以展现。在人那里众世界的“多”所意味的，就是在自然中众自然的“多”。一直以来，人们太过轻易、太过肤浅地将不同的“种属”和“样式”都扔到“自然”这个大锅之中。然而，对于一种更为清醒的科学意识而言，这种烹饪的智慧已经失效了。就像众多世界是如此不同，以至于在其中各个差异性还有所不同，“自然”也是如此，在不同的自然中情形是如此不同，以至于它本身以及它的合法性在这里各自所意味的也有所不同。植物并不仅仅具有与动物不同的特性，而是它们生活得也有所不同，它们以不同的方式展示它的存在，它们在不同的秩序中被设定，深入直至范畴的特殊性。对它们来说，空间意味着某种不同的东西、时间也意味着某种不同的东西，生活和死亡对于植物所具有的意义与动物是不同的，生长与繁茂、滋养与新陈代谢、因果性与自由、个体与群体也是如此，简而言之，在植物那里所有一切都是不同的，因此人们必须更为准确地说：它们生活在一个不同的“自然”之中，比如与动物不同。植物的“世界”贯穿于动物的“世界”，不仅如此，植物还对动物进行组织和安置（比如说，使动物作为传播种子的媒介），因此动物显现为是被植入植物的世界之中的。特别是当动物吞噬植物的时候，它是在完成对于植物一项服务，比如说播种。因此不同的种属并不只是内在于同一个自然中的存在者的不同群体，而是不同的自然，这些自然处身于一个密释学的相互“关系”之中，并且恰好在其中有一个结构化的“整体”被创造出来，在这个整体中每一物都是每一物的条件。以下这点在自然中也是有效的：差异性各自不同，多重性各自都是多重的。为了将这个整体作为“生成过程”把握——在此所涉及的过程并且在一切情形中它都是内容之物，在这里人们还必须重新考虑。

人们既不能如此描述多，也不能如此描述一：即认为由此给出的 372
是关于现实之物的普遍形式。尽管自然科学总是如此表现，但是在这个普遍化的研究兴趣中它只有才以下阶段中才保有充分根据：即当它“不是那么精确地”去获取这种研究兴趣，并且总归是要放弃对“整体”的理解之时，因为至关重要的完全不是“从根本上”和“在整体上”理解事物。自然科学在它的这种局限性中并不仅仅是对之容忍，而是还要由此进入进行推动。它不能说得更多，它也不应该说得更多。超越于此得出的，或者是结构存在论，或者是密释学。

10. 境象哲学

人们当然也能够完全逐个具体地并且以感知的方式、循着其密释学和结构存在论的基本描述方式去观察事物。事物也能够展现某些东西。由此它所展现的根本上并不只是它们自身或者这个或者那个关联，而是整体上发生过程的独特之处。它们成为对于整体的一个直接的“显现”(不只是代现)，没有任何的折扣、限制和弱化。并且恰好是通过以下情形：它们就是一切，它们以它们各自的方式持存，成为“一切”并且承担“一切”，互相指引并且相互扭结。这种根本上的、看上去矛盾的关系在“境象哲学”中被呈现给我们[①]，境象哲学现在可能占据了早前形而上学所占据的位置。这种境象哲学尝试着如此理解每一个事物：即它是在其密释学中生成的。它让一切不规范性

① 参见《灵之生活。人类的基本历史》，弗赖堡，1977；以及《巴洛克的世界》，载于《巴洛克的世界》，维也纳，1986。

靠边站，但是并没有被僵化为任何“内在叙述”或者神秘样式的“开
373 启”，而是极为简单地展现了，如果某物完全是那个自身、它既是一又是一切，那么它是如何才完全成为自身的。在这里我们也能完全自如地避开任何一种神秘主义和错误的深刻性。我们致力于最为精确的描述，每一个具有善良意志的人都能够领会这种描述，并且在此指明以下内容，每个人将自身和整体理解为这个内容，并且将二者理解为同一。在这里，除此之外没有再没有什么可说了，因为在此之外根本上没有什么可以被说。这里有的被看到的东西，也只是被展现，但是这也只有那些有眼睛的人才能看到。当然也可以理解，在这里那些没有眼睛并且也不能看的人被视为无关紧要的，就好似某人应当会有眼睛，却没有别的东西。但是这样就像在佛陀的身体中，额头上那个轻微的突起被称之为“内在的眼睛”，它并不是向外开启，而仅仅是向内开启的，并且它作为眼睛也只有对那些将它作为眼睛，并且作为观看者的认识标志而据有的人才是鲜明可见的，因此在今天，这种在西方总是一再被给出的境象哲学对于我们而言就是作为一个特殊任务被提出的。今天，在人们没有感知就无法谈及一个境象时代的情形中。

“境象”和“结构”并不是相同之物，但是我们称之为境象的东西，若不通过结构分析就无法被领会。在这个意义上，如果我们可以使用黑格尔《精神现象学》中的那个境象的话，结构存在论就有点像一个“领路人”。

在这个意义上，我们希望结构存在论重新拥有听众，他们的目的并不是在这里找到流行的命题、这些命题在当下被处理，并且属于任何一门意欲跟上潮流的哲学，而是要有这样的一些读者，他们想挺进到新的领域，在这些领域中获得难以置信的且令人自豪的洞见，这些洞见自始至终在推动着生活并且愿意向着未来重新开启自身。

维尔茨堡，1987年5月

海因里希·罗姆巴赫

索　　引

这些索引所提供的并不是“分类目录”。范畴、模型和境象只有从思想的内在秩序出发才能被理解，它们各自针对思想整体，并且只有在各个视角的阐释均衡中才是正确的（参见第 18 页到第 22 页，第 44 页，第 75 页）。因此范畴并非是普遍的“概念”，模型不是“例子”，而境象也不是“插图”。结构存在论的范畴来源于不同的语言层次，这些层次在准确性上差异极大。因此带着引号的范畴根本上所指称的是体系范畴，这些体系范畴还必须要过渡到其结构内涵之中。这个索引目录对语词连接和完整性并不感兴趣。此外其来源是以下思想：当每一个语词在被言说时，都能够成为一个结构范畴，而当“存在论”以在本书中所建议的方式被重新思考时，每一个陈述都能够成为一个存在论事件。

其中又包含了以下情形：即“存在”与“逻各斯”之间的关系以不同的方式被表达，由此一件艺术作品在某种意义上也可以被视作并且在此也已经被视作一个存在论陈述。那么“范畴”还意味着什么？

模型和境象应作不同的理解。它们真理的价值并不在于正确性之中，它们所指向的目标不在于赞同（参见第 18、19 页），即便这二者也都是努力的目标。它们想要在独立于此的情形下使自身成为有用的辅助。

“人名”也并不是完整地被列出的，而是针对一种选择，即本书如何能够从整体上摆脱传统的引用风格。

375 **范畴**［数字为德文本页码，（ ）中内容为译者所加，下同］

379 **模型**

境象 381

人名 382

海因里希 · 罗姆巴赫的著作列表

《论问题的起源和本质》

Über Ursprung und Wesen der Frage

1988 年无修订的第二版，带有新版后记。（1952 年第一版）110 页。Karl Alber 出版社，弗赖堡 / 慕尼黑

ISBN 3-495-47643-1

《哲学的当代性：西方哲学的基本议题以及哲学问题的当代立场》

Die Gegenwart der Philosophie. Die Grundprobleme der abendländischen Philosophie und der gegenwärtige Stand des philosophischen Fragens

1988 年基本上重写的新版（1962 年第一版）约 230 页。Kral Alber 出版社，弗赖堡 / 慕尼黑

ISBN 3-495-47642-3

《实体 · 体系 · 结构：功能主义的存在论以及现代科学的哲学背景》

Substanz System Struktur. Die Ontologie des Funktionalismus und der philosophische Hintergrund der modernen Wissenschaft

1981 年无修订的第二版（1965/1966 第一版），两卷本，每卷 528 页。Karl Alber 出版社，弗赖堡 / 慕尼黑

ISBN 3-495-47130-8 和 3-495-47131-6

译者按：2010年出了第三版，副标题改为“欧洲精神史的主要阶段”（*Die Hauptepochen der europäischen Geistesgeschichte*），Karl Alber出版社，弗赖堡 / 慕尼黑。

ISBN 978-3-495-48390-9 和 978-3-495-48391-6

《结构存在论：一门自由的现象学》

Strukturontologie. Eine Phänomenologie der Freiheit

1988年无修订的第二版，带有新版后记。（1971年第一版）384页。Karl Alber出版社，弗赖堡 / 慕尼黑

ISBN 3-495-047637-7

《灵之生活：人类基础历史境象之书》

Leben des Geistes. Ein Buch der Bilder zur Fundamentalgeschichte der Menschheit

1977年。304页，带有超过400幅黑白和彩色的插图。Herder出版社，弗赖堡

ISBN 3-451-17546-0

《当代意识的现象学》

Phänomenologie des gegenwärtigen Bewusstseins

1980年。336页。Karl Alber出版社，弗赖堡 / 慕尼黑

ISBN 3-495-47434-0

《存在与虚无：西方和东方思想的基本境象》

Sein und Nichts. Grundbilder westlichen und östlichen Denkens

与辻村公一（Koichi Tsujimura）和大桥涼介（Ryosuke Ohashi）合著。海因里希·罗姆巴赫撰写前言和后记。1981年。72页，2幅彩色折页插图，8幅黑白插图。Herder出版社，巴塞尔

ISBN 3-451-19432-5

《世界和反世界——关于现实性的重新思考：哲学的密释学》

Welt und Gegenwelt. Umdenken über die Wirklichkeit: Die philosophische Hermetik

1983 年。182 页，一副彩色插图，82 幅黑白插图。Herder 出版社，巴塞尔

ISBN 3-906-37106-9

《结构人类学：人性之人》

Strukturanthropologie. "Der menschliche Mensch"

1987 年。440 页。Karl Alber 出版社，弗赖堡 / 慕尼黑。

ISBN 3-495-47604-0

由海因里希·罗姆巴赫主编：

《对人的追问：哲学人类学概要——马克斯·穆勒六十寿辰纪念文集》

Die Frage nach dem Menschen. Aufriss einer Philosophischen Anthropologie. Festschrift für Max Müler zum 60. Geburtstag

1966 年。492 页。Karl Alber 出版社，弗赖堡 / 慕尼黑

ISBN 3-495-47145-6

译者后记

海因里希·罗姆巴赫的思想概述以及关键术语汉译说明[①]

20 世纪以来，现象学运动作为人文学科中最为广泛深入的思想运动已经深入人心。这条由埃德蒙多·胡塞尔创立、马丁·海德格尔加以修正和发展的思想道路在经过一个世纪的蜿蜒之后，展现出四通八达的专业化发展前景，正如德国波鸿的现象学家瓦登费尔茨所描述的，在今日现象学发展的总体方向上，"得到贯彻的毋宁说是现象学在反体系方面的冲动"，因而"展现出一幅丰富多彩的画面"，具体而言，"在现象学的实事研究中占据主导地位的实际上是一些细致的研究工作，这些研究有意识地与同类的研究展开争论，并且与人文科学、社会科学和艺术科学进行密切的学科间合作。"[②]

然而我们也应该看到，这种与当今自然科学学科细化相似的发展趋向，一方面固然可以看作是那种由胡塞尔、海德格尔开辟的现象学

---

① 译后记的第一和第二部分可参看笔者介绍罗姆巴赫思想梗概的论文：《从意识、缘在到结构：海因里希·罗姆巴赫的结构现象学初探》，载于《中国现象学与哲学评论》（CSSCI）第十二辑（2012 年 7 月）。

② 本哈德·瓦登费尔茨：《现象学导论》，第 46–47 页。（Bernhard Waldenfels: *Einführung in die Phänomenologie*, München: Fink, 1992） 汉译参看倪梁康：《现象学及其效应：胡塞尔与当代德国哲学》，北京：生活·读书·新知三联书店，1994，第 28–29 页。

总体精神在具体学科领域和局部世界的贯彻，但是另一方面，这种单向度的不断细化很容易会导致对世界和存在之整体把握能力的削弱以及对宏观视域的遗忘。在当今德国的现象学圈子中，这种过于拘泥于寻章摘句的学风及其影响——思想原创力的萎靡，已经显而易见。从某种意义上说，今天如果我们想要从整体上、根本上进一步激发现象学运动这个思想潮流的活力，一方面需要寻找今天我们的时代、我们的世界的真切问题所在，另一方面则要具备胡塞尔、海德格尔那样的宏大视域与思想能力。在这一点上，德国哲学家海因里希·罗姆巴赫无疑具备了这样的意识和能力。在他眼中，现象学思潮本身乃是一个绵长开放，且需要在不同时代不断推进的历史，而不是一个由胡塞尔、海德格尔完成奠基后便生硬不变的教条式规范。在《现象学之道》中他开篇就说道："胡塞尔不是第一个，海德格尔也不是最后一个现象学家。现象学是关于哲学的基本思考，之前它已经有很长的历史，之后也会长久地存在。它自我凸显，大步地超越那些它自己在自身道路上已建构的观点。"[①]

海因里希·罗姆巴赫 (Heinrich Rombach, 1923 年 1 月 10 日—2004 年 2 月 5 日）出生于弗赖堡，在弗赖堡大学获得博士学位，博士论文《论问题的起源》前期由海德格尔指导，战后海德格尔被停止教授资格后，由马克斯·米勒继续指导完成，并在米勒和奥根·芬克的指导下继续完成了德国高校教职资格论文。1964 年他赴维尔茨堡大学担任正教授直至 1990 年退休。期间罗姆巴赫在德国哲学界曾经非常活跃，主编《哲学年鉴》，创办德国现象学会并在 72—76 年连续两届担任主席。他被认为是现象学界具有开拓性创见的新一代现象学家：经由胡塞尔的"超越论现象学"到海德格尔的"存在论现象学"，罗姆巴赫发展出了自己的"结构的现象学"(Strukturphänomenologie)。他还独创性地发展出了不同于解释学（Hermeneutik）的"密释学"(Hermetik)。他对于东亚思想的重视和研究显示出了现象学不同于传统西方哲学的开阔视野。后期罗姆巴赫因为学术政治纷争以及自身思想的进一步发展，与学术圈子逐渐隔膜，这种隔膜事实上影响了他的

① 海因里希·罗姆巴赫：《作为生活结构的世界》，王俊译，上海：上海书店出版社，2009，第 69 页。

著作和思想的传播以及学术声望。

1. 罗姆巴赫的结构思想综述

罗姆巴赫的结构存在论（Strukturontologie）自觉地把自身放在整个西方思想史以及现象学史的背景之中，把自身看作这些对思想传统的传承和突破。[①]在他眼中，整个欧洲精神史的发展轨迹可以用实体、体系、结构三个基本词来概括，即整个西方思想史经历了三个大阶段：从古希腊到中世纪，即从公元前500年到公元1500年属于"实体"（Substanz）阶段，无论古希腊哲学家的理念、物质、本质还是中世纪的上帝观念，都停留在实体构想的模式之下；1500年到2000年属于"体系"（System）阶段，从笛卡尔开始，哲学史进入体系构想时期，哲学家致力于将世界纳入一个无所不包的体系整体进行理解，在这个体系中，物质即物理之物与精神即意识相对立地存在着。认识的对象不再是一个单一的本质存在，而是将存在纳入一个高于一切个体、统摄一切个体的体系中进行把握，个体固着在这个体系之中；所有单个个体不再是以实体的存在论方式，而是以体系下功能的方式存在着。对个体的认识活动最终所依托的是一个无所不包的、统一的世界体系，比如笛卡尔的"普遍数学"，或者我们今天的自然科学——而对世界的这种体系化理解模式成为现代科学的一个无可置疑的前提。因为最终这个统一的世界体系囊括了所有的功能，所以没有任何个别的体系能够超出它的范围与它并列存在。在处理文化间性问题时，体系思想所关心的只有效用，而不是更宽广层面上的真理，这直接导致了20世纪以来的欧洲中心论、科学主义的思想倾向。[②]而

---

① 当然罗姆巴赫的哲学动机决然不仅仅出自一种单纯的形式化构建，而是对存在经验、世界经验和时代经验的切身感悟。

② 因此罗姆巴赫站在一个更高的立足点上批评了被实体－体系方式所统治的迄今为止的欧洲文明，尤其是启蒙运动之后的科学主义传统："事实上（欧洲文化）没有能力将其他文化作为无蔽真理（aletheuein）的其他形式去认识，并且因此也没有能力人性地、和平地与其他文化相遇。它一俟出现，就是破坏性的。……启蒙是一种原则，尽管它非常有效用并且在文化比较中总是获胜，但它却与其自身的真理诉求背道而驰，这一点从未被觉察。" 海因里希·罗姆巴赫：《作为生活结构的世界：结构存在论的问题与解答》，王俊译，上海：上海书店出版社，2009，第5页。

大约从当下的2000年开始通往未来的时代则属于“结构”（Struktur）阶段。

从对欧洲精神史的批判反思中，罗姆巴赫提出了“结构”的构想。按照他的解读，这个“结构”构想一直伴随着思想史存在，只是一直是以一种潜隐的“伪经”方式流传。按照“结构”的思想，个体与整体的关系不再是僵死的包含和被包含、不再固着于实体式或者体系式存在论的决定论模式。结构的基本境象（Grundbild）就是，整体不是高于个体而是内在于个体，个体也只在一个整体的实在性中才成为个体，因此整体与个体以及个体之间的分离也不可能，这是一个活的统合。在实体模式中，特别是随着传统西方哲学中逻辑学的盛行，整体与个体的区别被绝对化，而这种由中世纪的库萨的尼古拉（Nicolaus von Kues）提出的结构哲学构想则一直处于“异端”处境中。①在近代以来的体系思想中，整体乃是高于并且统摄着个体；而在结构思想中，结构整体乃是作为一种灵（Geist，精神）充弥于一切个体之中，结构不是高于个体的显现或存在，而是在一切个体之中，整体是在个体中揭示和显现自身的。结构乃是一种原初性的构成发生机制，是个体与整体之间功能性和关联性的构成物，而体系事实上则是对结构的一种肤浅化和僵化理解。如果说实体与体系的思想方式所指向的最终只是某一个存在论基本样式下的存在者变样，那么结构所描述的则是存在论的基本形式本身。罗姆巴赫指出，如果说实体构想以古代农业中的种子和果实为象征，那么近代以来的体系构想则是以技术机械为象征，与此相对，当今和未来的结构思想则意味着一种真正人性的（menschlich）、鲜活的生成性的理解方式，而不是实体式抑或体系式的。

从现象学史上看，罗姆巴赫通过“结构现象学”（“结构存在论”）寻求一种现象学自身发展的真正跨越——跨越胡塞尔，也跨越海德格尔。在他的很多著作中，他都将自己的结构现象学视为胡塞尔的意识现象学、海德格尔的存在现象学之后现象学发展的第三阶段。他自

---

① Heinrich Rombach: *Substanz System Struktur: Die Ontologie des Funktionalismus und der philosophische Hintergrund der modernen Wissenschaft,* Freiburg/München: Karl Alber, 1981, Bd. 1, S.206–228.

信结构现象学将胡塞尔、海德格尔的现象学向前推动了一步，比如胡塞尔的超越论现象学关注的是人意识的“视域”（Horizont），海德格尔的存在论现象学关注的是人之缘在的“域”（Feld），而在结构现象学中，现象学不再固着于意识或者人之存在，而关注一个存在论意义上巨大结构，人与万物以及整个世界都被包含其中。结构思想意味着，不再以主体性或者人的此在为构建中心，结构是一个绝对开放和自由的领域，没有任何东西可以成为绝对的中心。结构的基本形式不是其中的某个构成要素，而是万物互相纠结的具体生成过程，自然万物包括人都处于结构的“共创性”（Konkreativität）之中。与此相联系，罗姆巴赫还提出了哲学的密释学（Hermetik）和境象哲学（Bildphilosophie）的构想，前者要求在阅读过程中，避开任何固定的可认识性和可理解性，从内部指向一种隐藏的普全世界性；后者意味着一种超越文本和语言的隐喻式思考方式，基本境象不能通过语言和论证而是先于二者被达到。他的这种思考方式实际上与传统西方和德国的方式大相径庭，而与东方的文化特质有着很多亲近之处。另一方面，这样的宽阔视野和宏大叙事方式在当代哲学界也可谓凤毛麟角，因此罗姆巴赫的哲学在当今德国学院哲学圈一直处于边缘地位甚至被视为异类。如瓦登费尔茨所评论的，“像海因里希·罗姆巴赫的结构本体论那样一种对‘一门无等级的形而上学’的庞大综合实属罕见之事：（……他）将发生现象学、历史思维和存在思维转变为一种包罗万象的结构发生，以至于人类的认识被看作是一种‘自然所进行的自身澄明运动的特殊形式’并且与一门《当代意识的现象学》（1980年）融为一体。”①

在罗姆巴赫看来，由胡塞尔所开创的现象学方法的最根本之处有两点：一是现象学方法所指向的并非对象，而是指向把握对象的范畴可能性或者经验展开的视域；二是现象学的问题指向是通过建构（Konstitution）的媒介被处理的，这个建构就是“事情本身”

① 本哈德·瓦登费尔茨：《现象学导论》，第46—47页。汉译参看倪梁康：《现象学及其效应：胡塞尔与当代德国哲学》，北京：生活·读书·新知三联书店，1994，第28页。这段评论细节处是否适当，还需商榷。

(Sachen)。这两点规定了现象学的基本论题是“视域”和“存在方式”即存在论的基本形式。[①]总的来说，现象学是向“根源性宝藏”的回溯，力图发现存在的“自身被给予性”(Selbstgegebenheit)。

罗姆巴赫认为，胡塞尔的意识现象学乃是循着意向性的回问(Rückfragen)对“对象”在主体方面可经验性的条件、亦即超越论结构的科学描述。通过意向性建构过程，以纯粹的方式在主体可经验性范畴内描述了一个纯粹意识的客观性体系；这不仅是一种意识能力，也是一种事实法则，它超然于经验偶然性的，并被胡塞尔视为理性的基本形式。这种主体可经验性被理解为一种更为本源的意义，因此胡塞尔所要求的是一种存在者之意义构建的研究，它必然先于对单个存在者的研究。

意识现象学最大的问题有两点：第一，当我们将这种对象的主体可经验性作为课题、而关心意识和对象性的时候，实际上已经预设了先于经验的主体或者自我意识作为存在者的现成之物，意识的主体未经论证就作为匿名的承担系统而成为意识生活的基础。发生现象学或者构建分析的方法在超越论主体的问题上并未得到贯彻，因而缺乏一个向存在者“如何存在”之实际状态发问的维度；第二，意识现象学意向性研究所指向的始终是一种对象性（Gegenständlichkeit）的构建成就，是物性（Zeughaftigkeit），而不是物（Zeug）本身，因此这门科学对真实世界本身、对事情本身的实际状态缺乏关心。

循着这样的海德格尔式的思路，罗姆巴赫很自然地得出了对胡塞尔现象学的“存在遗忘性”批判：认为胡塞尔没有尝试去把握对象性和主体性的真正根源，即根源处的事实缘在事件——说到底，“意向性”仅仅是“在世之在”的特殊形式。[②]要克服这种遗忘，则要将超越论现象学中的主体性和对象性提高到存在论的层次上讨论，关注“根源处的事实的缘在事件”[③]。“因此所有在超越论现象学中被领会和描述的内容都必须重新再一次、在一种更深刻的方式中，即存

① 按照一般的说法，这两个基本论题之间的过渡就是现象学的“存在论转向”。

② Heinrich Rombach: *Die Gegenwart der Philosophie,* Freiburg/München 31988, 第 92 页以下。

③ 海因里希·罗姆巴赫：《作为生活结构的世界》，王俊译，上海：上海书店出版社，2009，第 72 页。

在论地被领会和描述。”[①]对存在论基本形式的把握最终说明，通过胡塞尔严格的科学方法引出的“意识”现象只是远离根源意义的从属现象。罗姆巴赫指出：“在这个意义上，现成性是以‘应手性’为基础，实在性是以‘存在’为基础，我以‘自身’为基础，认识以‘牵挂’为基础，感受以‘处身情态’（Befindlichkeit）为基础，意志以‘决断’为基础，物（Ding）以‘东西’（Zeug）为基础，超越论以‘步入死亡的先行’为基础。”[②]只有超越超越论层次，进入这个基础的存在论层面，即从意向性跨入生存性（Existentialität），现象学的根本目标才能实现，而不是停留在半途，停留在“从属现象学”（Epiphaenomenologie）。

胡塞尔后期的“生活世界”理论被罗姆巴赫看作是对超越论现象学的最后挽救尝试。但是在他看来，由于“生活世界”本身仍然滞留在超越论层次上，因此它只达到了“我们在超越论现象学维度中所能获得之物的最外在的边缘”[③]，却无法完全克服存在的遗忘性。

在罗姆巴赫看来，海德格尔重提存在问题，乃是在现象学道路上的“上升”（Ascendenz），由取消实际状态问题的“现象”向事实的存在体验的“上升”。[④]这个取向与胡塞尔由实际状态向意识现象的

---

① 同上。

② 同上，第12–13页。关于Ding这个词，罗姆巴赫说它指的是“死的对象”，成为“Ding”就是物化、远离了根源上的存在论意义，而Sachen或者Zeuge指的是一种更鲜活的在事实过程和使用过程所呈现的“东西”。关于这一点可参看：Heinrich Rombach: *Die Gegenwart der Philosophie*, Freiburg/München 31988, 第117页以下。

③ 同上。

④ 参看《胡塞尔全集》第9卷，第276页。在胡塞尔为《大英百科全书》撰写的“现象学”词条旁边，海德格尔做了批注，这些批注也被编辑进了全集第9卷。在276页胡塞尔所写的“超越论还原”一句旁边，海德格尔如此批注：“上升（Ascendenz/Hinaufstieg）乃是内在固有的，就是说，是一种人的可能性，在其中人恰好回到他自身。”在《现象学基本问题》（《海德格尔全集》24卷，第29页）中，海德格尔则用“共建”这个词取代还原（Reduktion）：“预先被给予的存在者投入其存在及其结构，我们称之为现象学的共建（Phänomenologische Konstruktion）。”

"还原"构成了根本上的对立[1]，这个对立恰好体现出海德格尔对胡塞尔"存在遗忘性"的克服和超越，现象学的问题取向由此从"对象视域"转到了"存在状态"、从"超越论哲学"转到了"存在论"。在罗姆巴赫看来，这种"由现象学思想自身出发而要求的"超越表现在诸如以下方面：纯粹自我（Das reine Ego）不是与世界对立之物，而是世界的汇集点，一种"在世之在"，由此出发世界的多样性才以一种实在统一性汇集在一起；"我"与"世界"统一在一种"体验"的存在事件之中；现象学所追问的不是通过意向分析而得出的主体的构建统一性，而是"其自身存在中的事情的原生性 (Wilderständigkeit) 和独立性"。[2]在更本源的意义上，海德格尔将"意向性"理解为一种先于存在者的"存在理解"，一种使一切存在者成为可能的存在意义或生存基础，一种"在世之在"的奠基模式，亦即追问一种为一切存在论奠基的"基础存在论"——这门存在论不仅追问被构建之物，也追问构建者本身。海德格尔所要求的不是"还原"，而是对存在实在性的扩展，以回到世界之中；换句话说，他所强调的是"现象"的世界性质，而非对象性质。

但是海德格尔对存在之实际状态的把握，在罗姆巴赫看来仍然不够完满和贴切。在后者眼中，《存在与时间》中的缘在（Dasein）还带有主体主义与位格性的嫌疑。"在世之在"在缘在中构建，而不是缘在在"在世之在"中构建——在这里缘在乃是作为生存性的基本过程，作为内在状况。[3]人之存在的优先性，或者说一种人类中心论——

---

① 罗姆巴赫认为，"还原"把"物导向物性，把对象导向对象性，空间导向空间性，人导向位格性。——物性，对象性，空间性，位格性乃是在超越论自我中可发现的并且是由此在纯粹自身被给予性中明证地被描述的基本形式，这些基本形式使一门封闭的科学成为可能，但是不是对真实世界的总结。因此视域研究仅仅是显现 / 现象科学，不是存在科学，现象学不是存在论"。参看 Rombach: *Phänomenologie des gegenwärtigen Bewußtseins*, Freiburg/München 1980, S.50.

② 参看 Rombach: *Phänomenologie des gegenwärtigen Bewußtseins, Freiburg/München 1980, S.66ff, S.83.*

③ 同上，第 109 页。

或者退一步讲，一种缘在中心论无可避免。[①]罗姆巴赫问道："在人们掌握一般存在的意义之前，为什么必须先要确定人的存在意义？难道存在不是恰好是那种与人无关的'自在'之物以及由此能够展现之物，而无须回溯到人之存在之上？"[②]其次，当海德格尔把存在看作"普遍之物"或者把"生存"看作"存在方式"，去区分存在和存在者、实在性和实在物，将一切"存在者"回溯到"缘在"，并探问作为视域的"一般存在"（Sein Überhaupt）时，存在的"视域性"又包含了一种超越论的构建根基——在对象存在论的意义上分裂视域与实际状态，这其实是将存在论问题狭隘化，有落回胡塞尔主体主义窠臼的危险。

而晚期海德格尔尽管完成了某种意义重大的"转向"[③]：从存在的理解历史转到了存在的"疏朗处历史"（Lichtungsgeschichte），从缘在的"决断"转到了"泰然任之"(Gelassenheit)："存在不再仅仅意味着实际状态，而是整体上松解为'意义'、'真理'和'疏朗处'"。存在"不再是为了自在的'实际状态下'存在之物的（空的）'视域'，而是一个基本真理的纯粹生成"[④]——存在的历史揭示了历史的时代基本特征并指向其各自的意义统一体，这种统一体被理解为世界，世界总是比视域要丰富得多。并不是人把世界限定到视域之中，或认识可能性的内空间之中，而是人"居住"在世界中、在其中自由运动；人的自身认识奠基于疏朗处，而不是疏朗处奠基于人的自身确定性中。[⑤]但是其思想中仍有不足之处。比如存在作为一种始终预先给予的根源之物，对其的把握海德格尔用"遣送"（Schicken）为喻，这

---

① Rombach: *Phänomenologie des gegenwärtigen Bewußtseins,* Freiburg/München 1980, S.107ff. 海德格尔赋予人之缘在的存在形式一种优先权，这一点毋庸置疑，比如在1927年10月22日致胡塞尔的一封信中他就说道："人之缘在的存在形式完全不同于所有其他的存在者，并且它是作为那种恰好在自身中蕴藏了超越论构建之可能性的存在形式。"（Hua IX, S.601）

② Heinrich Rombach: *Die Gegenwart der Philosophie,* Freiburg/München ^{3}1988, S. 129.

③ 简而言之，我们可称之为从"存在与时间"到"时间与存在"的转向，参看海德格尔《路标》，第159页："它（《论真理的本性》）给予我们一个关于这个转向——从'存在与时间'转到'时间与存在'——的思想上的某种认识。"

④ Rombach: *Phänomenologie des gegenwärtigen Bewußtseins,* Freiburg/München 1980, 第159页。

⑤ 同上，第162－165页。

其中包含了一种“客体主义”的危险。其次，晚期海德格尔哲学中的解释学和“光明形而上学”（Lichtmetaphysik）构想是通过一种奠基性的根源差异而关联在一起的，比如光明与质料的差异、文本和阐释的差异、实事与意义的差异等；而罗姆巴赫认为在这种差异之先还有一种根源的统一体和同一性，由此引出了“解释学”与“密释学”（Hermetik）的对立。最后，海德格尔对“自由”——即外在于“遣送”的存在的游戏空间（Spielraum）及其与存在的关系缺乏重视。[①]

在罗姆巴赫看来，一种最根源上的可能性“既不是冷漠的‘实际状态’，也不是‘无意义的’此（Da），而是各自的历史的生活构成，这种生活构成总是对生与死的意义，可能性与不可能性的意义，对劳动与强制，对个体与集体，对希望与恐惧做出裁决”[②]。人的缘在与这种历史生活构成缠绕在一起，构成一个唯一的结构、一种存在论上的同一性、一种基础历史（Fundamentalgeschichte）。在这个结构中交织的是一切历史社会自然的事实，如现实生活的基本形式，超越生活的可能方式，丧葬仪式，信仰形式，神话，科学技术等等，在根源上看它们互相之间没有奠基与被奠基的关系，一切都在同等的基础上自由展开。对此的描述，乃是一种“自由的现象学”或“发生的存在论”（Genetische Ontologie）。基于对历史经验的重视，罗姆巴赫也指出，海德格尔的《存在与时间》和缘在哲学是有时代限制的，即适用于德国表现主义和青年运动的时代（20世纪初到二三十年代），而结构现象学要把握的则是包括了人的自身构建、世界构造和自然历史过程的“本质的转变”和“整体的结构”，这是一种更为基本的缘在

① 同上，第159—168页。关于“自由”的问题，罗姆巴赫认为，现象学的存在论转向意味着问题取向从现成的主体存在者转到了存在者“如何存在”的实际状态，从“意向性”或“主体性”所标识的游戏空间向“生存性”（Existentialität）所标识的游戏空间的迈进，这个转向实际上是进一步向自由的迈进，但是面临“自由的深渊”思想仍有可以推进之处。罗姆巴赫指出，“自由是缘在可能性最基层的条件”——他的代表作《结构存在论》的副标题就是“一门自由的现象学”（Eine Phänomenologie der Freiheit），这门现象学并非是海德格尔的存在论现象学可以替代的。

② 海因里希·罗姆巴赫：《作为生活结构的世界》，王俊译，上海：上海书店出版社，2009，第79页。

分析。[①]在这里需要通过一种“发生存在论”或“生成过程的存在论”(Ontologie des Hervorgangs)，以达到事实中的存在历史——非缘在的存在者也属于这种存在历史；在此，人与自然的间的鸿沟被取消，万物都被看成存在生成的一个形式——这就是结构现象学所要做的尝试。通过这种结构思想，罗姆巴赫最终完成了对海德格尔的超越：“通过结构思想，现象学脱离了那种基于人的存在之上的固定。结构事件自身既非合乎缘在地被确定，也不是不合乎缘在地被确定，它是一个过程，在这个过程中那些作为自然或人或超自然之物根本上最先乃是相互之间重叠交错。”[②]

2. 罗姆巴赫思想的当代意义

在当代，全球化趋势以及由此引发的文化冲突与文化融合乃是我们每个人、每个群体都要不得不面对的事实，在跨文化的境遇下“一个关乎人自身的新的缘在状况”[③]成为我们今天的基本问题和现象学的课题。如同罗姆巴赫所描述的，当今时代和问题的转变乃是“一个基本的结构转变”，“在这种转变中人的本质完全崭新地被构造。因此这些变化不能单一地被掌握。如果一个回答应该有所收获，那它必须涉及作为整体的结构”，这是一个“新的缘在分析的工作”。[④]跨文化境遇在罗姆巴赫这里成为他哲思的基本动机和最终指向，不仅仅结构存在论，另外如境象哲学 (Bildphilosophie) 以及哲学的密释学(Philosophische Hermetik) 也是以一种跨文化视野为背景，以对文化冲突与融合的关注为最终归依的。在罗姆巴赫这里，现象学从根本上与文化研究和跨文化问题铆合在一起，一个更广大更原初的同一性层面由此被揭示出来，在这个层面上东西文化以及更多纷繁复杂的文化差异在保持差异的同时被回溯到一个共同的洞见。这一点恐怕也是罗姆巴赫自信结构现象学乃是当今现象学发展之新阶段的缘由之一。

---

① 同上，第 73 — 74 页。
② 同上，第 81 页。
③ 同上，第 74 页。
④ 同上。

对于文化间性的现象学思考，从根本上乃是对众多文化的个性和差异细节的尊重、关注和理解，在此基础之上寻求对人类文化和世界整体更宽泛更深邃的共同理解。而惯常的概念化哲学思维方式是从“起源差异”（Ur-differenz）为出发点去寻求同一性或统一体[①]，以“人”的概念为例，乃是从人与动物之比较得出差异特征，并抽取提升为概念，然后通过这个被抽取出来的概念来寻求“人”这个范畴的统一体。当人们堕入这种由辩证法式的差异出发的概念化窠臼中来看文化比较时，实际上已经将自己隔绝于真正的根源性真理、阻塞了文化从根本上沟通的可能。因为在他们看来，在不同文化传统中寻找完全对应的概念是如此困难，因为概念本身以及概念形成之语境的对应是这种概念化哲思所要求的起点。这种以差异为起点、以某种理想的同一性为圭臬的比较，在方法论上是不可能的，因为一方面“所有差异是出自统一体被思考，但不是每个统一体都出自差异被思考”——在最根源处有一个起源的统一体，它不是以差别来区分出自身，而是通过“多样性”（Vielheit）才有可能[②]；另一方面，在文化比较中这种统一体和多样性表明了，不同文化所依附的不同语境和境遇是不可通约的，因此这种方式追求概念形式上的整齐划一，却必会导致戕害文化多样性和丰富性的后果。而罗姆巴赫结构思想的方式是遵循一种“密释学”，一种溯源（Rückfragen），即从人与动物、石头乃至世界万物的相互间构成性关系中寻求它们共同所依赖的共同的根源之物，由此来深化“人性”，这成为现象学拓宽比较哲学视野的根本起点。在罗姆巴赫看来，众多世界或文化传统间有一种根本上的隔绝性，这是无法通过外部观察去跨越的，这种隔绝是各个不同且独立的，这种意义界限之间的不可超越性我们无法通过解释、理解、宽容去克服，而是只有尊重 (Achtung，关注)。由此开启的现象学的比较哲学思想方式乃是对一种非相对主义的对多元化的尊重，让众多的世界处于活的结构之中。这些结构乃是先于文本和语言且包含着语言的“语

---

① 罗姆巴赫认为，解释学（Hermeneutik）就是以这种起源差异为起点，预设了文本与阐释、实事与意义的差异，而密释学（Hermetik）恰是要从根基上寻找一个先于差异的同一性。

② Rombach: *Phänomenologie des gegenwärtigen Bewußtseins*, Freiburg/München 1980, 第 167 页。

境”——不是由语言构成的环境，而是包含了语言和一切生存实在性的境遇，只有我们对这些活的结构或活的“境象”有充分的认识，真正关注和尊重那些异质的境遇——而不是以自我和自身境遇为中心的宽容，才可能有感同身受的会通交流，一种根底上充满生机的多元论才有可能。

罗姆巴赫的结构现象学对汉语学界有着特别的意义。首先，从原理上看，结构现象学独特的视野与东方，特别是道家和佛教禅宗的基本精神有颇多神似之处——这一点日本哲学家、特别是京都学派的哲学家们已经有所重视，这种理论上的汇通为现象学的东方化和中国化提供了一种根本上的可能性。自现象学传入中国开始，汉语学界在隐约感受到现象学思潮与传统西方思想方法之迥异以及与东方精神之契合的同时，总是在努力寻找更为清晰、更为基础的入手处和思想资源。如果说海德格尔（尤其是后期）的存在现象学为现象学的东方化提供了一个入口的契机，那么罗姆巴赫的结构现象学则将这个入口往深处延伸并最终指向了目的地。在结构现象学这个思想资源的基础之上，一门真正意义上的汉语现象学可望被建立，在东西方共有的现象学思潮之下的一场平等开放的思想对话才得以可能。在这场对话中，诉说和倾听都不是单向度的，而是相互引发的。

3. 重要术语汉译及说明

Bildphilosophie 境象哲学

罗姆巴赫认为，每一个时代都有它相应的基本哲学，为了领会这种与世界情境对应的基本哲学，人们必须首先遵循境象语言和境象思维，境象哲学由此而来。这里的 Bild 译为“境象”，而不是日常意义上对象化的“图画”或者“图景”，其意一为情境和境域，二是“象”的指引关联，有如《易经》中的卦象，是一种比文字和文本语言更加生动的表达。

罗姆巴赫说，他关于“境象哲学”的构想来自于艺术史家 Kurt Bauch 和海德格尔，他的著作《精神生活：人性基础历史的境象之书》（1977）系统论述了这个概念。

Dasein 缘在

译者将罗姆巴赫著作中的 Dasein 均翻译成“缘在”，在因缘蕴集的世界中的存在。“缘在”的译法来自于张祥龙先生对海德格尔 Dasein 的翻译，如果说在海德格尔那里，尚可对此译法是否过度解释进行争议，那么在罗姆巴赫那里则极为贴切，结构化的存在就是因缘中的存在，而且“缘在”不仅仅是人的存在，世界万物在其因缘关联中都有其“缘在”。

Dynamik 动态

日文翻译成“力动性”。“动态”是结构具有的最基本形态，结构产生、变化、消亡（重构），“动态”还表达了结构变迁的一种内在动力。

Hermetik 密释学

密释学是一种“反解释学”，罗姆巴赫认为人的缘在是以一种“共创的”形式与自然缠绕在一起得到发展的，发展本身的时机化和结构化形成了不同的历史世界，缘在和世界的自我澄清先于一切语言、科学和解释学的事件过程。一旦解释学介入，这种最根源的构建和澄清活动就被歪曲或者停止了。因此有效的哲学解释（Interpretation）必须超越解释学，回到缘在在世界中自我构建的“密释”层面。

“密释学”这一译法是张祥龙教授确定的，“‘密释’，既意味着独一、密封，因为‘几事不密则害成’[《易•系辞上》7 章：“(《易•节•初九》)‘不出庭户，无咎。’子曰：‘乱之所生也，则言语以为阶。君不密则失臣，臣不密则失身，几事不密则害成，是以君子慎密而不出也’]，但又不是封闭和绝缘，因为它找不到现成界限来封住自己，所以是“非它”（Nicht-andere）的。”[参看张祥龙教授为罗姆巴赫汉译文集《作为生活结构的世界》（王俊译，上海书店出版社 2009 年）所作序言]

Konkreativität 共创性

结构的运行与变化既非单方面产生于人，也非单方面产生于自然，而是发生在植根于预先被给予世界和人的“共创性”(Konkreativität) 之中。“共创性”是结构生命力的根本表现，没有静态的主体与客体、主动与被动的划分，人与自然、世间万物相辅相成，共同投身于结构化过程。

Konstellation 聚合

聚合是结构的具体化形式之一。在结构中众环节的聚合实现了结构的整体同一性，而这种整体性居于每个环节的具体性之中，众环节的聚合就通过每个环节所据的位置实现。不是先有一群单子式的环节，然后它们“聚合”成整体，而是每个环节在结构中的位置就实现了这种“聚合”。

Lebendigkeit 生命力

生命力是结构具有的本质属性，世界就是一个具有生命力的结构，万物氤氲聚合、变动不居。

Moment 环节

组成“结构”的局部并不是“部分”(Teil)，而是 Moment，这个组成结构的局部既有广延上的组成，也有时间上的组成，当罗姆巴赫使用 Moment 这个词时，是要强调结构的时机化构成，因此将之译为“环节”。

Strukturontologie 结构存在论

结构存在论是对海德格尔“基础存在论”的深化，这种存在论不仅聚焦于人的缘在，而且关注万物的存在，消解海德格尔哲学中（特别是早期哲学中）人类中心论的阴影。结构存在论关注起源的生成论，关注自然与人之间相互生成的关系。“人与自然存在于一种统一的联系中；自然是人性的，人是自然的。自我结构化(Selbststrukturierung)，也是人的自我结构化，与整个生存一道被完成。它既不是‘意识’的一个行为，也不是（存在的）‘领会’的一个行为，而是一种总体的施行，先于存在与意识、自然与自由、现实性与认识的区别发生。”（参看罗姆巴赫《自我描述的尝试》，载于《世界哲学》2006 年第一期，王俊译）。

Umbruch 突变

突变是结构在历史中自发展开的表现之一，保证了结构的“上升”。

补记：

我从 2005 年就开始着手翻译罗姆巴赫的论著，最早有三篇译文发表在 2006 年第一期《世界哲学》上，张祥龙教授专门为此系列译文写了导言。2009 年罗姆巴赫文集《作为生活结构的世界》出版，此文集是在德文版 *Die Welt als lebendige Struktur* 一书的基础上，又挑选增补了他有代表性的六篇论文编撰而成，篇幅和内容上都比德文文集增加了不少，罗姆巴赫的学生、我的老师 Georg Stenger 教授（现为奥地利维也纳大学哲学系教授）选定了增补的论文篇目，并在翻译中与我多有讨论指导。本书的翻译则历时四年有余，时断时续，翻译中特别得到了德国学者 Volker Heubel 博士的帮助，除了语义文句的讨论之外，他还为我提供了 1983 年日文译本（小冈成文译）的部分影印本，对我帮助很大，在此一并致以谢意。

翻译本质上是一个开放的理解和诠释活动，永远不会有一个一劳永逸的完美境界，何况像罗姆巴赫这样本身语言风格飘逸、概念繁复且汉语学界罕有涉及的思想家，绝难由我这样的初学者一入手就达到令人满意的水准。因此在此呈现给各位的翻译工作只是一个探索性的开端，必有很多亟须改进之处，敬请各位方家指正。

2015 年 6 月 29 日于杭州

图书在版编目（CIP）数据

结构存在论：一门自由的现象学 /（德）罗姆巴赫著；王俊译．—杭州：浙江大学出版社，2015.11
ISBN 978-7-308-15134-4

Ⅰ．①结… Ⅱ．①罗… ②王… Ⅲ．①现象学－研究 Ⅳ．①B81-06

中国版本图书馆 CIP 数据核字 (2015) 第 216758 号

结构存在论：一门自由的现象学
[德]罗姆巴赫 著　王俊 译

责任编辑　王志毅
文字编辑　张兴文
责任校对　王　雪
出版发行　浙江大学出版社
（杭州天目山路 148 号　邮政编码 310007）
（网址：http:// www.zjupress.com）
排　　版　北京大观世纪文化传媒有限公司
印　　刷　北京天宇万达印刷有限公司
开　　本　635mm×965mm　1/16
印　　张　24.5
字　　数　365千
版 印 次　2015年11月第1版　2015年11月第1次印刷
书　　号　ISBN 978-7-308-15134-4
定　　价　55.00元

浙江省版权局著作权合同登记图字：11–2015–190